日本音響学会 編

音響入門シリーズ B-1

ディジタルフーリエ解析（I）
―基礎編―

工学博士 城戸 健一 著

コロナ社

音響入門シリーズ編集委員会

編集委員長

岩宮眞一郎（九州大学）

編 集 委 員（五十音順）

今井　章久（武蔵工業大学）	大賀　寿郎（芝浦工業大学）
城戸　健一（東北大学名誉教授）	鈴木　陽一（東北大学）
誉田　雅彰（早稲田大学）	三井田惇郎（千葉工業大学）
宮坂　榮一（武蔵工業大学）	矢野　博夫（千葉工業大学）

（2007年2月現在）

刊行のことば

　われわれは，さまざまな「音」に囲まれて生活している。音楽のように生活を豊かにしてくれる音もあれば，騒音のように生活を脅かす音もある。音を科学する「音響学」も，多彩な音を対象としており，学際的な分野として発展してきた。人間の話す声，機械が出す音，スピーカから出される音，超音波のように聞こえない音も音響学が対象とする音である。これらの音を録音する，伝達する，記録する装置や方式も，音響学と深くかかわっている。そのために，「音響学」は多くの人に興味をもたれながらも，「しきいの高い」分野であるとの印象をもたれてきたのではないだろうか。確かに，初心者にとって，音響学を系統的に学習しようとすることは難しいであろう。

　そこで，日本音響学会では，音響学の向上および普及に寄与するために，高校卒業者・大学1年生に理解できると同時に，社会人にとっても有用な「音響入門シリーズ」を出版することになった。本シリーズでは，初心者にも読めるように想定されているが，音響以外の専門家で，新たに音響を自分の専門分野に取り入れたいと考えている研究者や技術者も読者対象としている。

　音響学は学際的分野として発展を続けているが，音の物理的な側面の正しい理解が不可欠である。そして，その音が人間にどのような影響を与えるかも把握しておく必要がある。また，実際に音の研究を行うためには，音をどのように計測して，制御するのかを知っておく必要もある。そのための背景としての各種の理論，ツールにも精通しておく必要がある。とりわけ，コンピュータは，音響学の研究に不可欠な存在であり，大きな潜在性を秘めているツールである。

　このように音響学を学習するためには，「音」に対する多角的な理解が必要である。本シリーズでは，初心者にも「音」をいろいろな角度から正しく理解

していただくために，いろいろな切り口からの「音」に対するアプローチを試みた。本シリーズでは，音響学にかかわる分野・事象解説的なものとして，「音響学入門」，「音の物理」，「音と人間」，「音と生活」，「音声・音楽とコンピュータ」の5巻，音響学的な方法にかかわるものとして「ディジタルフーリエ解析（I）基礎編，（II）上級編」，「電気の回路と音の回路」，「音の測定と分析」，「音の体験学習」の5巻（計10巻）を継続して刊行する予定である。各巻とも，音響学の第一線で活躍する研究者の協力を得て，基礎的かつ実践的な内容を盛り込んだ。

本シリーズでは，各種の音響現象を視覚・聴覚で体験できるコンテンツを収めたCD-ROMを全巻に付けてある。また，読者が自己学習できるように，興味を持続させ学習の達成度が把握できるように，コラム（歴史や人物の紹介），例題，課題，問題を適宜掲載するようにした。とりわけ，コンピュータ技術を駆使した視聴覚に訴える各種のデモンストレーション，自習教材は他書に類をみないものとなっている。執筆者の長年の教育研究経験に基づいて制作されたものも数多く含まれている。ぜひとも，本シリーズを有効に活用し，「音響学」に対して系統的に学習，理解していただきたいと願っている。

音響入門シリーズに飽きたらず，さらに音響学の最先端の動向に興味をもたれたら，日本音響学会に入会することをお勧めする。毎月発行する日本音響学会誌は，貴重な情報源となるであろう。学会が開催する春秋の研究発表会，分野別の研究会に参加されることもお勧めである。まずは，日本音響学会のホームページ（http://www.asj.gr.jp/）をご覧になっていただきたい。

2014年2月

一般社団法人 日本音響学会 音響入門シリーズ編集委員会

編集委員長

まえがき

　フーリエ解析とは，19世紀初頭の数学者フーリエの業績に基づくフーリエ級数，フーリエ変換などを利用して関数の成因，性質などを解明する学問であり，理工学のみならずきわめて広い分野に応用されている。対象とする関数は1次元の場合は波形，2次元の場合は図形に代表される。特に音響の世界では複雑な波形の解析が必要な場合が多く，フーリエ解析は重要な手段である。それが，日本音響学会編集のこのシリーズに本書が入る理由であるが，フーリエ解析は音響学だけのものではなく，本書は，ほかの分野への応用を考える読者にも役立つべきものである。そのためでもないが，本基礎編の範囲では音響でなければならない例はまったく出てこない。

　フーリエ変換そのものはアナログ演算になじまないので，波形の解析は昔から数値計算によらざるをえなかったが，あまりにも多くの積和演算が必要なため，具体的な応用よりは理論的考察のよりどころとしての価値のほうが大きかった。ところが，20世紀半ばに出現したコンピュータにより，数値計算によるフーリエ変換が現実のものになった。それに1965年の高速フーリエ変換（FFT）の算法の発見と，それに続く演算装置の小型高性能化が加わり，フーリエ解析を基礎とするディジタル信号処理技術の応用範囲が急速に広がった。

　その結果として，フーリエ解析の応用技術はわれわれの周囲で日常的に使われるものになったが，そのほとんどはブラックボックスのなかに隠れており，その道の技術者ですら何がどのように働いているのか気にしないで使っているのが現状である。しかし，技術の核心を担う技術者が世の中の進歩に貢献するためには，ブラックボックスで済ますことはできない。基礎を十分に理解して，独自の技術を構築することが必要である。

　そのような考えで，本書の出発点は，誰でもが知り尽くしていると思ってい

るサイン波・コサイン波となっている。

　1章では，周波数を次々に高くしていったコサイン波の和の極限がインパルスになることから始めて，フーリエ級数によって波形が合成されること，すなわちサイン波・コサイン波が波形解析の基礎になることを示す。ついで，直角座標の原点を中心として一定速度で回転するベクトルの座標軸への投影がサイン関数・コサイン関数になり，これらが複素指数関数の虚部と実部であることを使って，オイラーの公式に幾何学的なイメージを与える。これにより瞬時位相・瞬時周波数の概念が自然に導き出される。

　2章は，フーリエ級数の各項の係数を求める原理から始まる。高次の係数がなぜ必要になるか，また，偶関数波形・奇関数波形のフーリエ級数がどんな特徴をもつかなど，フーリエ級数の性質をここで追究する。さらに，周期を無限に長くした極限としてフーリエ変換に行き着く。

　3章では，フーリエ変換を数値計算で行うために連続波形を数列で表して数値波形とする問題を扱う。そのためのサンプルの時間間隔をどうするかの問題を，フーリエ級数の知識をもとにして考え，サンプリング定理を自然な形で導き，さらに，サンプル値の数列からなる数値波形と連続波形の関係を検討する。

　4章では，有限長数列のフーリエ変換としての離散フーリエ変換（DFT）とその逆変換（IDFT）の定義式を導き出す。ここではさらに，DFT と IDFT とが演算データの数を周期とする周期関数であることが明らかになる。また，後の応用のため，時間領域と周波数領域の対応関係をコサイン関数だけで記述する離散コサイン変換（DCT）を，基本的な考え方から導き出す。

　5章では，DFT の計算における積和の演算量を劇的に減少させる高速フーリエ変換（FFT）の原理を述べる。FFT は，フーリエ解析の応用範囲を一気に拡大した，画期的な算法である。

　6章では，長い系列から N サンプルとった数値波形の DFT で求められるスペクトルの性質，波形全体のスペクトルとの関係，時間分解能と周波数分解能の関係，DFT で求めたスペクトルに原波形になかった周波数成分が発生する

理由などを検討する。

　7章では，数値波形のDFTにより安定しかつ誤差の少ないスペクトルを得るために時間軸上に掛ける重み関数（時間窓）について詳細に検討する。

　以上で基礎編を終わり，基礎編で理解が深まったフーリエ解析の原理を活用するために必要な考え方と手法とに発展する（II）上級編へと引き継ぐことになる。

　本書の特徴の一つは，それだけでも自習に役立ち，またそのまま講義にも使うことができるようにスライド集としてつくったPower Pointのプレゼンテーションが収納されているCD-ROMが付録になっていることである。これは，著者が講義に使うとすれば少なくともこの程度のスライドを用意すると考えて作成したものであり，実際に講義にも使ってみた。

　スライドは本文の順序になっており，重要な式や簡単なコメントを交えて，本文の図はすべて収録してある。その図上にマウスのポインタを置いて左クリックすれば，その図を描いたプログラムが走り出す。最初に条件設定の開始画面が出るので，そこで条件やデータを設定・選択・入力したうえで，緑色のスタートボタンをクリックする。

　異なる条件や異なるデータに設定するとそれに基づいて計算するので，時にはとんでもない図になることがある。それにはそれだけの理由があるので，それを考えることにより，さらに理解を深められるはずである。

　CD-ROMの内容をつくり，講義などでも使ってきた著者の経験から，次のことを強調しておきたい。これを使ったとしても結果をみただけで，ああそうかと早合点したのでは，決して理解の助けにならないどころか，むしろマイナスの効果しかないであろう。プログラムを走らせることによって結果がこうなるということを示すのが目的ではない。なぜそうなるかを考えるために，データや条件を変えて計算結果を見ることができるようにしたのである。徹底した理解のために，データを変え，条件を変えて検討することをお勧めしたい。その検討が容易にできるので，これを楽しみながら実行できるはずである。

まえがき

　本書は，高校修了または大学初級の程度の数学的知識がありさえすれば，ほかに参考書や参考論文がなくても自分で考えるだけで理解できるようにしてある。しかし，すべてがそうだとも言い切れないので，本書の記述では不足と思われる部分には，解説のありかを参考文献として示してある。

　そのうえで参考文献を掲載する意義を考えると，第一には，別の見方，考え方を知りたい読者に，第二には，さらに先に進みたい読者に，それぞれに役立つ情報を提供することであろう。

　特に第一の問題については，本書は体験的にフーリエ級数を導き出しており，出発点での数学的記述が完全ではない。数学的に厳密な，別の進み方をすべきという考え方があって当然である。その意味での参考文献も少々あげてあるが，それを目指す読者は解析数学の基礎から入るべきであろう。

　第二の問題は，「先」が何を意味するかにもよるが，読者それぞれの専門に応用することを考えてのことであるとすれば，専門を究めることで道が開かれるというのが，著者の信念である。

　最後に，本書の著述にあたって大きな励ましとご協力をいただいた方々に心からの謝辞を呈したいが，その数があまりにも多いので，すべての方のお名前を列記できていないことをお詫びする。

　本文の内容および付録の CD-ROM に関しては，板橋秀一，小沢賢司，柴山秀雄，鈴木英男，須田宇宙，竹林洋一，福島　学，三井田惇郎，三輪穣二，武藤憲司氏（五十音順・敬称略）らからいろいろなご意見を賜ったが，そのほかにも CD-ROM や原稿の一部を差し上げてコメントをいただいた多くの方がある。また，本書出版については小野隆彦氏をはじめとし，日本音響学会会長鈴木陽一氏，同出版委員長 岩宮眞一郎氏，ならびに（株）コロナ社のご尽力を得た。そのことを記録して，以上すべての方々に心からの謝意を表したい。

2007 年 2 月

城戸健一

目　　次

1. サイン波・コサイン波

1.1　コサイン波によるインパルスの合成 …………………………………… 1
1.2　サイン波・コサイン波による幾何波形の合成 ………………………… 3
1.3　周　　　　　期 ……………………………………………………………… 4
1.4　高調波と波形 ………………………………………………………………… 5
1.5　フーリエ級数 ………………………………………………………………… 9
1.6　高調波の時間軸上での移動 ……………………………………………… 11
1.7　複素指数関数とサイン関数・コサイン関数 …………………………… 14
1.8　サイン波・コサイン波の位相 …………………………………………… 18
1.9　任意位相のサイン波・コサイン波の合成 ……………………………… 21
1.10　瞬時位相と瞬時周波数 …………………………………………………… 25
演　習　問　題 …………………………………………………………………… 28

2. フーリエ級数展開

2.1　サイン波・コサイン波の積分 …………………………………………… 30
2.2　フーリエ係数の計算 ……………………………………………………… 34
2.3　波形の偶関数化 …………………………………………………………… 39
2.4　波形の奇関数化 …………………………………………………………… 44
2.5　複素指数関数によるフーリエ級数の表現 ……………………………… 46
2.6　フーリエ変換 ……………………………………………………………… 50

演習問題 ………………………………………………………… 56

3. 数値波形（波形のサンプリング）

3.1 スペクトルのフーリエ級数展開 ……………………………… 58
3.2 サンプル列からの連続波形再現 ……………………………… 64
3.3 周波数帯域幅とサンプリング周波数 ………………………… 66
3.4 LPFによるサンプル列の平滑化 ……………………………… 70
3.5 標本化定理（サンプリング定理） …………………………… 72
3.6 標本化定理によるサンプル列の平滑化 ……………………… 74
3.7 スペクトルの折返し …………………………………………… 75
3.8 サンプリング周波数の変換-I（フーリエ変換の利用） ……… 81
3.9 サンプリング周波数の変換-II（ディジタルLPFの利用） …… 84
演習問題 ………………………………………………………… 88

4. 離散フーリエ変換（DFT）

4.1 離散数列のフーリエ変換 ……………………………………… 89
4.2 離散フーリエ逆変換（IDFT） ………………………………… 93
4.3 DFTとフーリエ変換 …………………………………………… 97
4.4 波形とそのDFT ………………………………………………… 100
 4.4.1 サイン波とコサイン波 …………………………………… 101
 4.4.2 位相とスペクトル ………………………………………… 102
 4.4.3 高調波 ……………………………………………………… 103
 4.4.4 対称波形と反対称波形 …………………………………… 104
 4.4.5 非整数周波数のサイン波 ………………………………… 106
 4.4.6 粗すぎるサンプリング間隔 ……………………………… 107
 4.4.7 方形波 ……………………………………………………… 108
4.5 離散コサイン変換（DCT） …………………………………… 109

4.6 離散コサイン変換の拡張 …………………………………… 115
演 習 問 題 …………………………………………………… 120

5. 高速フーリエ変換（FFT）

5.1 時間領域分割 FFT …………………………………………… 121
5.2 周波数領域分割 FFT ………………………………………… 126
5.3 時間領域分割 2^m 点 FFT …………………………………… 129
5.4 周波数領域分割 2^m 点 FFT ………………………………… 136
5.5 ビット逆順の並べ替え ……………………………………… 141
5.6 並列計算による高速化 ……………………………………… 143
演 習 問 題 …………………………………………………… 146

6. DFT とスペクトル

6.1 周期化パワースペクトル（ピリオドグラム）……………… 147
6.2 不確定性原理 ………………………………………………… 153
6.3 スペクトルの広がり ………………………………………… 156
6.4 短い波の分析 ………………………………………………… 159
6.5 サイン波形の DFT …………………………………………… 165
6.6 サンプリング周波数調整による不連続の解消 …………… 166
6.7 重み付けによる波形の不連続解消 ………………………… 170
演 習 問 題 …………………………………………………… 173

7. 時 間 窓

7.1 時間関数の積のフーリエ変換 ……………………………… 175
7.2 両端絞り関数のスペクトル ………………………………… 178

7.3 短い波形のDFT ……………………………………… 182
7.4 時間窓のいろいろ ……………………………………… 185
　7.4.1 方形窓 ……………………………………………… 186
　7.4.2 ハニング窓 ………………………………………… 188
　7.4.3 ハミング窓 ………………………………………… 192
　7.4.4 ブラックマン–ハリス窓 …………………………… 194
　7.4.5 サイン半波窓とリース窓 ………………………… 196
　7.4.6 折返し窓 …………………………………………… 199
　7.4.7 バートレット窓 …………………………………… 202
　7.4.8 ガウス窓 …………………………………………… 203
7.5 波形分析による時間窓の比較 ………………………… 205
演習問題 ………………………………………………………… 208

付録 ……………………………………………………………… 209
参考文献 ………………………………………………………… 217
演習問題解答 …………………………………………………… 218
索引 ……………………………………………………………… 223

ディジタルフーリエ解析（II）—上級編—主要目次

8. 畳込み演算　　　9. 相関関数
10. クロススペクトル法　　11. ケプストラム解析
12. ヒルベルト変換　　13. 2次元変換

付録の CD-ROM について

　本書の付録になっている CD-ROM には，本書と同じ順序ですべての図と一部の式，および見出しが，Microsoft Power Point（以下，Power Point と略す）のスライドとして収録されている。この CD をパソコンの光学ディスクドライブに入れると，Power Point が自動的に立ち上がる。ただし，Microsoft Windows にのみ対応し，そのほかの OS で働くコンピュータでは使うことができない。

　本 CD-ROM は，Microsoft Windows XP を OS とし，MS-Office と VB-6 をインストールしてある日本語仕様のパソコンで制作し，同仕様の代表的なパソコン数種で動作を確認してある。本 CD-ROM には，VB-6 の Runtime Module を収録してある。したがって，上記仕様のパソコンならばこのまま動作するはずであるが，パソコンの設定次第では文字化けの可能性がある。文字化けする場合には，エクスプローラなどで CD-ROM の内容を開き，Vb6jp.dll または VB6JP.DLL というファイル（約 97 kB）を，次のいずれかにコピーすれば，正常な日本文字に戻る。コピーされた内容はシステムに保持されるので，この作業は最初の 1 回だけでよい。

　コピー先：
Windows-95，98，me では C:¥Windows¥System¥
Windows-NT および Windows 2000 では C:¥WINNT¥SYSTEM32¥
Windows-XP では C:¥WINDOWS¥SYSTEM32¥

　この Power Point スライドショーは，自習に使うことを目的としてつくったものであるが，講義に使うのにも適している。講義にお使いの先生が，適当にカスタマイズすることもできるはずである。

　走り出すとまず最初のページが出る。次のページに移ると目次である。目次には（Ⅰ）基礎編および（Ⅱ）上級編の両方の章目次が書いてある。基礎編の任意の章にポインタを合わせてマウスを左クリックすると，その章に飛ぶ。各章に節の目次があり，同様にして，そこから任意の節に飛ぶことができる。各ページには，その章の目次へ飛ぶなどの機能ボタンもある。

　各ページにある図は，本書の図と同じである。薄青地の図は，条件やデータを変えて計算することができる図であり，黄色地の図は固定されており，プログラムは付属していない。薄青地の図の上にポインタを置いてマウスを左クリックすると，図のプ

ログラムが走り出して開始画面が出る。一般には，その際にコンピュータから危険防止のための注意書きが出るので，それに対応して先に進むことが必要である。

開始画面では条件を指定したり，データを入力したりすることができる。そのまま緑色のスタートボタンをクリックするとテキストと同じ図を描くが，条件やデータを変えると，それに従って計算した図を描く。したがって，ここでの指定・入力により，テキストには収めきれないいろいろな図を描くことができる。これによって，読者が理解を深めるのに役立つものと期待している。

計算に使うデータは，すべて CD-ROM に収録してあり，その他のデータを用いた図をつくることはできない。

図を描き終わった後にエンターキーを押すと，開始画面が現れる。図によっては，一部を描いて停止し，エンターキーを押すと次の段階に進むようにしてある。その場合には，画面に少々の解説，あるいは次の操作の指示が出てくるはずである。これは，各段階で描かれる図によって理解を深めるのに役立てるためである。次々にエンターキーを押して進んだ最後には，開始画面に戻る。開始画面で赤色の終止ボタンをクリックすると，プログラムを終わってスライドショーに戻る。

なお，CD-ROM に収録してあるすべてのコンテンツの著作権は日本音響学会および著者に帰属し，著作権法によって保護され，この利用は個人の範囲に限られるが，本書を教科書として使う場合の講義に使うことは妨げない。また，ネットワークへのアップロードや他人への譲渡，販売，コピー，データの改変などを行うことは一切禁止する。

CD-ROM に収録したデータなどを使った結果に対して，コロナ社・著者は一切の責任を負わない。また，付録 CD-ROM に収録のデータの使い方に対する問合せには，コロナ社は対応しない。ただし，使用しているパソコンにおいて CD-ROM が読めなかった場合には，コロナ社宛てにご連絡ください。

1 サイン波・コサイン波

われわれの周囲に実在する波形はすべて，サイン波とコサイン波によって合成することができる†。インパルスは実在するとは言いがたい波形であるが，そのインパルスですらコサイン波の和の極限であることが示される。無限という概念を使わないでつくることができる幾何学的な波形や，われわれが観測できる波形はことごとく有限個のサイン波の和で近似でき，項数を増すことによって近似の精度を限りなく高めることができる。このように，サイン波に関する知識は，波形解析の基礎としてきわめて重要である。したがって本章ではまず，サイン波とコサイン波によって種々の波形が合成できることを示し，次いでサイン波の性質を調べることにする。

1.1 コサイン波によるインパルスの合成

普通にわれわれが扱うあらゆる波形は，サイン波とコサイン波を加え合わせることによって合成される。その例を，まず，インパルスについて見よう。

図 1.1 の左側の波形は，時間軸である横軸の中央を $t=0$ としたコサイン波で，$f=0$ のほかは $t=0$ の時点で大きさが 1 である。右側は，左側にある一定振幅のコサイン波を周波数が低い上段の波から始めて，2 倍，3 倍と順に周波数を高くして加えていった波形を，上から順に並べたものである。

---

† 数学的には，サイン波とコサイン波で合成することができない波形が存在するが，物理的に実在して観測される波形ならば，すべてサイン波とコサイン波によって合成することができる。

1. サイン波・コサイン波

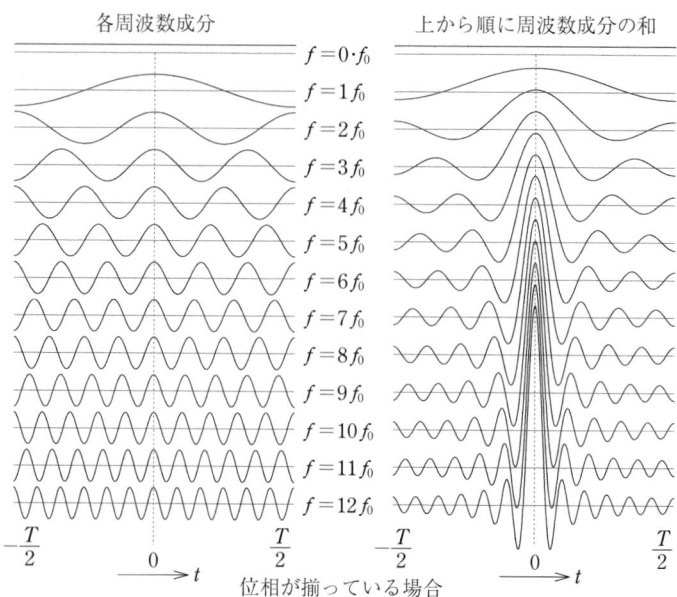

図1.1 コサイン波を加え合わせることによるインパルスの合成

したがって，加え合わせた波形の $t=0$ の時点での値は加えるコサイン波の数に比例して大きくなっていく．それ以外の時点ではコサイン波の瞬時値が $+1$ と -1 の間を変化する．

次々に周期が短い（周波数が高い）波が加えられるので，加え合わせた波形はプラスやマイナスのいろいろな値の和になって，$t=0$ の時点を除いて大きくなれない．その結果，加え合わせるコサイン波の数が多くなるにつれて，$t=0$ の時点の値だけが大きくなる．周波数が高くなるにつれて激しく変化するので，高周波の波が加わることによって $t=0$ のピークの幅が次第に狭くなっていき，中心の波の時間幅は加えられた最高周波数のサイン波の半周期の程度になる．

このことから，無限大の周波数まで一定振幅のコサイン波を加え合わせると，その極限で無限に幅の狭い無限に振幅の大きなインパルスになると考えてもよいであろう．

1.2 サイン波・コサイン波による幾何波形の合成

インパルスのような波形ですらもコサイン波を加え合わせることによって実現されるのであるから、そのほかのどんな波形でも、サイン波・コサイン波を加え合わせて合成できると考えてよいであろう。

方形波も、図1.2にコサイン波（高調波）による方形波合成の過程を示すように、多数のコサイン波を加え合わせることによって合成される。図の左側には上から順に0次（直流）成分から1次、2次、3次と次々に高次のコサイン波を加えた波形が示してあり、十分に高い次数の波まで加えれば細線で描いてある方形波に近くなることを示してある。ここでいう1次とは、方形波の1周期を1周期とするコサイン波で、その1/2、1/3の周期、すなわち2倍、3倍の周波数の波を2次、3次の波という。

各コサイン波をどのように加えたかを示すのが右側のグラフであり、左から

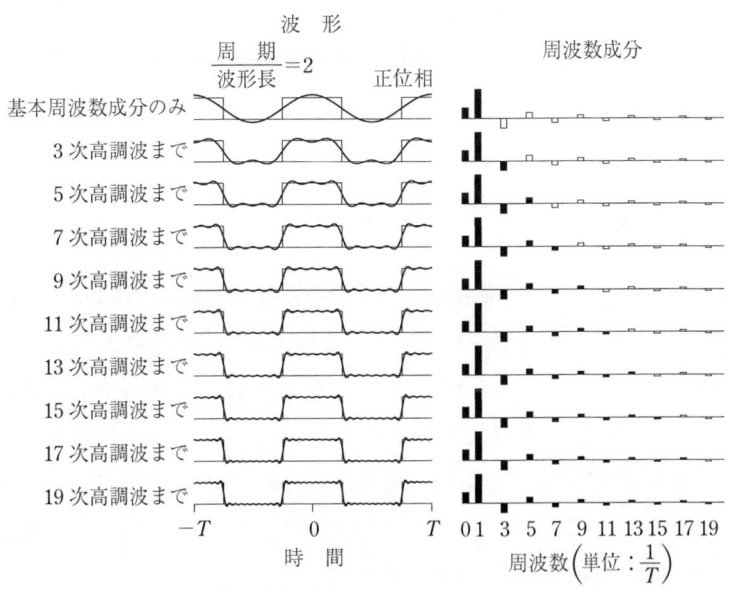

図1.2 コサイン波（高調波）による方形波合成の過程

0次，1次，2次という順に，塗りつぶした棒で加えた波の大きさを，白抜きの棒でまだ加えていない波の大きさを示す。上向きは正の値，下向きは負の値で横軸上の位置はコサイン波の周波数に比例させてある。図1.2の方形波では，偶数次の波の振幅が0である。

3段目は2段目左の波形をさらに方形波に近づけるために1段目の5倍の周波数の正のコサイン波を加えた波形であり，ここで加えた正のコサイン波の振幅は右側の4番目の中実縦棒に示されている。その次は7倍の周波数，次は9倍の周波数というように，奇数倍の周波数のコサイン波を次々に加えていくと波形は次第に方形波に近づく。

図1.2では周波数が19倍のコサイン波までを加えてあるが，これを見ると，さらに高次のコサイン波を加えると，いくらでも方形波に近づいていくであろうと考えられる。

この波形を構成する各周波数のコサイン波の振幅を**スペクトル**（spectrum）という。この場合はそれぞれの振幅が線で表されるので，**線スペクトル**（line spectrum）である。また，この図のように時間の原点に対称な波形はコサイン波だけで合成され，反対称な波形はサイン波だけで合成されるが，一般的には波形合成にはコサイン波成分とサイン波成分の両方が必要である。

1.3　周　　　　期

図1.1は中央のピークが次第に大きくなるだけであるが，図1.2には両側に方形波の右半分と左半分が現れている。これは方形波が周期 T で並んでいることを表している。図1.1で両側に盛り上がりが見えない理由は，最低周波数のコサイン波の周期をグラフの横軸全体の長さに等しくしたためである。**図1.3**では最低周波数のコサイン波の周期を横軸長の1/2弱にしてあるため，コサイン波の値が1になる $t=\pm T$ で中央と同じ盛り上がりが生じ，最低周波数のコサイン波の周期がインパルスの周期になっている。

このことは，整数倍周波数のコサイン波を加え合わせて合成した波形が，最

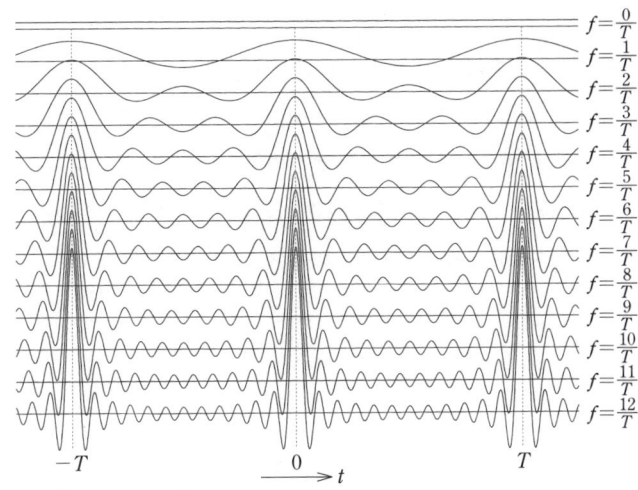

図 1.3 周期 T のコサイン波とその高調波による周期 T のインパルス列の合成

低周波数のコサイン波の周期と同じ周期の周期波形になることを示している。このことから，波形の周期と等しい周期のサイン波（コサイン波）を**基本波**，基本波の整数倍の周波数のサイン波（コサイン波）を**高調波**という。

したがって，無限の時間に 1 個しかない波形を合成するためには T を無限大にしなければならない。しかし通常は，無限の時間にわたる波形を取り上げなければならないことはなく，ある限られた時間区間内だけに注目すればよい。そのときには，その時間区間の外の波形を無視することにすれば，波形をその時間長に等しい周期の周期波と見なし，注目する時間区間が波形の 1 周期になるようにして解析すればよい。そうすると注目する区間の外側はもとの波形と異なるが，外側の区間は無視するのだから問題はない。

1.4 高調波と波形

図 1.2 は 1 周期の半分が 0，半分が 1 の方形波で奇数次の高調波だけで合成されるが，1 の区間が 1 周期の半分でない方形波の合成には，偶数次の高調波

も必要である。**図1.4**の波形は方形波の幅が周期の1/5なので，幅が周期の1/2の図1.2と比べて多くの高調波が存在する。

図1.4の表現法は図1.2と同じであるが，4次高調波までは正，6～9次の高調波は負というように，図1.2とはかなり違って見える。図1.4の波形は図1.2の波形よりも方形波の時間幅が短いだけ激しく変化していることになるが，一般的に変化が激しい波形の合成には多くの，かつ振幅の大きな高調波を必要とする。

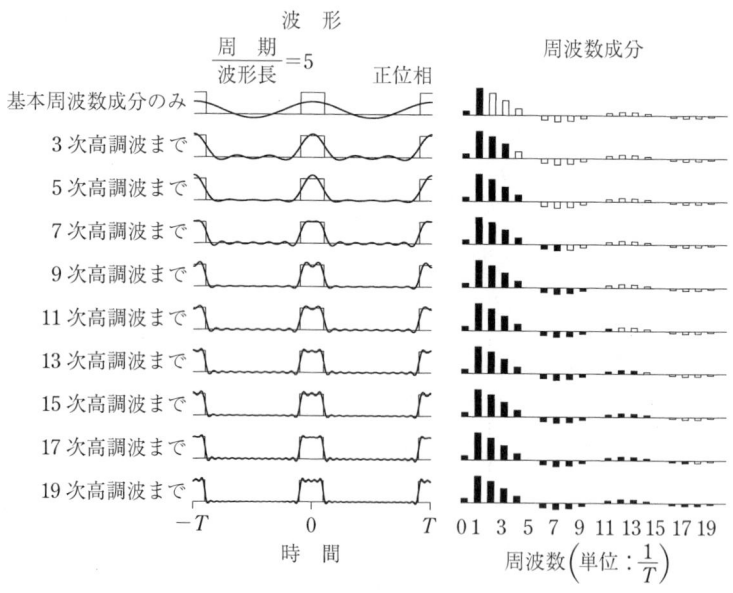

方形波の時間幅は周期の1/5

図1.4 時間幅の短い方形波が高調波を加えて合成されていく過程

その最も極端な例がインパルスであり，インパルスを形成するために必要な高調波の振幅は，周波数がいくら高くなっても変わらず一定である。それは，図1.1の左側のコサイン波の振幅が一定であることに表されている。

それに対して，**図1.5**のサイン半波の波形はわずかな高調波でよく近似される。それは，図の上から2番目の波形に見られるように細線のサイン半波波形と，それを近似するコサイン波との差が小さいので，その差を埋めるに必要な

1.4 高調波と波形

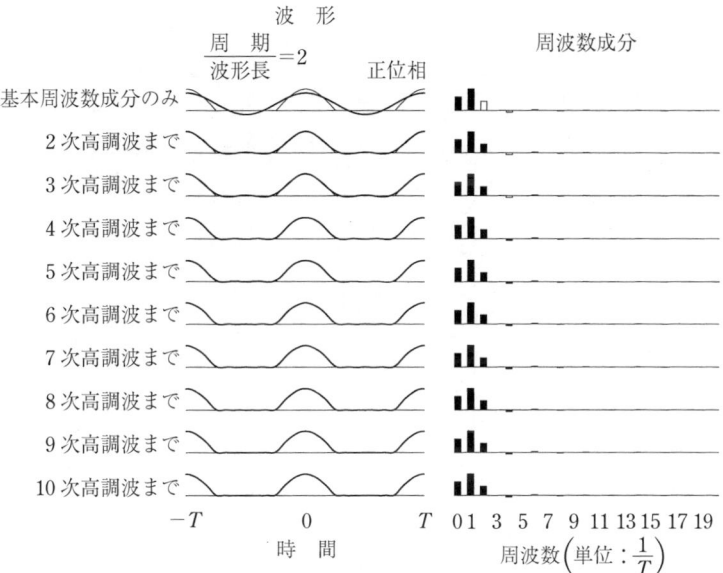

高調波を加えていくことにより急速に目的波形に近づいていく
図1.5 サイン半波整流波形の合成

波が少なくて済むためである．そのため，3番目の波形に見られるように第2高調波までを加えただけで，見たところサイン半波の細線の波形とあまり違わない形になっている．第3高調波以上の高調波の振幅は，図を見たところではあるかないかわからないほどに小さい．

　図1.6は鋸歯状波であるが，この波にも垂直に切り立った部分があるだけでなく，先端が鋭角なので，高周波成分が多い．これは上に書いた波形の一般的な性質に合致する．

　図1.6の波形は図1.5までの波形と異なり，直流分がなくて $t=0$ の左右で波形の上下が逆の反対称波形になっている．これに対して図1.5までの波形は対称波形である．1.1節および1.2節に述べたように，対称波形ならば同じく対称波形であるコサイン波だけで合成されるが，この例のような反対称波形はやはり反対称波形であるサイン波だけで合成される．

　図1.1～図1.6の波形を描くに使ったプログラムが付録の CD-ROM に収め

8　1.　サイン波・コサイン波

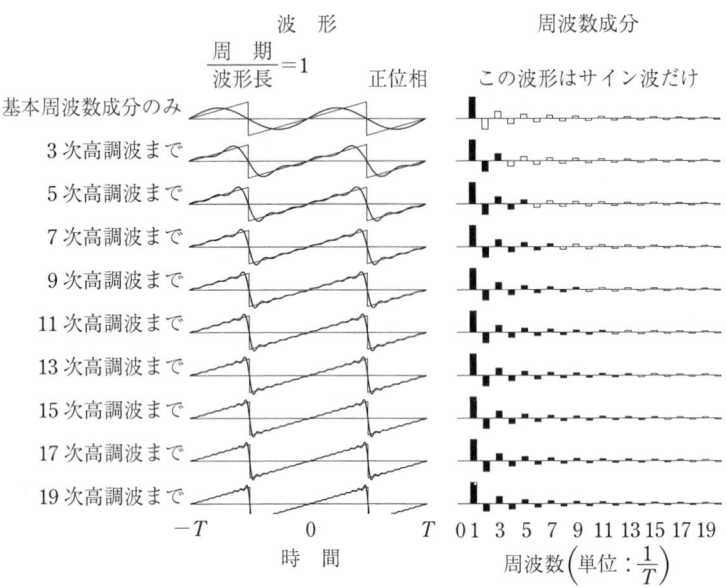

図1.6　高調波を加えていくことにより鋸歯状波が合成される過程

てあり，各プログラムは同じ CD-ROM にある Power Point のスライド上で図をクリックすると走り出す．そのプログラムは波形の条件をさまざまに変化させることができるようになっている．プログラムを走らせることによって，本文の説明では意を尽くしていない波形とスペクトルとの関係を洞察することができるはずである．

　ここで用語の定義を含めて，これまでの記述をまとめておこう．

　図1.1～図1.6の波形は，**周期 T** で繰り返す**周期波形**であり，それらの波形の構成要素はサイン波およびコサイン波である．そのなかで周期が T，周波数が $f_0 = 1/T$ のサインおよびコサイン波を**基本波**，その周波数 f_0 を**基本周波数**という．基本周波数の整数倍（2倍，3倍，…）の周波数の波を**第2，第3，…高調波**という．もとの波形は，すべての高調波を加え合わせることによって合成されるが，角が立っている波形の合成には高い次数の高調波まで必要である．基本波と高調波はそれぞれの周波数のサイン波またはコサイン波であることから，それらを**周波数成分**といい，周波数成分は周波数の関数なので**周

波数スペクトルという。周期波形の周波数スペクトルは基本周波数 f_0 の整数倍の周波数成分すなわち高調波だけからなる。それは図 1.2 などの右側のように周波数 f_0 ごとの線で表されるので，**線スペクトル** (line spectrum) といわれる。

1.5 フーリエ級数

ここまでは直感的な物理像をもつことを目的として図による説明だけを行ってきたが，後の発展のためには式による扱いが必要である。そのためには，ここまでの説明を式で表さなければならない。

図 1.1 あるいは図 1.3 のように同じ振幅のコサイン波を無限に加えていくとインパルスになるということを式で表すと式 (1.1) のようになる。

$$\delta(t) = 0.5 + \cos\left(2\pi\frac{1}{T}t\right) + \cos\left(2\pi\frac{2}{T}t\right) + \cos\left(2\pi\frac{3}{T}t\right) + \cdots \quad (1.1)$$

式 (1.1) の右辺の一定値 0.5 は周波数 0 のコサイン波であるが，基本波と称するのはその次の項であり，基本波の周期は T である。そのため，この式で表されるインパルスは時間軸上に T の周期で無限に並ぶ。T を大きくしていくとインパルスの間隔が広くなるとともに基本波の周波数 $f_0 = 1/T$ が低くなり，T が無限大になった極限では 0 になる。そのときには無限の時間内にただ 1 個のインパルスが存在する。

時間軸上の周期波形をこのように同じ周期の基本波とその高調波で表すことを，波形を**フーリエ級数展開**するといい，第 2，第 3，…高調波にあたるその級数の各項のサイン波・コサイン波の振幅を**フーリエ係数**という。すなわち，フーリエ係数は 1.2 節の最後に出てきた線スペクトルである。

一般の周期 T の波形 $x(t)$ は $f_0 = 1/T$ の整数倍の周波数のコサイン波とサイン波の級数，すなわちフーリエ級数として式 (1.2) のように表される。

$$x(t) = A_0 + A_1\cos\left(2\pi\frac{1}{T}t\right) + A_2\cos\left(2\pi\frac{2}{T}t\right) + A_3\cos\left(2\pi\frac{3}{T}t\right) + \cdots$$

$$+B_1\sin\left(2\pi\frac{1}{T}t\right)+B_2\sin\left(2\pi\frac{2}{T}t\right)+B_3\sin\left(2\pi\frac{3}{T}t\right)+\cdots$$

$$=A_0+A_1\cos(2\pi f_0 t)+A_2\cos(4\pi f_0 t)+A_3\cos(6\pi f_0 t)+\cdots$$

$$+B_1\sin(2\pi f_0 t)+B_2\sin(4\pi f_0 t)+B_3\sin(6\pi f_0 t)+\cdots \qquad (1.2)$$

ここで，A_n および B_n（$n=0, 1, 2, 3, \cdots$）はフーリエ係数である。周波数が 0 の成分 A_0 は一定値の成分なので**直流成分**という。

フーリエ係数を求める方法は次章で述べる。

基本周波数 f_0 は周期 T の逆数であるから，周期と基本周波数は反比例の関係にあり，周期が長くなると基本周波数が低くなる。周期が長くなった極限では基本周波数が無限小になり，スペクトルは周波数軸上で連続する。そのた

コラム

フーリエ（Jean Baptiste Joseph Fourier）

1768 年　中部フランス・オセールの仕立屋に生まれ，8 歳で父を失い孤児となり，地元の司教にあずけられ，のちに陸軍幼年学校で学ぶ。

1789 年　数学の論文発表のためパリに向かい，フランス革命に遭遇。

1794 年　エコール・ノルマール・シュペリオール入学。

1795 年　才能を認められエコール・ポリテクニクの助講師，のちに教授。

1798 年　ナポレオンのエジプト遠征に従軍，エジプト学士院に勤務。

1801 年　帰国。翌年イゼール県知事に任命され功績をあげる。

1808 年　皇帝ナポレオンより男爵の爵位を授与される。

　このころから熱伝導理論研究，その一環としてフーリエ級数創始。

1814 年　ナポレオン失脚のときルイ 18 世側について知事を続行。

　翌年ナポレオン帰還の後，ローヌ県知事になるが，のちに辞職。

　再びナポレオンが敗れてルイ 18 世が復位して，裏切りをとがめられ役職を罷免されたが，友人に助けられ地方の統計局長になる。

1817 年　アカデミー・デ・シアンスはルイ 18 世に反抗してフーリエを会員に推挙。22 年に終身幹事。26 年アカデミー・フランセーズ会員となり，のちにエコール・ポリテクニク理事長になるなど，学界に君臨。晩年は，後進の指導とともに，過去の研究をまとめて出版の準備。

1830 年　死去。翌年弟子ナヴィエが「定方程式の解析」一部出版

フーリエの言葉："自然の深い研究こそ数学上の発見の最も豊かな源泉である"

め，このときのスペクトルを周期波形の場合の線スペクトルに対して**連続スペクトル**（continuous spectrum）という。

1.6 高調波の時間軸上での移動

　ここまでは高調波の大きさだけを考えたが，高調波が時間軸に沿って移動すると波形は崩れてしまう。例えば，図1.1のインパルスを構成するコサイン波を時間軸に沿ってランダムに動かすと，図1.7のように乱れた波形になる。

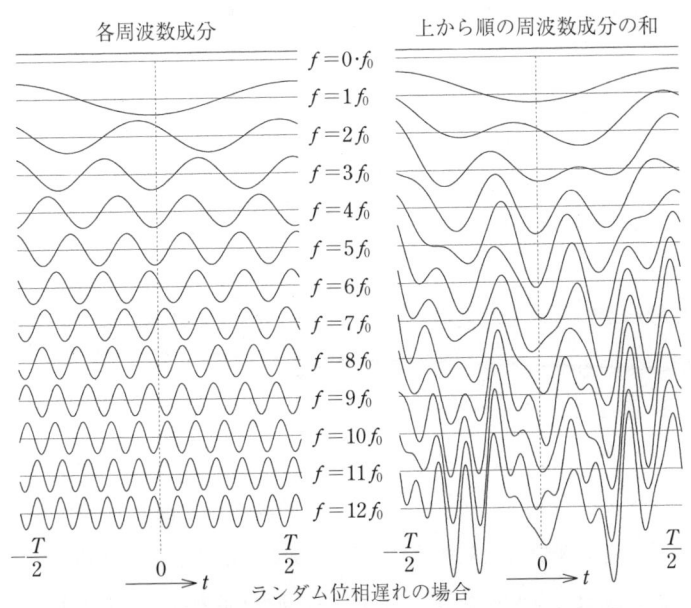

図1.1と同じ周波数の振幅一定のコサイン波とその累加波形

図1.7 時間軸上の位置がランダムなコサイン波を加えていったときの波形

　どの場合でも，高調波の時間軸上の位置を狂わせると波形は大きく変化する。**図1.8**は図1.2と同じ大きさの高調波で方形波を合成するときに，各高調波の時間軸上の位置が最大で基本周期の0.2倍までランダムに変化した場合の波形合成の様子を示すものである。このように高調波の時間軸上の位置が変化

12 1. サイン波・コサイン波

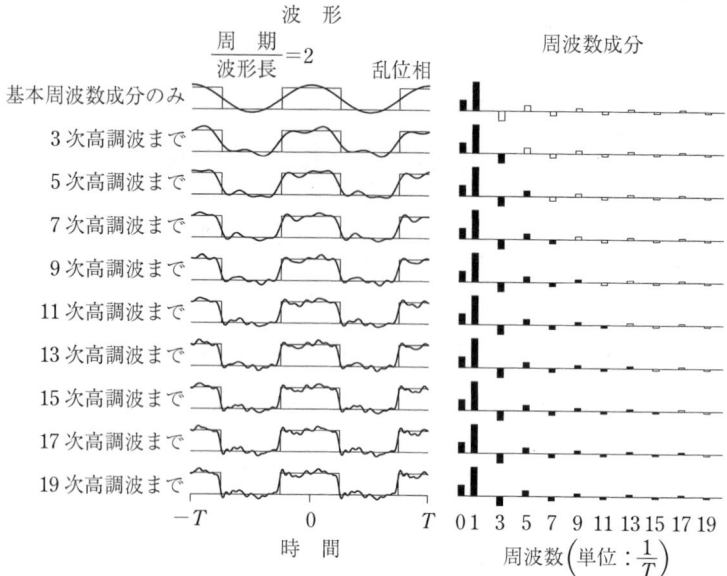

図 1.8　方形波のスペクトルと同じ大きさで時間軸上の位置がランダムな高調波を加えていく過程での波形の変化

すると波形が変わるので，波形伝送では基本波に対する高調波の相対的な位置関係が崩れないようにすることが必要である。

図 1.1〜図 1.5 は時間の正負に対して対称で $x(t)=x(-t)$ となる波形であるから，コサイン波だけで波形が合成される。それに対して図 1.6 のような反対称，つまり $x(t)=-x(-t)$ になる波形はサイン波だけで合成される。一般の波形は対称波形と反対称波形の和に分解することができるので，サイン波のみによる波形とコサイン波のみによる波形を加え合わせることによってつくられる。このときのコサイン波とサイン波の働きを，中心が $t=0$ からずれている方形波を例として調べてみよう。

図 1.9 に，中心が時間軸の原点 $t=0$ からずれた方形波の各周波数成分を，周波数の低いほうから順に加えたときの波形を示す。左側はコサイン成分とサイン成分を分離した波形，右側は両方を加え合わせた波形である。コサイン成分は時間の偶関数であって $t=0$ に対して対称形になり，サイン成分は時間の

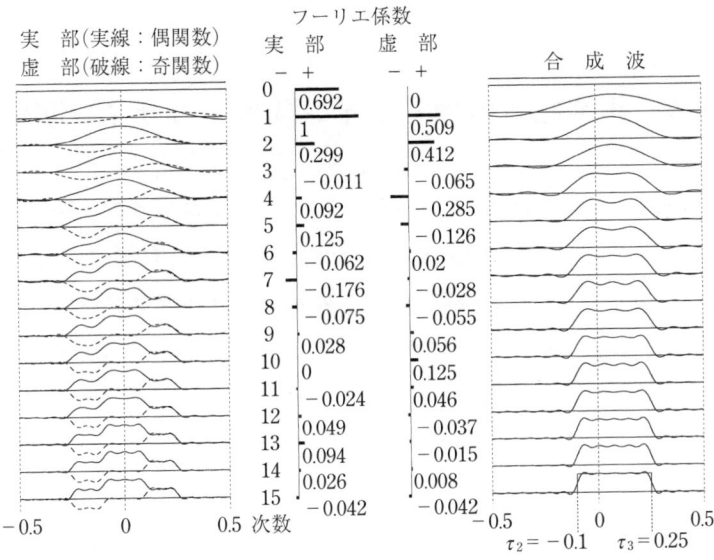

図 1.9 非対称方形波を構成するコサイン成分（実部）とサイン成分（虚部）

奇関数であって $t<0$ の範囲と $t>0$ の範囲が正負逆になる反対称形になる。この両者を加え合わせると右側のように，本来あるべき形になる。

これは中心が $t=0$ からずれた方形波を，中心を原点とする対称波形の方形波すなわち**偶関数波形**と，左右に分かれた反対称な波形すなわち**奇関数波形**（図の左下の細線波形に近い）とに分けて，それぞれをフーリエ級数に展開したものの和になっていると考えることもできる。**対称波形**（偶関数波形）のフーリエ級数はコサイン項だけからなり，**反対称波形**（奇関数波形）のフーリエ級数はサイン項だけからなる。

このほかのいろいろな波形についても，この図のプログラムを走らせることによって，フーリエ級数展開にコサイン項とサイン項が必要な理由，それぞれの役割などを調べることができる。

これまでに，サイン波・コサイン波の時間軸上でのずれが生じないことが必要なことを述べた。その時間軸上でのずれを，**位相**（phase）という。波形にとって位相は重要な情報であるが，その意味を知るためには，複素指数関数と

1.7 複素指数関数とサイン関数・コサイン関数

複素指数関数とは一般的に複素数を指数とする指数関数であるが，本書では波形を扱うので，複素数 $s = \sigma + j\omega$ （ここで $j = \sqrt{-1}$ ）と時間 t の積の指数関数 $\exp(st)$ を取り上げる。特に s が純虚数 $j\omega$ のときが重要で，この関数はコサイン関数を実部（実数部），サイン関数を虚部（虚数部）とする式 (1.3) で表される。

$$\exp(j\omega t) = e^{j\omega t} = \cos(\omega t) + j\sin(\omega t) \tag{1.3}$$

式 (1.3) を**オイラーの公式**という。

ω は角周波数であり，理論解析の式では ω を使うことが多いが，本書では，フーリエ解析の応用分野で直感的にわかりやすい周波数 f を使うことにする。ω と f の間には

$$\omega = 2\pi f \tag{1.4}$$

の関係がある。これにより，オイラーの公式による複素指数関数とコサイン関数・サイン関数の関係は式 (1.5) のように表される。

$$\exp(j2\pi ft) = \cos(2\pi ft) + j\sin(2\pi ft) \tag{1.5}$$

x-y 直交座標軸の x 軸を実軸，y 軸を虚軸として表した平面を**複素平面**という。複素平面上では，ある時点 t で式 (1.5) の値によって決まる点の x 座標値は $\cos(2\pi ft)$，y 座標値は $\sin(2\pi ft)$ である。この点が，複素平面の座標の原点（$x=0$，$y=0$ の点）を中心とする半径 1 の円周上にあることは，座標の原点とこの点を結ぶ直線の長さが $\cos^2(2\pi ft) + \sin^2(2\pi ft) = 1$ の平方根になることから明らかである。

この点〔$\cos(2\pi ft) + j\sin(2\pi ft)$〕を表すのに，座標の原点を基点とし，この点を終点とするベクトルを使う。このベクトルの先端は，$t=0$ のとき $x = \cos 0 = 1$，$y = \sin 0 = 0$ の点にあり，時間の経過により $2\pi f$ という一定の角速度で円周上を時計と反対の方向に回る。そこでこのベクトルを**回転ベクトル**と

1.7 複素指数関数とサイン関数・コサイン関数

いう。回転方向は，時計と反対の方向が正の方向になる。ω は 1 秒当りの回転角で**角周波数**，f は 1 秒当りの回転数で**周波数**である。

正の方向へ回転するベクトルとその先端の x 座標軸への投影点の座標は式 (1.5) の実部であり，その時間経過による軌跡は**図 1.10** の y 軸を上から下への時間軸として描いたコサイン波形になる。同様にこの先端の y 座標軸への投影点の座標は式 (1.5) の虚部であり，その時間経過による軌跡は同じ図の x 軸を左から右への時間軸として描いたサイン波形になる。

これらを式 (1.5) と比較することにより，オイラーの公式の意味が明らかになる。このような一時点の静止図を見るよりは，添付プログラムにより，時間の経過とともにこの点がどう動くかを見るほうがはるかにわかりやすいであろう。

式 (1.5) の右辺第 1 項はコサイン波であり，第 2 項はサイン波である。それぞれを実部，虚部とすることにより，複素指数関数 $\exp(j2\pi ft)$ を原点の周りを単位時間ごとに f 回転するベクトルで表した。波の 1 周期はベクトルの 1 回転で描かれる。そこで，この関数 $\exp(j2\pi ft)$ を**複素指数関数波**または**複素正弦波関数**という。

ここまでは時間の経過とともに時計と反対の方向に回る回転ベクトルを考えてきた。このベクトルを反対の方向に回すとどうなるであろうか。時間は決して逆方向には進まない。時間が逆方向に進まないのならば，回転方向を逆にするためには周波数 f を負にしなければならない。周波数とは 1 秒間の波の数であるから，これも負というのは考えにくいかも知れないが，あえて**負の周波数**というものを使うことにしよう。

以上から，負の周波数の複素指数関数波 $\exp(-j2\pi ft)$ を表すベクトルは，原点の周りを負の方向すなわち時計の方向に回転する。その場合でもベクトルの実軸への投影は変わらないが，虚軸への投影は $-\sin(2\pi ft)$ になる。このことを式で書けば

$$\exp(-j2\pi ft) = \cos(2\pi ft) - j\sin(2\pi ft) \tag{1.6}$$

となる。この式の内容は**図 1.11** に表されている。すなわち，コサイン関数は

16   1. サイン波・コサイン波

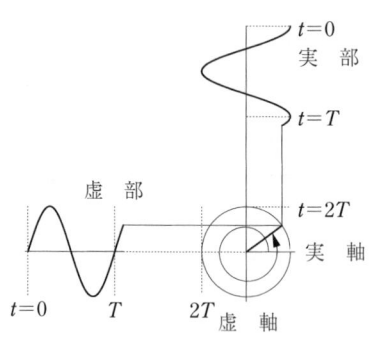

図 1.10 座標原点を中心として一定角速度で回転する回転ベクトルの軌跡

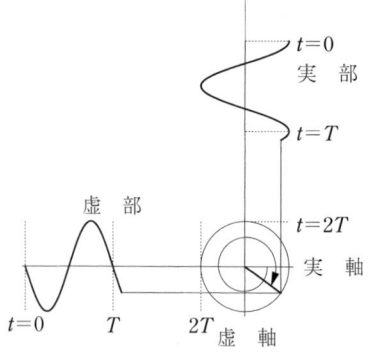

図 1.11 複素平面の座標原点を中心とする単位ベクトルの負方向回転とサイン波形およびコサイン波形の関係

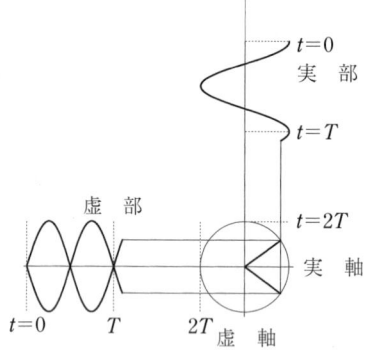

図 1.12 複素平面の座標原点を中心として正方向に回転する単位ベクトルと負方向に回転する単位ベクトル，およびその虚軸と実軸への投影の軌跡

正方向回転を表す図 1.10 と同じで，サイン関数は上下逆転して値が負になる。

このことを整理すると，周波数 f を負にすることにより，複素指数関数波を表す回転ベクトルが負の方向に回転する。その実軸への投影であるコサイン波は正方向回転の場合と変わらないが，虚軸への投影であるサイン波は負のサイン波になる。

この考えに従って図 1.12 のように正方向に回転するベクトルと負方向に回

転するベクトルの座標軸への投影を重ねると，虚軸への投影では正のサイン関数と負のサイン関数が重ね合わされて和が0になる．実軸への投影はどちらも正のコサイン関数であるから和の波形の振幅は2倍になる．したがって

$$\exp(j2\pi ft) + \exp(-j2\pi ft) = 2\cos(2\pi ft) \tag{1.7}$$

となる．このように式にしてしまえば，式 (1.5) と式 (1.6) を辺々加え合わせるとサイン関数が消えてコサイン関数が2倍になるという簡単な関係である．

式 (1.5) の実部をとればコサイン関数，虚部をとればサイン関数であるが，これらは式 (1.7) のような関係によって次の式 (1.8)，(1.9) のように表される．

コラム

オイラー（Leonhard Euler）

1707 年　スイスのバーゼルに数学に通じる牧師の子として出生。
　バーゼルの大学のヨハン・ベルヌーイに数学の能力を認められ数学者への道を歩みはじめる。

1727 年　サンクトペテルブルグのアカデミーに所属。
　「バーゼルの問題」解決で有名になるが、エカチェリナ1世死去と視力低下で研究生活は不安定になる。

1735 年　片目失明。

1736 年　「力学」出版：ニュートン力学をライプニッツの微分積分の表現で書き換え。

1741 年　プロイセン国王フリードリッヒ大王の依頼でアカデミー会員。ドイツ移住。
　「与えられた性質をもつ極大・極小曲線を見いだす方法」(1744)（変分法、オイラーの方程式）をはじめ、「無限解析序論」(1748)、「微分学教程」(1755) などの数学書のほか、「自然科学の諸問題についてのドイツ王女への手紙」という啓蒙書も出版。

1766 年　両眼失明（1771 年説もある）。

1768～74 年　「積分学教程」のほか剛体力学、天体力学、水力学などに関する解析的著述・論文多数。

1771 年　エカチェリナ2世即位の後、再びサンクトペテルブルグへ。

1783 年　死去。

18   1. サイン波・コサイン波

$$\cos(2\pi ft) = \frac{\exp(j2\pi ft) + \exp(-j2\pi ft)}{2} \tag{1.8}$$

$$\sin(2\pi ft) = \frac{\exp(j2\pi ft) - \exp(-j2\pi ft)}{j2} \tag{1.9}$$

1.8 サイン波・コサイン波の位相

1.7 節では，サイン波を単位長ベクトルが直角座標系の原点を中心として正方向に一定速度で回転するときの y 軸への投影で表した。これに従えば，$t=0$ の回転開始時にベクトルが x 軸からずれていると，時間軸上のサイン波の位置が変わる。その動きの量は $t=0$ におけるベクトルと x 軸の間の角度に比例する。その角度を ϕ とすると，ずれのないサイン波 $\sin(2\pi ft)$ と比べて，ϕ だけずれた位置から回りはじめるベクトルの y 軸への投影は

$$\sin(2\pi ft + \phi) \tag{1.10}$$

のように簡単に表される。

式（1.10）は回転開始時の実軸との角度が ϕ の回転ベクトルの y 軸への投影の長さであり，これを**位相角** ϕ **のサイン波**，または，**位相**が ϕ 進んだサイン波という。$\phi=0$ のときはベクトルの始点が実軸上にあり，**図 1.13**（a）のような位相角が 0 のサイン波になる。$\phi=28°$ を始点として回転するベクトルの y 軸への投影を表すのが同図（b）であり，この波を位相角が 28° のサイン波という。位相が進んでいるという理由は，（a）のベクトルよりも（b）のベ

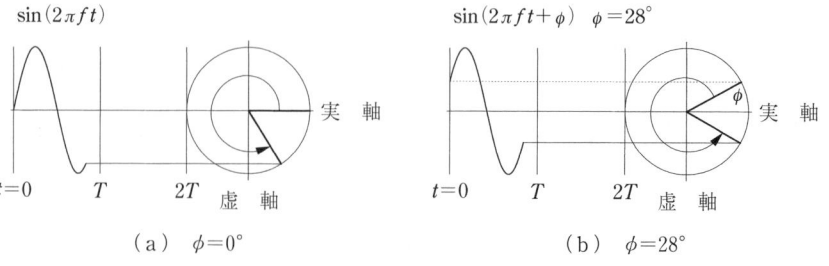

（a）　$\phi=0°$ （b）　$\phi=28°$

図 1.13　回転ベクトルの y 軸への投影によって表したサイン波の位相（始点の偏角が位相角）

クトルが ϕ の角度だけ先行して回るためである．逆に実軸よりも下のほう，すなわち負の角度を出発点とするときには，そのサイン波の位相は遅れているという．

このように位相は角度で表されるが，位相角の 90° は直角であり 360° は 1 円周で 0° と同じである．1 回転は 2π ラジアンであるから，位相角は 1 円周を 360° とする「°（度）」による表現だけでなく，1 円周を 2π とするラジアンでも表される．理論式ではラジアンを使うことになっている．その理由は間もなく明らかになる．

位相が変わるとサイン波がどう変わるかを見るために，図 1.14 に，中央の基準位相のサイン波と比べて位相が 30°，60°，90° 進んだサイン波と同じ位相だけ遅れたサイン波を示す．

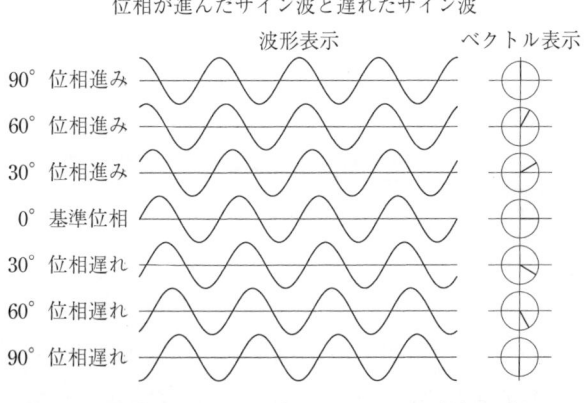

図 1.14 基準のサイン波（中央）とそれより位相が進んだ
サイン波（上側）と位相が遅れたサイン波（下側）

これらの波形をみると，時間が左から右に進むのに対して，波は下のほうが右に寄っているので，下のほうが位相が進んでいるように見えないでもない．しかし，同じ時点での位相を考えると，上の波は下の波がある時間たったときの値になっていることから，上のほうが位相が進んでいることが了解される．この説明よりは，上に述べたように回転ベクトルによるサイン・コサイン波形の表現において，先に回るベクトルが位相が進んだ波形をつくり，遅れて回る

ベクトルが位相が遅れた波形をつくるという説明のほうが明確である。それは，図の右側のベクトル図で示してある。正の回転方向が時計と反対の方向ということから，上のほうが進んでいることは明らかであろう。

サイン波とコサイン波とは位相が 90° すなわち $\pi/2$ ラジアンずれている。しかし，それらは時間軸上で 1/4 波ずれているというだけで，本質的には同じサイン波である。これは，式 (1.11) で示される三角関数の公式として知られていることでもある。

$$\cos(2\pi ft) = \sin\left(2\pi ft + \frac{\pi}{2}\right) \tag{1.11}$$

このことも，図 1.10 ないし図 1.12 のプログラムで確かめることができる。

つぎに，図 1.13 を使って行った説明を，式によって復習しておこう。

サイン波 $x_1(t)$ とサイン波 $x_2(t)$ が式 (1.12)，(1.13) のような式で表されるものとする。

$$x_1(t) = \sin(2\pi ft) \tag{1.12}$$

$$x_2(t) = \sin(2\pi ft + \phi) \tag{1.13}$$

このような二つのサイン波があるときに，$x_2(t)$ は $x_1(t)$ と比べて，位相が ϕ ラジアンだけ進んでいるという。それに対して

$$x_3(t) = \sin(2\pi ft - \phi) \tag{1.14}$$

は，位相が ϕ だけ遅れているサイン波である。**位相の進み，位相の遅れ**を表す位相角が角度の次元（ディメンション）をもつことは，サイン関数の引数だからということもできるであろう。

位相角の単位はラジアンで，1 円周が 2π ラジアンである。しかし，上述のように 1 円周を 360 度とする角度表示を使うことも多い。これは，そのほうが直感的にわかりやすいためであるが，コンピュータのプログラム言語ではラジアンを使うことになっているので，コンピュータによる計算では位相がラジアンと常用の「°（度）」のどちらになっているかを確かめて，必要ならばラジアン単位に換算する処理を行う。

1.9 任意位相のサイン波・コサイン波の合成

三角関数の公式により,式 (1.10) は次のようにサイン関数とコサイン関数の和の形になる。

$$\sin(2\pi ft + \phi) = \cos\phi \sin(2\pi ft) + \sin\phi \cos(2\pi ft)$$

この式からわかるように,サイン波に同じ周波数のコサイン波を加え合わせると,もとのサイン波とは位相の異なるサイン波になる(図 1.15)。

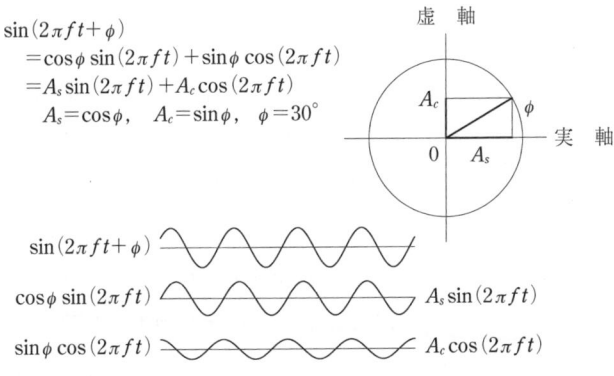

図 1.15 サイン波とコサイン波の和による位相合成

図 1.15 には,サイン波の位相を 30° 進めるためにはどのような振幅のコサイン波を加えればよいかを計算式とともに示してあるが,別の見方による式を次にあげておこう。

サイン波の振幅を A_s,コサイン波の振幅を A_c,周波数を f とすると,そのサイン波とコサイン波の和は式 (1.15) のように計算される。

$$\begin{aligned}
&A_s \sin(2\pi ft) + A_c \cos(2\pi ft) \\
&= \sqrt{A_s^2 + A_c^2} \left\{ \frac{A_s}{\sqrt{A_s^2 + A_c^2}} \sin(2\pi ft) + \frac{A_c}{\sqrt{A_s^2 + A_c^2}} \cos(2\pi ft) \right\} \\
&= \sqrt{A_s^2 + A_c^2} \left\{ \cos\phi \sin(2\pi ft) + \sin\phi \cos(2\pi ft) \right\} \\
&= \sqrt{A_s^2 + A_c^2} \sin(2\pi ft + \phi) \quad (1.15)
\end{aligned}$$

ここで

$$\phi = \arccos\left(\frac{A_s}{\sqrt{A_s{}^2+A_c{}^2}}\right) = \arcsin\left(\frac{A_c}{\sqrt{A_s{}^2+A_c{}^2}}\right) = \arctan\left(\frac{A_c}{A_s}\right) \quad (1.16)$$

このように計算される位相角 ϕ と A_s および A_c との関係は，図 1.15 の右上に示すようになる。ベクトルの長さが 1 で，$\sqrt{A_s{}^2+A_c{}^2}=1$ であることから

$$A_s = \cos\phi, \quad A_c = \sin\phi \quad (1.17)$$

となる。図の右上のベクトル図では，A_s が原点から x 軸上を右方向に伸びる太線であり，A_c が原点から y 軸を上の方向に伸びる太線である。

ここまでの説明は，位相が進むということは波全体が時間軸をさかのぼる方向に移動することであり，遅れるということは波全体が時間軸の下流の方向に移動することであるとしてきた。しかしそれは 1 周波数のサイン波についてのみいえることであり，一般の波形では位相という概念は適用できない。

それでは，二つ以上の周波数成分がある波形が形を変えずに時間軸上を移動するときにはどうなるのであろうか。その答えは，いくらかの時間遅れるインパルスの各周波数成分の位相がどうなるかを考えれば容易に得ることができる。

図 1.16 に，ある時間 τ だけ遅れるインパルスを図 1.1 と同じようにコサイン波で合成する過程を示す。この場合は，基本波だけでなく各高調波がすべて τ という同じ時間遅れなければならない。図ではそれを示しているが，図の左側の各コサイン波を見れば明らかなように，同じ時間遅れるということは，周波数が低ければ位相遅れが小さく，高周波になるにつれて位相遅れが大きくなることである。それが周波数に比例する位相であることは，次のように考えれば明らかである。

ある時間 τ だけ遅れたコサイン波は次のように表される。

$$\cos\{2\pi f(t-\tau)\}$$

これは式 (1.18) のように書き換えられる。

$$\cos\{2\pi f(t-\tau)\} = \cos(2\pi ft - 2\pi f\tau) \quad (1.18)$$

したがって，この波を $\cos(2\pi ft - \theta)$，すなわち θ という位相が遅れたコサイン波とみると

1.9 任意位相のサイン波・コサイン波の合成

各周波数成分　　　　　　上から順の周波数成分の和

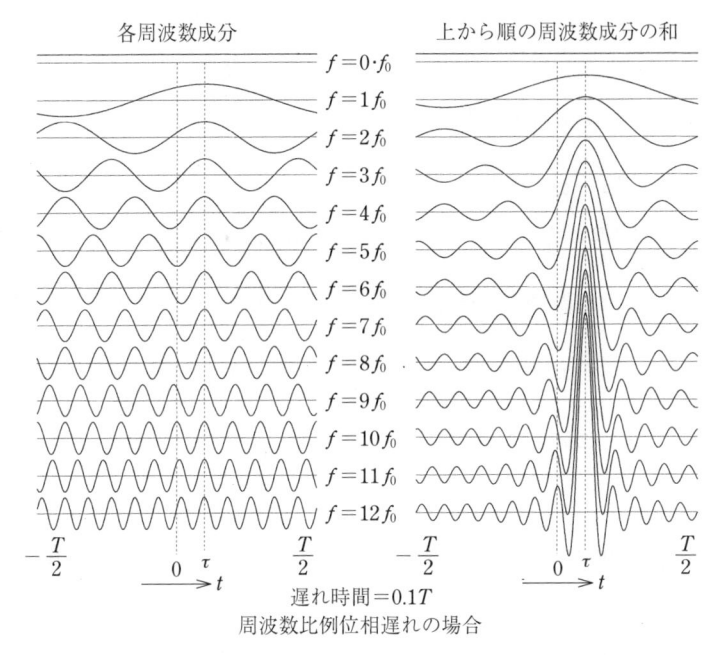

$f=0 \cdot f_0$
$f=1 f_0$
$f=2 f_0$
$f=3 f_0$
$f=4 f_0$
$f=5 f_0$
$f=6 f_0$
$f=7 f_0$
$f=8 f_0$
$f=9 f_0$
$f=10 f_0$
$f=11 f_0$
$f=12 f_0$

遅れ時間＝$0.1T$
周波数比例位相遅れの場合

図 1.16 τ という時間遅れたインパルスを構成する各周波数成分

$$\theta = 2\pi f \tau \tag{1.19}$$

となる．すなわち，ある時間 τ だけ遅れたインパルスを構成する周波数 f のコサイン波はすべて $-2\pi f \tau$ の位相をもつ．このことは，波形の時間遅れは波形を構成する各高調波が周波数に比例する遅れ位相をもつことによって起きることを示している．

式 (1.1) で表されるインパルスは図 1.1 のように $t=0$ の時点のインパルスである．これが τ だけ遅れた図 1.16 のインパルスを式 (1.1) と同じように式で表すには時間を τ だけずらせばよいので式 (1.20) のようになる．

$$\delta(t-\tau) = 0.5 + \cos\left(2\pi \frac{t-\tau}{T}\right) + \cos\left(2\pi \frac{2t-2\tau}{T}\right) + \cos\left(2\pi \frac{3t-3\tau}{T}\right) + \cdots \tag{1.20}$$

これを次の式 (1.21) のように書き直すと，各調波が式 (1.19) と同じ位相（周波数 k/T と時間遅れ τ の積）をもつことが示される．

$$\delta(t-\tau) = 0.5 + \cos\left(2\pi\frac{t}{T} - 2\pi\frac{\tau}{T}\right) + \cos\left(2\pi\frac{2t}{T} - 2\pi\frac{2\tau}{T}\right)$$

$$+ \cos\left(2\pi\frac{3t}{T} - 2\pi\frac{3\tau}{T}\right) + \cdots \qquad (1.21)$$

$\cos\{2\pi(t/T) - 2\pi(\tau/T)\}$ などを分解して，式 (1.21) を式 (1.22) のようにコサイン関数とサイン関数を用いた級数に書き換えることもできる．

$$\delta(t-\tau) = 0.5 + \cos\left(2\pi\frac{\tau}{T}\right)\cos\left(2\pi\frac{t}{T}\right) + \cos\left(2\pi\frac{2\tau}{T}\right)\cos\left(2\pi\frac{2t}{T}\right)$$

$$+ \cos\left(2\pi\frac{3\tau}{T}\right)\cos\left(2\pi\frac{3t}{T}\right) + \cdots + \sin\left(2\pi\frac{\tau}{T}\right)\sin\left(2\pi\frac{t}{T}\right)$$

$$+ \sin\left(2\pi\frac{2\tau}{T}\right)\sin\left(2\pi\frac{2t}{T}\right) + \sin\left(2\pi\frac{3\tau}{T}\right)\sin\left(2\pi\frac{3t}{T}\right) + \cdots$$

$$\qquad (1.22)$$

上の 3 式 (1.20)〜(1.22) とは逆方向になるが，式 (1.15), (1.16) を参照して，式 (1.2) のフーリエ級数を式 (1.23) のようにコサイン関数だけ，あるいはサイン関数だけの式に書き換えることができる．

$$x(t) = C_0 + C_1 \cos(2\pi f_0 t - \phi_1) + C_2 \cos(4\pi f_0 t - \phi_2)$$

$$+ C_3 \cos(6\pi f_0 t - \phi_3) + \cdots \qquad (1.23)$$

ここで

$$C_k = \sqrt{A_k^2 + B_k^2}, \quad \phi_k = \arctan\left(\frac{B_k}{A_k}\right) \quad (k = 0, 1, 2, \cdots) \qquad (1.24)$$

また，位相項を変えるだけで，同じ式をサイン関数で表すこともできる．

$$x(t) = C_0 + C_1 \sin(2\pi f_0 t + \theta_1) + C_2 \sin(4\pi f_0 t + \theta_2)$$

$$+ C_3 \sin(6\pi f_0 t + \theta_3) + \cdots \qquad (1.25)$$

ここで

$$C_k = \sqrt{A_k^2 + B_k^2}, \quad \theta_k = \arctan\left(\frac{A_k}{B_k}\right) \quad (k = 0, 1, 2, \cdots) \qquad (1.26)$$

すでに図 1.7 および図 1.8 で見てきたように，高調波の位相が変わることによる波形の変化は大きい．したがって，同じ大きさの同じ次数の高調波が重なった波形を見ても，はたしてそうであるのかどうか，直感的に知ることは困難

である．しかし，定常的な波形が基本波と偶数次の高調波だけからなっている場合と，奇数次の高調波だけからなっている場合とは，高調波の次数が低ければ，波形から区別することができる．

図1.17には，基本波に第2高調波が重なっている場合と，第3高調波が重なっている場合の波形を比較して示す．この図のプログラムは，高調波の次数を変えることもできるようになっている．偶数次と奇数次でどう変わるかは，読者みずから解答を出していただきたい．

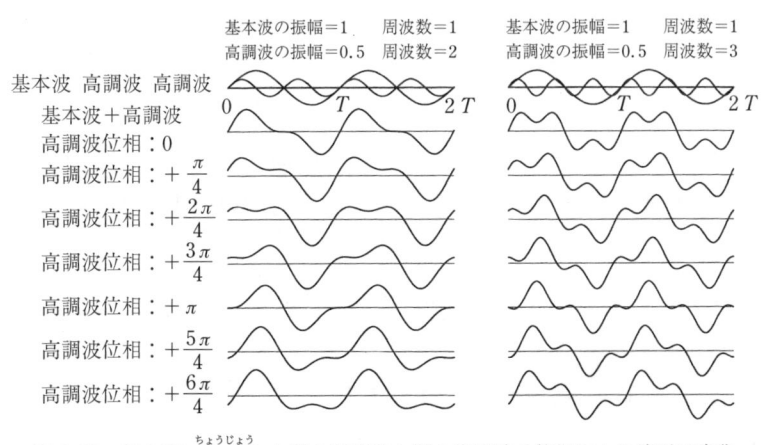

図1.17 基本波に重畳した第2高調波と第3高調波の位相による波形の変化

1.10 瞬時位相と瞬時周波数

ここまでの記述に従えば，位相 ϕ のコサイン波 $\cos(2\pi ft+\phi)$ は $t=0$ の時点で実軸との角度（偏角）が ϕ の回転ベクトルの実軸への投影である．ベクトルの偏角は図1.10の回転ベクトルのように時間とともに変化していく．ϕ は，その偏角の $t=0$ という特別な時点での値にすぎない．そこで，任意の時点における回転ベクトルの偏角に注目して，それをコサイン波形の**瞬時位相**ということにすれば，コサイン波の位相角としてきた角度は，$t=0$ における瞬時位相である．そして，コサイン波 $x(t)=\cos(2\pi ft+\phi)$ の瞬時位相はコサ

イン関数の引数 ($2\pi ft + \phi$) そのものになる。

そこで時間 t の関数である瞬時位相を $\theta(t)$ と表すことにすれば

$$\theta(t) = 2\pi ft + \phi \tag{1.27}$$

となる。

瞬時位相をこのように定義したうえで，瞬時位相と周波数の関係を考えることにしよう。

一般に周期波の1秒間の繰返し数を周波数というが，サイン波（サイン波，コサイン波をまとめて広義のサイン波という）でない周期波は周波数の異なるいくつかのサイン波の和によって表されるので，周波数を考えるためにはまず，サイン波を取り上げるべきである。サイン波の周波数は，図1.10のようなベクトル図によれば1秒当りのベクトルの回転数である。しかし一定速度での回転が1秒間続かないこともあり得るので，周波数を1秒当りの回転数として定義するよりは，瞬時位相 $\theta(t)$ を時間で微分した式 (1.28) で求めるものとすべきである。するとこれは，瞬時周波数である。

$$f(t) = \frac{1}{2\pi} \frac{d}{dt} \theta(t) \tag{1.28}$$

式 (1.28) は瞬時位相の時間微分を 2π で割っているが，それをせずに

$$\omega(t) = 2\pi f(t) = \frac{d}{dt} \theta(t) \tag{1.29}$$

と定義される**角周波数**（angular frequency）または**角速度**（angular velocity）を用いるほうが簡単である。角周波数は図1.10の回転ベクトルの1秒当りの回転角であり，角速度は文字のとおりにベクトルの回転角速度であるが，どちらも単位はラジアン毎秒（rad/s）であり，ベクトルの回転という見方をすれば結局は同じものになる。

瞬時周波数の定義式 (1.28) によれば，1周波数成分だけのサイン波では瞬時位相の時間微分は一定で時間による変化は生じない。いくつかの周波数成分があるときには回転ベクトルの回転速度が一定でない場合があり，そのときは式 (1.28) による周波数が時間とともに変化して，この周波数を**瞬時周波数**

（instantaneous frequency）というにふさわしくなる。

回転速度が一定にならないベクトルで表される波形の例として，二つの周波数成分からなる波形をベクトルで表し，瞬時周波数の時間変化を求めてみよう。その回転ベクトルを図1.18の右下に示す。

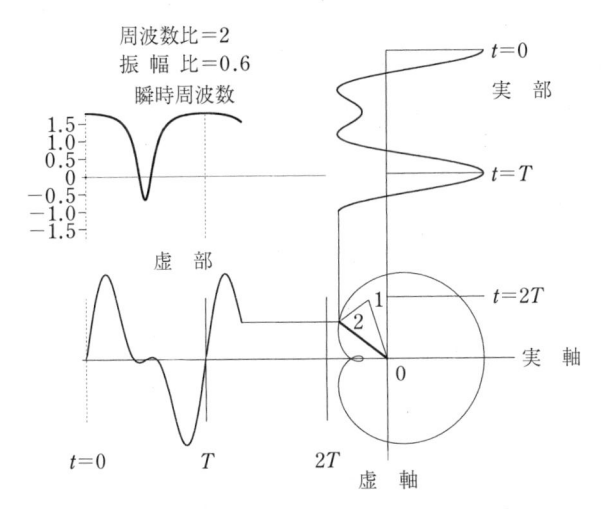

図1.18 一定周波数のサイン波に振幅がその0.6倍で周波数が2倍のサイン波を加えた波形を実軸への投影として表す回転ベクトルと，その回転速度の瞬時値により求められる瞬時周波数の時間変化（左上）

第1の波は一定周波数のサイン波なので図1.10のように複素平面の原点を中心として一定速度で回転する一定長のベクトルで表される。図1.18では，それは原点0から1に至るベクトル$\overrightarrow{01}$である。ここではその2倍の周波数のサイン波が加わる。そのサイン波もやはり原点を中心にして2倍の速度で回転するベクトルで表されるが，この二つのベクトルの和は，第1ベクトルの先端を出発点とする第2ベクトル$\overrightarrow{12}$の先端で表される。

図1.18は振幅1のコサイン波に振幅が0.6の第2高調波が加わった波形の終了時点におけるベクトルを示すが，その時点で第1ベクトルは原点から左上方向に向かう$\overrightarrow{01}$，第2ベクトルはその先端から左下に向かう$\overrightarrow{12}$となっている。第2ベクトルの長さは第1ベクトルの0.6倍である。

原点から第2ベクトルの先端に向かう太線で示すベクトルが，合成波形を表すベクトルである。太線の合成ベクトルは $t=0$ で実軸の右側から出発し，時間の経過とともに反時計方向に回転する。この合成ベクトルは，第2ベクトルの回転が第1ベクトルより速いので長さが時間とともに変わり，ベクトルの先端はカーディオイド閉曲線上を動く。第2波形の振幅と周波数によっては，合成ベクトルの回転方向が逆転して瞬時周波数が負になることがある。その詳細については（II）上級編の12章を参照されたい。

読者は，この図のプログラムを走らせることにより，より深い理解を得ることができるであろう。

演 習 問 題

1. サイン波の位相を $\pi/2$ 進めるとどんな波になるか。
2. サイン波の位相を $\pi/2$ 遅らせるとどんな波になるか。
3. コサイン波の位相を $\pi/2$ 進めるとどんな波になるか。
4. コサイン波の位相を $\pi/2$ 遅らせるとどんな波になるか。
5. サイン波に，それと周波数・振幅ともに等しいコサイン波を加えるとどんな波になるか。
6. 位相が $0°$ のサイン波から位相が $30°$ のサイン波をつくるにはどうすればよいか。
7. 偶関数波形の例をあげよ。
8. 奇関数波形の例をあげよ。
9. ある波形が基本波に第2高調波か第3高調波のどちらかが加わったものであることがわかっているとき，どちらの高調波であるかを見分ける方法を示せ。
10. ある波形を構成する各高調波の位相が，高調波の次数 n に比例して遅れるとき，波形全体としてはどのような変化を示すか。
11. サイン波だけで合成することができる波形は図 1.19 のうちのどれか。
12. コサイン波だけで合成することができる波形は図 1.19 のうちのどれか。
13. サイン波とコサイン波の両方を使わなければ合成することができない波形は図 1.19 のうちのどれか。
14. 図 1.19（o）の波形をフーリエ級数展開して，そのうちのサイン項だけで波形を合成するとどんな波形になるか。また，コサイン項だけならばどうなるか。

演 習 問 題　29

15. 図1.19（p）の波形をフーリエ級数展開して，そのうちのサイン項だけで波形を合成するとどんな波形になるか。また，コサイン項だけならばどうなるか。

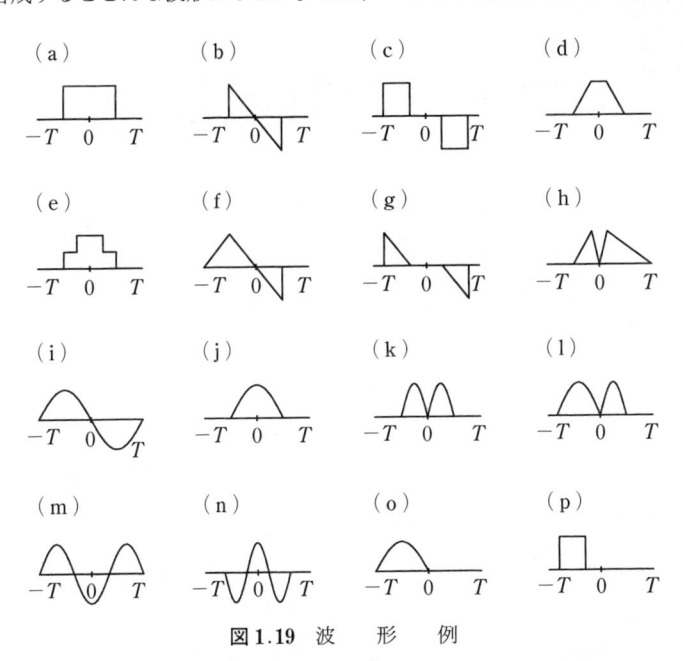

(a)　(b)　(c)　(d)

(e)　(f)　(g)　(h)

(i)　(j)　(k)　(l)

(m)　(n)　(o)　(p)

図 1.19　波　形　例

2 フーリエ級数展開

　種々の波形がコサイン波とサイン波の和，すなわちフーリエ級数で表されることを，1章ではおもに図によって示してきた。それを受けて本章では最初に，波形からフーリエ級数の係数を決定する方法に入る。そのためにサイン関数とコサイン関数の積の積分がどうなるかを考えると，フーリエ係数を求める方法が自然に浮かび上がってくる。それによりコサイン項とサイン項によるフーリエ級数ができるが，それは位相を使うことによりコサイン項またはサイン項の一方だけで表すこともできる。位相を使わなくても，波形を偶関数または奇関数にすることによって，同じように一方だけの級数とすることができる。次に，複素指数関数によるフーリエ級数に進む。その場合のフーリエ係数は複素数になるが，それにより演算が簡素になるので，後のほとんどの場合にこの方法をとることになる。

　本章ではこれらの解説を順に進めていくが，じつはそれぞれが異なる考え方によるものではなく，同じものを少し違った立場から見ているにすぎないことが，いずれわかってくるはずである。最後に，フーリエ級数の拡張としてフーリエ変換対の解説に入る。

2.1　サイン波・コサイン波の積分

　出発点として，$x(t)$ で表される波形が T を周期とする時間関数ならば，T を周期とするサイン波・コサイン波とその整数倍の周波数の波の級数によって表されるという，1章のフーリエ級数の式（1.2）を再掲する。

2.1 サイン波・コサイン波の積分

$$x(t) = A_0 + A_1 \cos\left(2\pi \frac{1}{T}t\right) + A_2 \cos\left(2\pi \frac{2}{T}t\right) + A_3 \cos\left(2\pi \frac{3}{T}t\right) + \cdots$$
$$+ B_1 \sin\left(2\pi \frac{1}{T}t\right) + B_2 \sin\left(2\pi \frac{2}{T}t\right) + B_3 \sin\left(2\pi \frac{3}{T}t\right) + \cdots$$

〔式 (1.2)〕 (2.1)

波形がコサイン関数とサイン関数の級数としてこのように表されるものとして，フーリエ係数 A_k, B_k を決定する方法を考えようというのが，最初の目標である．

フーリエ係数決定のためには，式 (2.1) の両辺に $\cos\{2\pi(k/T)t\}$，あるいは $\sin\{2\pi(k/T)t\}$ を掛けて 1 周期 T にわたって積分する．その積分は項別に行えばよいので，サイン関数，コサイン関数，あるいはそれらの積の 1 周期 T にわたっての積分がどうなるかが当面の問題になる．

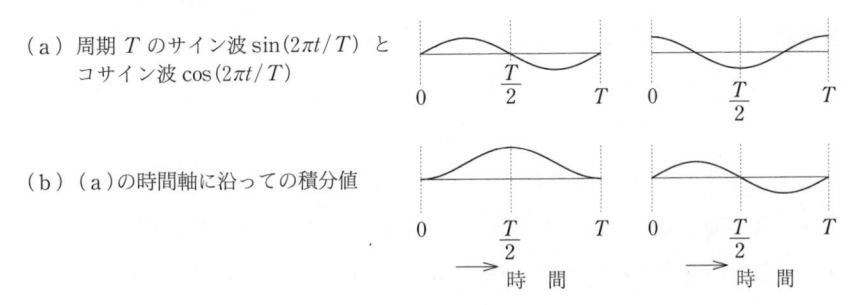

A_0 の項については $\cos\{2\pi(k/T)t\}$，$\sin\{2\pi(k/T)t\}$ そのものの積分がどうなるかが問題であるが，これは簡単で k が 0 のときでない限り 1 周期にわたる積分は 0 である．$k=0$ のときはサイン項が 0，コサイン項が 1 で，$0 \leq t < T$ の 1 周期にわたる積分値は $k=0$ のとき TA_0，その他の値のとき 0 になる．そうなる理由は，サイン波とコサイン波を 1 周期にわたって積分していく過程での積分値の変化を示す**図 2.1** によって明らかである．サイン波，コサイン波は正の範囲の面積と負の範囲の面積が同じであるから，1 周期にわたる積分値が 0 になるのは当然である．$k=0$ のときは $\cos 0$ の値が 1 なので，1 を $t=0 \sim T$ まで積分することになる．

(a) 周期 T のサイン波 $\sin(2\pi t/T)$ とコサイン波 $\cos(2\pi t/T)$

(b) (a) の時間軸に沿っての積分値

図 2.1 サイン波とコサイン波を 1 周期にわたって積分していく過程での積分値の変化

A_0 以外の項では，$\cos\{2\pi(k/T)t\}$ あるいは $\sin\{2\pi(k/T)t\}$ に $\cos\{2\pi(m/T)t\}$ または $\sin\{2\pi(m/T)t\}$ を掛けたものを $0 \leqq t < T$ という1周期の時間区間にわたって積分すればどうなるかを調べることになる。ここではフーリエ係数を求める方法を考えるので k と m はどちらも整数という場合に限られるが，k と m とが等しい場合と等しくない場合でまったく異なる。

その計算を式で行うことはどの本にでも書いてあるので，ここでは式の誘導の説明は簡単にする。式の誘導よりはむしろ，なぜそうなるかという物理的なイメージをもつことのほうが重要なので，図 2.2 で説明しよう。

（a）コサイン波どうし　　　　　　（b）サイン波どうし

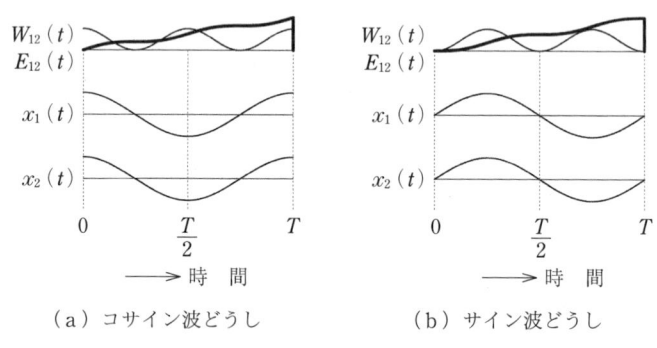

図 2.2 同じ周波数のサイン波どうしの積の積分（1周期にわたる積分値は有限）

同じ周波数のコサイン波どうしを掛け合わせて，$t=0$ から積分を進めていくとどうなるかが，図 2.2（a）に示してある。この図では $x_1(t)$ と $x_2(t)$ はどちらも周期 T（周波数は $1/T$）のコサイン波で，その積波形が $W_{12}(t)$ である。この波形はつねに正でコサイン波の周波数の2倍の周波数のコサイン波を 0 より下にならないように持ち上げた波形になる。したがって，これを $t=0$ から積分していくと，図に $E_{12}(t)$ として 0 から出発する太線で描いてある曲線のように，多少波打ちながら時間とともに大きくなっていく。積分時間はコサイン波の1周期 T である。図から明らかなように，その区間の積分値は 0 でない値になる。すなわち $k=m$ のときには，積分値は有限の大きさになる。積分値を求めることはこの図だけでは無理で，式の演算が必要である。その演算は 2.2 節で行うことになる。

$x_1(t)$ と $x_2(t)$ とがどちらもサイン波のときも結果は同じで，$x_1(t)$ と $x_2(t)$ の1周期 T にわたる積分値は，図2.2（b）に示すように0でない値になる。積分途中の値は違うが，最終の積分値はコサイン波どうしの場合と同じである。

図2.2では積分区間を $t=0 \sim T$ までとしてあるが，積分を始める時間は $t=0$ でなくてもよい。周期 T のサイン関数・コサイン関数である限りどこから始めても，1周期にわたる積分値は同じである。

$x_1(t)$ と $x_2(t)$ がサイン関数どうし，あるいはコサイン関数どうしであっても周波数が等しくない場合には，積分値は0になる。その理由を前と同じように**図2.3**に描くと，積の値が正になる区間と負になる区間が生じ，それぞれの区間の総面積が等しくなるためであることがわかる。図2.3では周波数の比率を1：2としてあるが，この比率は整数ならばそれ以外のどんな値でもよい。それは，この図のプログラムを走らせれば確かめることができる。

（a）サイン波どうし　　　（b）コサイン波どうし

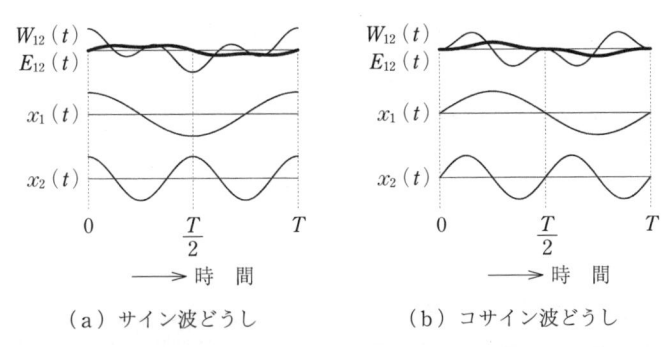

図2.3 異なる周波数のサイン波どうしの積の積分（1周期にわたる積分値は0）

$x_1(t)$ と $x_2(t)$ とがサイン波とコサイン波のときには，周波数が同じでも積分値は0になる。それを**図2.4**（a）に示す。このときにはサイン波が正の値をとる区間でコサイン波は半分が正値をとり半分が負値をとる。そして正の値をとる面積と負の値をとる面積とが等しくなり，積分値は0になる。（b）は，周波数も異なっているが，結果は当然同じである。

以上をまとめると，同じ周波数のコサイン波どうし，あるいはサイン波どう

34　2. フーリエ級数展開

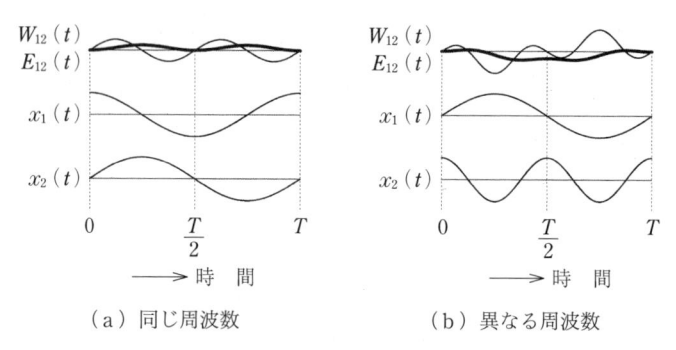

(a) 同じ周波数　　　　　　　(b) 異なる周波数

図 2.4　サイン波とコサイン波の積の積分（ともに1周期にわたる積分値は0）

しの積の1周期にわたる積分値は0にならないが，周波数が同じでもサイン波とコサイン波の積の積分値は0になり，周波数が違うときにはサイン波どうしであっても，コサイン波どうしであっても，また，サイン波とコサイン波であっても，積分値は必ず0になる。サイン関数・コサイン関数のように2関数の積の一定区間にわたる積分値が0になる関数をたがいに直交しているといい，その関数系を**直交関数系**（orthogonal system）という。

以上の考察から，式 (2.1) に $\cos\{2\pi(k/T)t\}$ を掛けて $t=0\sim T$ の積分をすると k 番目のコサイン項のほかはすべて0になり，$\sin\{2\pi(k/T)t\}$ を掛けて同じ区間にわたる積分をすると，k 番目のサイン項の外はすべて0になる。第 k 項だけが残るのだから，それによって第 k 項の係数を求めることができるはずであるが，図による検討だけでは，積分値がいくらになるかが明らかでないため，係数の数値を決めるのは次節に入ってからになる。

2.2　フーリエ係数の計算

係数の値を決定する方法を確立するために，図 2.1 〜 図 2.4 による説明を式によって検討しよう。

まず，式 (2.1) をそのまま $t=0\sim T$ の時間区間にわたって積分するとどうなるであろうか。

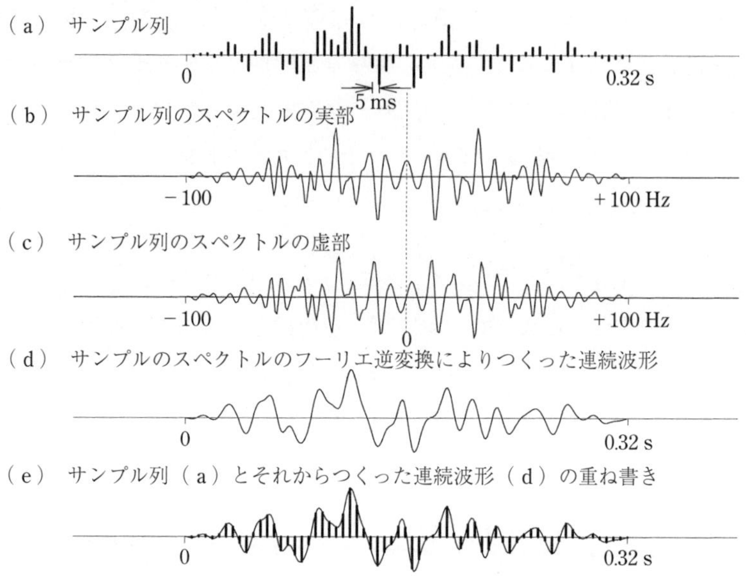

66　　3．数値波形（波形のサンプリング）

（a）　サンプル列

0　　　　　　　　　　　　　　　　　　　　　　　0.32 s

5 ms

（b）　サンプル列のスペクトルの実部

− 100　　　　　　　　　　　　　　　　　　+ 100 Hz

（c）　サンプル列のスペクトルの虚部

− 100　　　　　　　0　　　　　　　+ 100 Hz

（d）　サンプルのスペクトルのフーリエ逆変換によりつくった連続波形

0　　　　　　　　　　　　　　　　　　　　　　　0.32 s

（e）　サンプル列（a）とそれからつくった連続波形（d）の重ね書き

0　　　　　　　　　　　　　　　　　　　　　　　0.32 s

図3.4　サンプル列とそのスペクトルおよびスペクトルのフーリエ逆変換によって得られる波形

3.3　周波数帯域幅とサンプリング周波数

ここでも議論の前に，具体的な波形について計算してみよう。

そのための波形として，図3.5（a）の波形とサンプル列を取り上げる。この波形は，スペクトルが F_m 以下の周波数成分しかもたず，それ以上の周波数では0になるようにつくった波形である。

（a）の波形のスペクトルの実部を（b），虚部を（c）に示す。このスペクトルの基底周波数帯域が連続波形のスペクトル $X(f)$ であり，（a）の波形をサンプリング周期 $1/(2F_x)$ でサンプルした数値波形のスペクトルは $\pm F_x$ の外側に周期 $2F_x$ で無限に繰り返している。このように周期化されたスペクトル $X(f)$ を使えば式（3.3）により x_n が計算される。こうして計算した x_n が（d）に $1/(2F_x)$ 間隔の多数の縦線で示してある。この値は期待どおり波形の

3.2 サンプル列からの連続波形再現　65

f に，k を n に，T を $2F_x$ に，X_k を x_n に置き換える。また，exp 関数内の j は $-j$ にしなければならない。n の変域は波形が存在する範囲であるから，サンプル数は時間長 T をサンプル間隔 $1/(2F_x)$ で割った $N=2TF_x$ となる。サンプル番号は 0 から始めれば $N-1$ までである。これにより，周波数スペクトルのフーリエ級数展開式は式 (3.5) のようになる。

$$X(f)=\frac{1}{2F_x}\sum_{n=0}^{N-1}x_n\exp\left(-j2\pi\,\frac{n}{2F_x}f\right) \tag{3.5}$$

式 (3.5) で表されるスペクトルは $2F_x$ を周期とする周期スペクトルであるが，$x(t)$ のスペクトル $X(f)$ は F_x 以上の周波数で 0 である。したがって，フーリエ逆変換ではその積分範囲を限定する。それにより，$x(t)$ が式 (3.6) のように計算される。

$$x(t)=\int_{-F_x}^{+F_x}X(f)\exp(j2\pi ft)\,df \tag{3.6}$$

これで，波形を $1/(2F_x)$ ごとにサンプルした離散数列 x_n から連続波形の $x(t)$ を求める方法が定式化された。

ここまでで，波形のサンプル値から式 (3.5) によってスペクトルを計算し，そのスペクトルの $\pm F_x$ の範囲を式 (3.6) のようにフーリエ逆変換することにより，波形のサンプル列から連続波形が得られることがわかった。そこでこれを具体的な波形に当てはめて検討することにしよう。そのため**図 3.4**（a）のようなサンプル列を取り上げる。（a）は 320 ms 長の波形を 5 ms のサンプリング周期でサンプルした結果で，総数 64 のサンプルである。この区間の外は $\pm\infty$ まですべて 0 とすると，式 (3.5) によって求めたスペクトルは，サンプリング周期が 5 ms ということから，周波数軸上に 200 Hz 周期で無限に並ぶ。

そのスペクトル中の周波数 0 に最も近い 1 周期（**基底スペクトル**）の実部が（b），虚部が（c）である。±100 Hz の外は描いていないが，内側と同じスペクトルが無限に繰り返して並ぶ。±100 Hz 内のスペクトルをフーリエ逆変換すると（d）の連続波形になる。（e）に（d）の連続波形と（a）のサンプル列を重ねて描いてあるように，サンプル点では両者が一致する。

64   3. 数値波形（波形のサンプリング）

ここまでを振り返ると，サンプル列 x_n は，スペクトル $X(f)$ を周期 $2F_x$ で無限に繰り返させた，無限の周波数に広がるスペクトルのフーリエ逆変換である。スペクトルが無限に広がるのは，一つ一つのサンプルが無限の周波数に広がるスペクトルからなるインパルスだからでもある。連続波形のスペクトルは周波数 0 を中心にする $\pm F_x$ の範囲にしかなく，その周波数範囲では x_n のスペクトルと一致する。そこで，サンプル列 x_n のスペクトルの $\pm F_x$ の周波数帯域を**基底周波数帯域**という。

サンプル値 x_n は時間軸上に $1/(2F_x)$ 間隔で並ぶ。この $1/(2F_x)$ を**サンプリング周期**（sampling period），また，その逆数 $2F_x$ を**サンプリング周波数**（sampling frequency）という。

3.2　サンプル列からの連続波形再現

スペクトルが $\pm F_x$ の周波数範囲にしかない波形ならばその $1/(2F_x)$ 間隔のサンプル値からもとの波形が再現できることが 3.1 節でわかったが，まだ，サンプル列からもとの連続関数を再現する具体的な方法は示されていない。本節で，その方法を明らかにすることにしよう。

3.1 節の要旨は次のようになる。「波形 $x(t)$ のサンプリング周波数 $2F_x$ でのサンプル値 x_n はスペクトルの $-F_x \sim +F_x$ の範囲をフーリエ級数展開したときのフーリエ係数と一致する。また，サンプル値 x_n は時間間隔 $1/(2F_x)$ のインパルス列であるから，サンプル列のスペクトルは $2F_x$ を周期として周波数軸上に無限に繰り返す周期スペクトルになる。その $-F_x \sim +F_x$ の範囲はもとの波形 $x(t)$ のスペクトルと同じだから，その範囲のスペクトルのフーリエ逆変換によって $x(t)$ が再現される。」

x_n がスペクトルのフーリエ係数であることを使って，スペクトル $X(f)$ を計算するフーリエ級数の式をつくろう。そのためには 2 章のフーリエ級数の式（2.28）を参照すればよいが，式（2.28）が波形のフーリエ級数展開であるのと異なり，ここではスペクトルをフーリエ級数で表そうとしているので，t を

ときのフーリエ係数である x_n は，連続関数 $x(t)$ の $t=n/(2F_x)$ における値で，式 (3.4) のように $x(t)$ の $1/(2F_x)$ ごとのサンプルである。

$$x_n = x\left(\frac{n}{2F_x}\right) \tag{3.4}$$

ここまでで，$x(t)$ のスペクトル $X(f)$ から，$x(t)$ の $1/(2F_x)$ 間隔のサンプル値の列が得られることが示された。

次に $x(t)$ の $1/(2F_x)$ 間隔のサンプル値 x_n から連続波形 $x(t)$ が一意に決定されることが確かめられれば，波形からサンプル値の列をつくる方法が確立されたことになる。そこで，ここまでの経緯を振り返って，そういえるかどうか考えることにしよう。

① $x(t)$ は F_m 以下の周波数成分だけからなる波形である。

② 波形 $x(t)$ の周波数スペクトル $X(f)$ を，$F_x \geqq F_m$ の条件を満たす $2F_x$ の周期で周波数軸上に無限に並んだ周期スペクトルと見なす。

③ このスペクトル $X(f)$ をフーリエ級数に展開して，フーリエ係数 x_n を求める。ただし，フーリエ係数を求める計算式の exp 関数の引数の $-j$ を $+j$ とする。これは係数の順序を時間順と一致させるためである。

④ x_n は波形の $t=n/(2F_x)$ における値 $x\{n/(2F_x)\}$ になる。

⑤ x_n は $X(f)$ を周期 $2F_x$ の周期関数と見なしてフーリエ級数展開したときのフーリエ係数であるから，$X(f)$ は x_n を係数とするフーリエ級数を計算することにより一意に決定される。

　$x_n = x\{n/(2F_x)\}$ は波形のサンプル値であるから，このことは，波形のサンプル値の列から $X(f)$ が一意に決定されることを示している。

⑥ スペクトルが同じならば波形も同じである。$X(f)$ は $x(t)$ のスペクトルであるから，$X(f)$ が決定されればそのフーリエ逆変換によって $x(t)$ が決定される。

以上により，$x(t)$ の $1/(2F_x)$ 間隔のサンプル値 x_n から連続波形 $x(t)$ が一意に決定されることが明らかになり，波形からサンプル列をつくるための時間間隔のとり方が確立された。

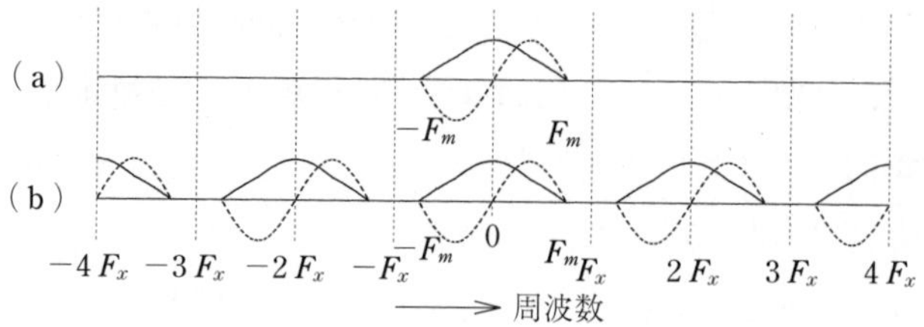

62   3. 数値波形（波形のサンプリング）

（a）帯域幅が$\pm F_m$以下のスペクトル，（b）$F_x \geqq F_m$の条件を満たす$2F_x$を周期とするスペクトル

図 3.3 スペクトルの周期化

（3.1）のフーリエ変換で記述される。ただし，$x(t)$ が存在する時間範囲を無限大にしたのでは少々面倒になるので，$x(t)$ は $t = -T/2 \sim T/2$ の範囲に存在するものとする。必要ならば T をいくらでも大きくすればよい。

$$X(f) = \int_{-\frac{T}{2}}^{\frac{T}{2}} x(t) \exp(-j2\pi ft)\, dt \qquad (3.1)$$

スペクトル $X(f)$ の周波数範囲は $\pm F_m$ より 0 に近い範囲に限られ，その外では 0 であることから，$X(f)$ のフーリエ逆変換の積分の範囲は，$F_x \geqq F_m$ の関係にある F_x を使って，式（3.2）のように $-F_x \sim +F_x$ にすることができる。

$$x(t) = \int_{-F_x}^{+F_x} X(f) \exp(j2\pi ft)\, df \qquad (3.2)$$

　ここでは，スペクトルが図 3.3（b）のような周期スペクトルになっている，すなわち，1 周期が $-F_x \sim +F_x$ の周期関数になっているとして $X(f)$ のフーリエ級数展開をしようというのである。そのためには，2 章の式（2.29）の時間 t を周波数 f に，$-T/2 \sim T/2$ の積分区間を $-F_x \sim +F_x$ に，また周期である exp 関数内の T を $2F_x$ に置き換える。さらに周波数領域から時間領域への変換なので，式（3.2）と同様に exp 関数の引数を正にする（付録 3 参照）。以上により式（3.3）がつくられる。

$$x_n = \int_{-F_x}^{+F_x} X(f) \exp\left(j2\pi \frac{n}{2F_x} f\right) df \qquad (3.3)$$

式（3.3）は式（3.2）の t を $n/(2F_x)$ としたものになっている。したがって，$-F_x \sim F_x$ の $X(f)$ を 1 周期として周期スペクトルをフーリエ級数展開した

3.1 スペクトルのフーリエ級数展開   61

クトルと1対1の対応関係にあるから，$1/(2F_m)$ 間隔の波形の値から求めた
スペクトルは，連続波形のスペクトルと $-F_m \sim F_m$ の周波数範囲で一致する。
この周波数範囲のスペクトルが得られたということは，それと1対1の対応関
係にある連続波形が得られたことにほかならない。

　これには少々の問題がある。スペクトルのフーリエ係数の並びは，付録3の
理由で，波形とは時間が逆方向に進むことになる。しかし，スペクトルのフー
リエ係数の計算に使う $\exp(-j2\pi ft)$ を $\exp(j2\pi ft)$ にすれば時間軸が逆では
なくなり，この問題は解消する。これについては付録4にも記述がある。

　これにより，波形の $1/(2F_m)$ 間隔の値によって連続波形を代表させること
ができることがわかる。

　ここまでの説明は概念的すぎる。もう少し厳密な議論が必要である。そのた
めには，2章のフーリエ係数計算式（2.29）を参考にして進めばよい。

　スペクトルを級数展開するということは，スペクトルの有限区間を取り出し
て，その区間が周波数軸上で無限に繰り返しているとしたことである。スペク
トルは実部が偶関数，虚部が奇関数で周波数0の両側に正負同じ周波数範囲に
広がっているので，取り出すのは周波数0を中心とする正負同じ周波数の範囲
でなければならない。取り出した範囲の外までスペクトルが広がっていると，
取り出す前とスペクトルが変わってしまい，もとの波形が再現できない。スペ
クトルが $-F_m \sim F_m$ の周波数範囲の内側にだけあり外では0になっているな
らば，スペクトルを取り出す区間は $F_x \geqq F_m$ の条件を満たす $-F_x \sim F_x$ の範囲
にすればよい。

　波形のスペクトルが図3.3（a）のようになっているとき，そのスペクトル
の基本周期を $2F_x$ としてフーリエ級数展開する。それにより（a）のスペク
トルを（b）のような周期スペクトルに置き換えたことになる。これは，1周
期内のスペクトルが（a）のスペクトルと同じで，$F_x \geqq F_m$ の条件を満たす
$2F_x$ を周期として無限に繰り返すスペクトルである。

　スペクトルのフーリエ係数が波形の瞬時値と一致することを確かめるために
は，波形 $x(t)$ とそのスペクトル $X(f)$ が必要である。これらの関係は式

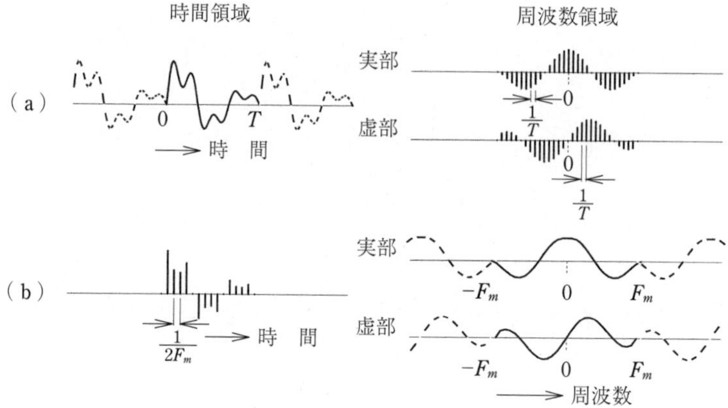

60   3.　数値波形（波形のサンプリング）

（a）$t=0 \sim T$ の波形を無限に繰り返す周期波形のフーリエ変換（$1/T$ ごとの周波数成分からなる線スペクトル），（b）$-F_m \sim F_m$ の周波数範囲にだけ存在するスペクトルを周期 $2F_m$ と見なしてのフーリエ逆変換〔時間軸上の $1/(2F_m)$ ごとのサンプル列〕

図3.2　フーリエ係数とサンプル列

コサイン波とサイン波の振幅であるから，それを周波数軸上に描くと $1/T$ という周波数間隔で並ぶ線スペクトルになる。実部はコサイン波の係数で周波数の偶関数，虚部はサイン波の係数で奇関数である。これは模型図であるが，波形とスペクトルとの間には1対1の対応関係があって，波形が決まればスペクトルは一意に決まり，スペクトルが決まれば波形は一意に決まる。

　ここで，ある連続波形のスペクトルが（b）の右側の実線のようなスペクトルであるとする。スペクトルは，実部が周波数の偶関数，虚部が奇関数である。F_m 以上の周波数にスペクトルが存在しなければ，周期 $2F_m$ でスペクトルを重なり合わせず周波数軸上に無限に並べることができる。そのようにつくった周期関数を周期波形と見立ててフーリエ係数を求めると，スペクトルの実部が偶関数で虚部が奇関数であることからそれは実部だけになり，周波数軸上の周期の逆数である $1/(2F_m)$ 間隔で時間軸上に並ぶ。

　時間軸上に並んだフーリエ係数は，周波数軸上のフーリエ係数（線スペクトル）が連続スペクトルと一致すると，2章に述べたのと同じく時間軸上の関数すなわち波形と一致し，$1/(2F_m)$ 間隔の波形の値になる。波形は周波数スペ

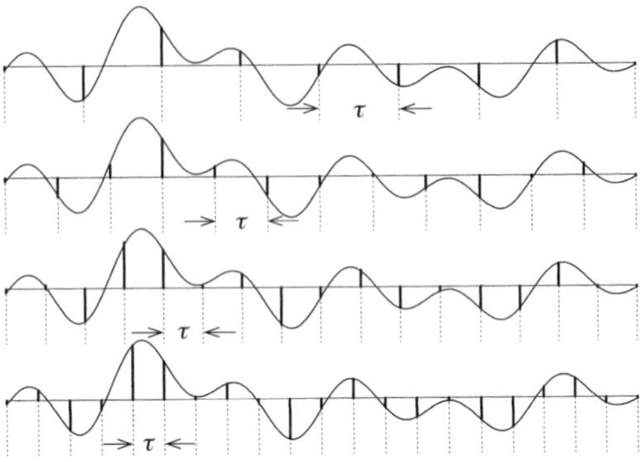

3.1 スペクトルのフーリエ級数展開　　59

図 3.1　波形とそのサンプル列の例

時間間隔で波形の瞬時値をとることを，波形を**サンプル**（**標本化**）するといい，その値 x_n を**サンプル値**という。また，サンプル値の列として表した波形を**数値波形**という。波形がもつ情報が失われていないならば，数値波形からもとの連続波形が再現される。そのためにはサンプル間隔を狭くすればよいであろうが，むやみに狭くするとサンプル数が多くなりすぎて不経済であるし，広くしすぎて波形が再現できないのではサンプルしたことの意味がなくなる。

　図は，同じ波形を 8 等分，12 等分，16 等分，20 等分したときのサンプル値を太線の長さで示している。これ以上サンプル間隔を粗くするともとの波形が再現できないという限界が（b）であるが，図を見ただけではどれが限界なのか決めにくい。本章ではまず，それを決める方法を考える。そのよりどころを与えるのがスペクトルとフーリエ級数である。

　2 章で明らかになったように，連続する波形から T という時間長の区間を切り取ってフーリエ級数展開したときのフーリエ係数は，$1/T$ とその整数倍の周波数のコサイン波とサイン波の振幅であり，この値は波形の連続スペクトルの各周波数での値と一致する。これを模型的に表したのが，**図 3.2（a）**である。波形をフーリエ級数で表したということは，同じ波形が周期 T で無限に繰り返す周期波形になっていると見なしたことになるので，図には同じ波形を破線で描いて前後に並べてある。フーリエ係数は基本波の整数倍の周波数の

3 数値波形（波形のサンプリング）

アナログ波形のままでフーリエ解析を行うことは，演算装置の構成，演算精度のどれをとっても現実的ではない。波形を数値で表して数値計算をする方法をとるべきである。そのために，波形の一定時間間隔での値をとる。これを，波形を各時点の標本（サンプル）に変えるという意味合いで標本化する，あるいはサンプルするといい，標本化して数値で表した波形を数値波形という。波形の標本化は，波形解析によって波形に隠された情報を抽出するためだけでなく，波形を伝送または記録して再生するためにも必要な技術である。

波形を数値列で表すとき，波形をサンプルする時間間隔をどうするかを決めなければならない。どれだけの間隔にすればよいかを決定する原理を明らかにするのが本章の第一の目的である。その後で，サンプル列から連続波形に戻す方法などを考える。

なお波形を数値列で表すときには，各サンプルを表す数値の精度も重要であるが，現在，高精度化は容易である。むしろ，サンプリング周波数とA-D変換のビット数の積を一定に保てば波形のディジタル化の精度は変わらないという発展のほうが興味深いのであるが，信号解析という本書の主題と異なるうえに，それには相当の紙数が必要になるので，そこまでは立ち入らない。

3.1　スペクトルのフーリエ級数展開

波形を数値化するということは，**図3.1**に縦線で示すような一定時間間隔の各時点の波形の瞬時値を表した数値の列をつくることである。このように一定

演 習 問 題　　57

10. $t=0 \sim T$ の間で定義されていて，その他の時間ではつねに 0 の波形 $x(t)$ のフーリエ変換が $X(f)$ であるとき，この波形の $t=0 \sim T$ の間をとってフーリエ級数展開したら，フーリエ係数はどうなるか。

11. 問題 10. の波形を $t=-nT \sim nT$ の間とってフーリエ級数展開すると，フーリエ係数はどうなるか。$n=1$ のとき，n を任意の整数としたとき，および n を無限大にした極限について考えよ。

12. 図 2.12（a）〜（j）の各波形のフーリエ係数を計算せよ。ただし，周期を T とする。

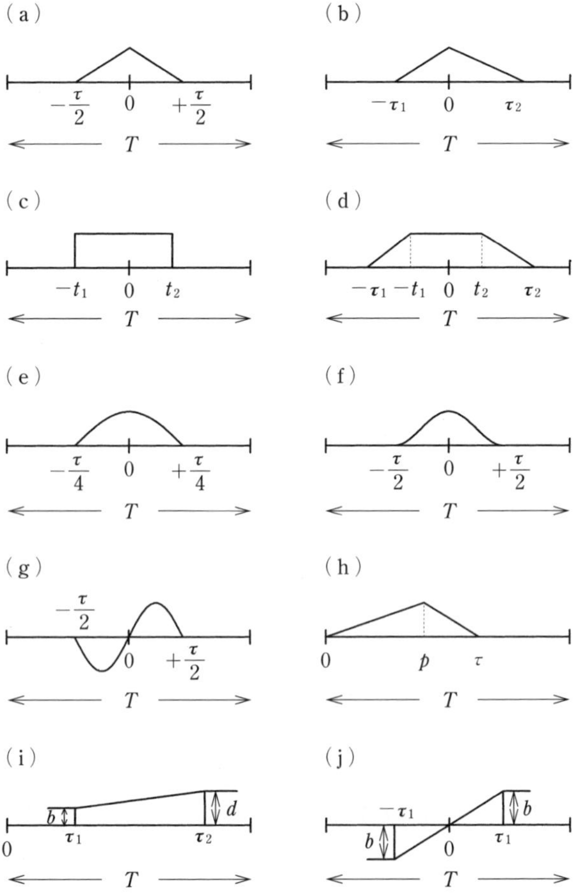

図 2.12　周期 T の波形

56   2. フーリエ級数展開

$$\int_{-\frac{T}{2}}^{+\frac{T}{2}} |x(t)|^2 dt = \int_{-\frac{T}{2}}^{+\frac{T}{2}} x(t) x^*(t) \, dt$$

$$= \int_{-\frac{T}{2}}^{+\frac{T}{2}} x(t) \left\{ \frac{1}{T} \sum_{k=-\infty}^{\infty} X_k{}^* \exp\left(-j2\pi \frac{k}{T} t\right) \right\} dt$$

積分と積和の順序を逆にすると

$$\int_{-\frac{T}{2}}^{+\frac{T}{2}} |x(t)|^2 dt = \sum_{k=-\infty}^{\infty} X_k{}^* \left\{ \frac{1}{T} \int_{-\frac{T}{2}}^{+\frac{T}{2}} x(t) \exp\left(-j2\pi \frac{k}{T} t\right) dt \right\}$$

$$= \frac{1}{T} \sum_{k=-\infty}^{\infty} X_k{}^* X_k$$

したがって，次の式（2.44）が得られる。

$$\int_{-\frac{T}{2}}^{+\frac{T}{2}} |x(t)|^2 dt = \frac{1}{T} \sum_{k=-\infty}^{\infty} |X_k|^2 = F \sum_{k=-\infty}^{\infty} |X_k|^2 \tag{2.44}$$

ここで，$F = 1/T$ はフーリエ係数である線スペクトルの周波数間隔である。これがフーリエ級数展開におけるパーセバルの関係であり，1周期内のエネルギーがフーリエ係数の2乗和の F 倍になることを示している。

付録1〜3は本章の補足である。先に進むため，ぜひ参照されたい。

演 習 問 題

1. サイン波・コサイン波の直交性とはどんな性質のことを指すのか。
2. フーリエ係数 B_k を求める式（2.8）を導け。
3. $t = 0 \sim T$ の間で定義されている波形 $x(t)$ を，$t = -T \sim T$ の間の偶関数 $x_e(t)$ と奇関数 $x_o(t)$ の和で表すとき，$x_e(t)$ と $x_o(t)$ はそれぞれどのように表現されるか。
4. $x_e(t)$ と $x_o(t)$ それぞれのスペクトルの特徴を示せ。
5. $t = 0 \sim T$ の間で定義されている波形 $x(t)$ をフーリエ級数展開したとき，各周波数成分の周波数はいくらになるか。
6. 複素指数関数とはどんな関数か。
7. 複素指数関数の実部と虚部はどちらが偶関数でどちらが奇関数か。
8. 複素指数関数で位相角 45° のコサイン波を表現するにはどうすればよいか。
9. 複素指数関数で位相角 θ のコサイン波を表現するにはどうすればよいか。

2.6 フーリエ変換 55

となる。すなわち $t=\tau$ に存在するインパルスのスペクトルは $\exp(-j2\pi f\tau)$ になる。これにより，スペクトルの絶対値は全周波数にわたって一定値1で，位相遅れが遅れ時間と角周波数（$\omega=2\pi f$）の積になることがわかる。

このことはすでに1章の図1.16に示してあり，式（2.39）と式（2.42）からも明らかで，この数行の説明は蛇足のように見えるが，この式が4章で重要な役割を果たすことになる。

もう一つ，フーリエ変換における重要な定理を紹介しておこう。

フーリエ変換が可能な時間関数 $x(t)$ のエネルギーは，その2乗値の積分であるが，それは次のように変形することができる。

$$\int_{-\infty}^{+\infty} |x(t)|^2 dt = \int_{-\infty}^{+\infty} x(t)x^*(t)\, dt$$
$$= \int_{-\infty}^{+\infty} x(t)\left\{\int_{-\infty}^{+\infty} X^*(f)\exp(-j2\pi ft)\, df\right\}dt$$

この式で，$x^*(t)$ は $x(t)$ の共役複素数であり，それはスペクトルの虚部の符号を変えた時間関数である。次に積分の順序を逆にする。

$$\int_{-\infty}^{+\infty} |x(t)|^2 dt = \int_{-\infty}^{+\infty} X^*(f)\left\{\int_{-\infty}^{+\infty} x(t)\exp(-j2\pi ft)\, dt\right\}df$$
$$= \int_{-\infty}^{+\infty} X^*(f)X(f)\, df$$

すなわち

$$\int_{-\infty}^{+\infty} |x(t)|^2 dt = \int_{-\infty}^{+\infty} |X(f)|^2 df \tag{2.43}$$

となる。これは，「時間領域の波形 $x(t)$ をフーリエ変換して周波数領域のスペクトル $X(f)$ にしたからといってエネルギーが変わることはない」ことを示すものであり，**パーセバルの等式**（Parseval's formula）として知られる関係である。

同様のことは，波形のフーリエ級数展開でも見ることができる。複素指数関数を使ったフーリエ級数展開と係数計算の式（2.28）および式（2.29）を使って，時間関数 $x(t)$ の1周期内のエネルギーを計算しよう。

54　　2.　フーリエ級数展開

て指数関数を一つにまとめると，式 (2.40) のように計算される。

$$x'(t) = \int_{-\infty}^{+\infty} X(f) \exp(-j2\pi f\tau) \exp(j2\pi ft)\, df$$

$$= \int_{-\infty}^{+\infty} X(f) \exp\{j2\pi f(t-\tau)\}\, df = x(t-\tau) \tag{2.40}$$

以上によって，τ という時間遅らせた波形のスペクトルが，もとの波形のスペクトルに周波数と遅れ時間の積に比例する位相遅れを表す $\exp(-j2\pi f\tau)$ を掛けたものになることと，スペクトルに周波数に比例する位相遅れ $2\pi f\tau$ を与えるとその比例係数 τ だけ遅れた時間波形になることが明らかになった。

　後でディジタル処理に入る準備として，単位インパルスのフーリエ変換がどうなるかを調べておこう。単位インパルスとは，時間に沿っての積分値が 1 になるインパルス，すなわちデルタ関数 $\delta(t)$ である。

$$\int_{-\infty}^{+\infty} \delta(t)\, dt = 1$$

このスペクトルは式 (2.37) により次のように計算される。

$$X(f) = \int_{-\infty}^{+\infty} \delta(t) \exp(-j2\pi ft)\, dt$$

$\delta(t)$ は $t=0$ 以外では 0 であり，$\exp(-j2\pi ft)$ は $t=0$ で 1 であるから

$$X(f) = \int_{-\infty}^{+\infty} \delta(t) \exp(-j2\pi ft)|_{t=0}\, dt = \int_{-\infty}^{+\infty} \delta(t)\, dt = 1 \tag{2.41}$$

となる。すなわち，単位インパルスのフーリエ変換は定数 1 である。

　$t=\tau$ に存在する単位インパルス $\delta(t-\tau)$ のフーリエ変換は，式 (2.37) から直接導くことができる。$x(t) = \delta(t-\tau)$ を式 (2.37) に代入すれば

$$\mathrm{FT}\{\delta(t-\tau)\} = \int_{-\infty}^{+\infty} \delta(t-\tau) \exp(-j2\pi ft)\, dt$$

となるが，この被積分関数が 0 にならないのは $t=\tau$ のときだけであるから

$$\mathrm{FT}\{\delta(t-\tau)\} = \int_{-\infty}^{+\infty} \delta(t-\tau) \exp(-j2\pi f\tau)\, dt$$

$$= \exp(-j2\pi f\tau) \int_{-\infty}^{+\infty} \delta(t-\tau)\, dt$$

$$= \exp(-j2\pi f\tau) \tag{2.42}$$

　　　　　　　　　　　　　　　　　　　　　2.6　フーリエ変換　　53

　式 (2.37) は時間関数である波形からスペクトルを計算するフーリエ変換の
式であるから，それと対になる**フーリエ逆変換**の式が必要である。それは式
(2.28) の k/T を周波数 f に置き換えて積分の形にすることによって導かれる。
式 (2.28) にある $1/T$ は時間の逆数であるから周波数の次元をもち，T が無
限に大きくなった極限では df と表されるべきものである。それに従って式
(2.28) を書き直すと式 (2.37) とよく似た式 (2.38) になる。

$$x(t) = \int_{-\infty}^{+\infty} X(f) \exp(j2\pi ft)\, df \tag{2.38}$$

　式 (2.37)，(2.38) の 2 式は，複素指数関数を用いたフーリエ変換とその逆
変換として知られている関係式で，**フーリエ変換対**をなしている。

　ここで，時間波形 $x(t)$ が τ という時間遅れるとスペクトルがどうなるか
を調べておこう。τ だけ遅れた $x(t)$ は $x(t-\tau)$ と表される。これをフーリ
エ変換の式 (2.37) に代入すると次のようになる。

$$X'(f) = \int_{-\infty}^{+\infty} x(t-\tau) \exp(-j2\pi ft)\, dt$$

上式で $u = t-\tau$ と変数を変換すると，$t = u+\tau$，$dt = du$ であるから，上式は
式 (2.39) のようになる。

$$\begin{aligned}
X'(f) &= \int_{-\infty}^{+\infty} x(u) \exp(-j2\pi fu) \exp(-j2\pi f\tau)\, du \\
&= \int_{-\infty}^{+\infty} x(u) \exp(-j2\pi fu)\, du \, \exp(-j2\pi f\tau) \\
&= X(f) \exp(-j2\pi f\tau) \tag{2.39}
\end{aligned}$$

すなわち，τ という時間遅れた波形のフーリエ変換であるスペクトルは，周波
数と遅れ時間の積という周波数に比例する位相遅れを与えるため，もとの波形
のスペクトルに $\exp(-j2\pi f\tau)$ を掛けたものになる。

　逆に，ある波形のスペクトルに $\exp(-j2\pi f\tau)$ を掛けたもののフーリエ逆変
換を行うと，もとの波形が時間軸上で τ だけ遅れたものになるという関係を，
同じようにして導くことができる。それを式で示すと次のようになる。

　スペクトル $X(f)$ に $\exp(-j2\pi f\tau)$ を掛けたものを，式 (2.38) に代入し

52   2. フーリエ級数展開

ルの，各周波数における値になっていることがわかる。

図2.11では等長の0の区間を波形の両側に継ぎ足してあるが，波形の後というように一方に継ぎ足すと，時間の原点を波形の中央から動かすことによる位相変化が生じるのでスペクトルの実部と虚部は変わるが，パワースペクトルは変わらない。少々冗長になるのでそこまで示す図は省略するが，図のプログラムを走らせれば，それを確かめることができる。

ここで，継続時間長 T の波形を変えずに積分区間 $-mT \sim mT$ を無限に大きくした極限を考えよう。そのときは周波数間隔が無限小になってフーリエ係数が周波数の連続関数になるので，フーリエ係数を求める式 (2.29) は式 (2.36) のようになる。

$$X(f) = \lim_{m \to \infty} X\left(\frac{k}{2mT}\right) = \lim_{m \to \infty} \int_{-mT}^{mT} x(t) \exp\left(-j2\pi \frac{k}{2mT} t\right) dt \quad (2.36)$$

ここで，$f = \lim_{m \to \infty} \{k/(2mT)\}$ とすると，この f は周波数である。

この積分の範囲を $-\infty \sim +\infty$ と書くと，式 (2.36) は式 (2.37) になる。

$$X(f) = \int_{-\infty}^{+\infty} x(t) \exp(-j2\pi ft) \, dt \quad\quad\quad\quad (2.37)$$

これは，複素指数関数を用いた**フーリエ変換**の式としてよく用いられる形であり，フーリエ係数 X_k が線スペクトルであるのに対して，この式 (2.37) によって求められる $X(f)$ は周波数の連続関数，すなわち**連続スペクトル**になる。

図2.11には，同じ波形について式 (2.37) によって計算した連続スペクトルを細線で描いてある。この図に見られるように，周期波形のフーリエ係数となる線スペクトルは，無限の時間内にその波形が1個しかないときの連続スペクトルを包絡線とする。言い換えれば，周期を T とする周期波形の k 番目のフーリエ係数は，同じ波形が無限の時間に1個しかないときの連続スペクトルの k/T の周波数の値と一致する。

こうなることは，式 (2.32) と式 (2.33) から，さらに積分区間を無限に広げた極限としての式 (2.37) に至るまでの式の変形と，それに伴う考察からも，当然のことと理解される。

2.6 フーリエ変換   51

　この様子を**図 2.11** に示す。この図の最上段は波形 B であり，それを周期 T として求めたパワースペクトルは（a）に示すようになっている。この波形の両端に 0 信号の区間を継ぎ足して $-T \sim T$ の $2T$ を 1 周期として求めたスペクトルは（b）に示すように，スペクトル全体の形は変わらず，線の間隔が半分になる。

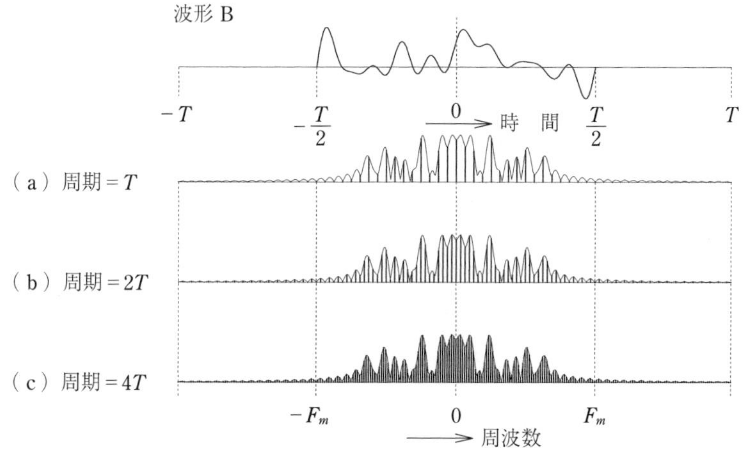

図 2.11　$-T/2 \sim T/2$ の範囲の外が完全に 0 の波形を，周期が T，$2T$，および $4T$ の周期波形と見なしたときのパワースペクトルの比較

　長さ T の区間外はすべて 0 としたままで積分区間をさらに延長して $-mT \sim mT$ とすると，基本周波数が $1/(2mT)$ になり，線スペクトルの周波数間隔は狭くなるが

$$U_{2mk} = X_k \tag{2.35}$$

という関係は変わらず存在する。この場合いうまでもなく m は整数である。

　図 2.11（c）のスペクトルは，周期を $4T$ としたときのもので，（b）と比べるとスペクトルの形は変わらず，線の間隔がさらに 1/2，（a）のスペクトル間隔の 1/4 になっている。図 2.11 では，スペクトルの形が変わらないことを示すために，この後で述べる周期を無限大にした極限のスペクトルを細線で描いてある。これによって，線スペクトルが周期無限大のときの連続スペクト

50   2. フーリエ級数展開

スペクトルには実部と虚部があるが，これは，前に述べたフーリエ級数のコサイン項の係数とサイン項の係数にほかならない。

2.6　フーリエ変換

前節までは，有限時間長 T の区間内の波形を，T を周期とするコサイン波・サイン波（複素指数関数波）とその整数倍の波で表現するとして話を進めてきた。ここまできた議論を振り返ると，T の長さには何も制限がない。それならば，T を無限に長くするとどうなるであろうか。

まず，フーリエ係数を求める式（2.29）で，波形を変えないで，すなわち波形を切り取る区間は $-T/2 \sim T/2$ のままで，その外はすべて 0 とし，積分の区間を 2 倍に大きくして $-T \sim T$ としてみよう。それは k のかわりに m を使うと式（2.32）のように書くことができる。

$$U_m = U\left(\frac{m}{2T}\right) = \int_{-T}^{T} x(t) \exp\left(-j2\pi \frac{m}{2T} t\right) dt \tag{2.32}$$

積分区間長が $2T$ になったので基本周波数は $1/(2T)$ に下がっているが，その外は変わらない。そのために，波形の長さは T のままでもフーリエ係数を周波数軸上に並べた線スペクトルの間隔は $1/(2T)$ になる。

式（2.32）は，波形を変えずに積分区間長を 2 倍にしただけなので，被積分関数は $-T/2 \sim T/2$ の間にしかなく，その区間の外は 0 である。したがって，式（2.32）の積分区間を式（2.33）のように書き換えても実質的な変化はまったくない。

$$U_m = U\left(\frac{m}{2T}\right) = \int_{-\frac{T}{2}}^{\frac{T}{2}} x(t) \exp\left(-j2\pi \frac{m}{2T} t\right) dt \tag{2.33}$$

この式（2.33）と式（2.29）を比べると，$m=2k$ のときに両者が等しいことがわかる。m も k も整数であるから，m が偶数のときの U_m すなわち U_{2k} が X_k に等しいことになる。

$$U_{2k} = X_k \tag{2.34}$$

が逆になる。

なお，ここまでは時間区間を $t = -T/2 \sim T/2$ としてきたが，時間関数を定義する区間が時間の原点を挟むことは必要条件ではない。 $t = T_1 \sim T_2$ （$= T_1 + T$）とするほうが一般的であろう。

そうすると，式 (2.29) は式 (2.30) のようになる。

$$X_k = \int_{T_1}^{T_2} x(t) \exp\left(-j2\pi \frac{k}{T} t\right) dt \tag{2.30}$$

この場合もフーリエ係数を用いて時間関数を表す式は，式 (2.28) と変わることはない。ただ，その区間が $t = -T/2 \sim T/2$ ではなく $t = T_1 \sim T_2$ となるだけである。コサインが偶関数，サインが奇関数という性質は，X_k の実部が k の偶関数で虚部が奇関数という形に引き継がれている。

複素指数関数を使った場合でも，フーリエ級数展開の式 (2.28) を波形を定義した時間区間の外に適用すれば，周期 T で同じ波形を繰り返すことになるのは前と同じである。このことは，式 (2.28) の時間 t を $t + pT$（p は整数）に置き換えることによっても確かめられる。

$$x(t+pT) = \frac{1}{T} \sum_{k=-\infty}^{\infty} X_k \exp\left\{j2\pi \frac{k}{T} (t+pT)\right\}$$

$$= \frac{1}{T} \sum_{k=-\infty}^{\infty} X_k \exp\left(j2\pi \frac{k}{T} t\right) \exp(j2\pi kp)$$

ここで，k と p はどちらも整数であるから

$$\exp(j2\pi kp) = 1$$

したがって

$$x(t+pT) = \frac{1}{T} \sum_{k=-\infty}^{\infty} X_k \exp\left(j2\pi \frac{k}{T} t\right) = x(t) \tag{2.31}$$

すなわち，この時間関数は T を周期として同じ波形を繰り返す。

以上によりフーリエ係数が複素数で表されることになった。そのため，X_k を**複素フーリエ係数**とも，また，**複素スペクトル**ともいう。この場合もフーリエ級数展開のために原波形の $t = 0 \sim T$ を切り取り，波形が周期 T で繰り返す周期波形であるとしてあるために，スペクトルは線スペクトルである。複素

48   2. フーリエ級数展開

ないが，この複素係数は k の正負に同数ずつあって，しかも，実部は k について偶関数，虚部は奇関数という性質をもっており，また $\exp\{j2\pi(k/T)t\}$ も実部は偶関数，虚部は奇関数なので，結果としてはサイン・コサインを使うよりも簡単になる。したがって，コンピュータによる計算に必須なディジタル処理についての後の説明では，複素指数関数による表現を使う。

式 (2.28) はフーリエ級数を複素指数関数で表した結果，各高調波の複素振幅から波形を計算する式になっている。それに対して式 (2.29) は，波形から複素振幅を求める式である。したがって，式 (2.28) と式 (2.29) とはたがいに対をなす関係にあり，波形が与えられれば，その波形を表す各高調波の複素振幅，すなわちフーリエ係数が式 (2.29) によって得られ，各高調波の複素振幅が与えられれば式 (2.28) によってもとの波形が再現される。

波形を表す $x(t)$ は時間の関数である。それに対して複素振幅であるフーリエ係数 X_k は各高調波の次数 k の関数であるが，これは見方によっては周波数の関数である。このことから，$x(t)$ を**時間領域関数**，X_k を**周波数領域関数**という。

ここで，後のために式 (2.28) と式 (2.29) の類似するところと違いとをよく見ておこう。

式 (2.28) は，周波数領域関数であるフーリエ係数すなわち複素スペクトルに複素指数関数波を掛けて時間領域関数である波形を求める式である。

式 (2.29) は，時間領域関数である波形に虚部が負の複素指数関数波を掛けて周波数領域関数であるフーリエ係数（複素スペクトル）を求める式である。

こう書くと，方向が逆というだけでほかは同じである。式 (2.28) は積和であり，式 (2.29) は積分であるが，これは前者が周波数軸上に飛び飛びに存在するフーリエ係数を振幅とする複素指数関数波の和であるため積和になったもので，後者は時間軸上で連続する波形と，やはり時間の連続関数である複素指数関数波の積だから積分の形になったものである。ところが，複素指数関数波の中身は符号が違う。符号の違いは，図 1.10，図 1.11 で説明した回転ベクトルの回転方向が逆になるということであるが，それにより，サイン関数の符号

2.5 複素指数関数によるフーリエ級数の表現　　47

$x(t)$

$$= \frac{1}{T}a_0 + \frac{2}{T}\sum_{k=1}^{\infty}\frac{1}{2}\left\{(a_k - jb_k)\exp\left(j2\pi\frac{k}{T}t\right) + (a_k + jb_k)\exp\left(-j2\pi\frac{k}{T}t\right)\right\}$$

ここで，係数を次のように書き換える。

$$X_0 = a_0, \quad X_k = a_k - jb_k, \quad X_{-k} = X_k{}^* = a_k + jb_k$$

そうすると，上式は式 (2.28) のように簡単になる。

$$x(t) = \frac{1}{T}\sum_{k=-\infty}^{\infty}X_k\exp\left(j2\pi\frac{k}{T}t\right) \tag{2.28}$$

この係数 X_k を求める式を導びこう。式 (2.28) の両辺に $\exp\{-j2\pi(m/T)t\}$
を掛けて $-T/2 \sim T/2$ の積分を行うと

$$\int_{-\frac{T}{2}}^{\frac{T}{2}}x(t)\exp\left(-j2\pi\frac{m}{T}t\right)dt$$

$$= \frac{1}{T}\sum_{k=-\infty}^{\infty}X_k\int_{-\frac{T}{2}}^{\frac{T}{2}}\exp\left(j2\pi\frac{k}{T}t\right)\exp\left(-j2\pi\frac{m}{T}t\right)dt$$

右辺の積分は，$k = m$ のときは

$$\int_{-\frac{T}{2}}^{\frac{T}{2}}\exp\left(j2\pi\frac{m}{T}t\right)\exp\left(-j2\pi\frac{m}{T}t\right)dt = \int_{-\frac{T}{2}}^{\frac{T}{2}}1\,dt = T$$

となり，$k \neq m$ のときは

$$\int_{-\frac{T}{2}}^{\frac{T}{2}}\exp\left(j2\pi\frac{k-m}{T}t\right)dt = 0$$

となる。このことから，次の式 (2.29) が得られる。

$$X_k = \int_{-\frac{T}{2}}^{\frac{T}{2}}x(t)\exp\left(-j2\pi\frac{k}{T}t\right)dt \tag{2.29}$$

　式 (2.28) が複素指数関数を使ったフーリエ級数で，式 (2.29) がその係数
を求める式である。このようにして得られるフーリエ係数 X_k は，サイン・コ
サインを使って表したフーリエ級数の係数 A_k，B_k がコサイン波，サイン波
の振幅であることをそのまま踏襲すれば，**複素指数関数波** $\exp\{j2\pi(k/T)t\}$
の振幅である。しかしこの振幅は複素数であるから，これを**複素振幅**という。
振幅が複素数であるということから面倒なことになりそうな気がするかも知れ

46   2. フーリエ級数展開

かということを，波形の性質に依存して決めなければならない。しかし処理方法の選択が波形に依存するのは問題である。

2.5 複素指数関数によるフーリエ級数の表現

コサイン波を実部，サイン波を虚部とする複素指数関数により，サイン波・コサイン波がベクトルの回転に置き換えられ，波の位相が $t=0$ におけるベクトルと実軸との角度になって，位相進み，位相遅れが幾何学的なイメージにつながることを1章で知った。それだけではなく，複素指数関数を使えばフーリエ級数が簡潔に表現され，数値計算の手法を考えるときなどにも，サイン関数・コサイン関数のままで進むよりもずっと便利な道が開ける。そこで，本節では複素指数関数を使ってのフーリエ級数を考えることにする。

まずここで，複素指数関数を使ったフーリエ級数の式を導くのに便利なように，すでに導いたフーリエ係数を求める式を多少書き直して再掲しよう。

$$a_0 = A_0 T = \int_{-\frac{T}{2}}^{\frac{T}{2}} x(t)\, dt \tag{2.24}$$

$$a_k = \frac{A_k}{2} T = \int_{-\frac{T}{2}}^{\frac{T}{2}} x(t) \cos\left(2\pi \frac{k}{T} t\right) dt \tag{2.25}$$

$$b_k = \frac{B_k}{2} T = \int_{-\frac{T}{2}}^{\frac{T}{2}} x(t) \sin\left(2\pi \frac{k}{T} t\right) dt \tag{2.26}$$

これらの係数を使うと，式 (2.1) は式 (2.27) のように書き換えられる。

$$x(t) = \frac{1}{T}\Big\{ a_0 + 2a_1 \cos\left(2\pi \frac{1}{T} t\right) + 2a_2 \cos\left(2\pi \frac{2}{T} t\right) + 2a_3 \cos\left(2\pi \frac{3}{T} t\right) +$$

$$\cdots + 2b_1 \sin\left(2\pi \frac{1}{T} t\right) + 2b_2 \sin\left(2\pi \frac{2}{T} t\right) + 2b_3 \sin\left(2\pi \frac{3}{T} t\right) + \cdots \Big\}$$

$$= \frac{1}{T} a_0 + \frac{2}{T} \sum_{k=1}^{\infty} \left\{ a_k \cos\left(2\pi \frac{k}{T} t\right) + b_k \sin\left(2\pi \frac{k}{T} t\right) \right\} \tag{2.27}$$

オイラーの公式を使ってコサイン関数とサイン関数を複素指数関数で表すように，この式を変形する。

幅 0 から出発し t の増加とともに振幅が急激に大きくなり，また $t=T$ ではその逆になるためであって，もしも図 2.6 の波形 A の負の時間帯の符号を反転して奇関数波形にしたならば，この場合とは逆に，そうすることによって不要の高周波成分が発生してしまう。このことは，付録のプログラムを走らせて調べれば容易にわかることである。

　ここで，このように置き換えた波形のフーリエ係数を求める式を書いてみよう。この場合は反対称波形にしたのであるから，フーリエ係数はサイン項だけになる。負の時間帯に $t \geqq 0$ の範囲で与えられた波形 $x(t)$ の符号を反転し，時間方向を逆に継ぎ足して $-T \sim T$ の区間にした波形を $z(t)$ と書くことにすると，$2T$ を周期とするこの波形のフーリエ係数は式（2.11）の 1 周期の区間を書き換えた

$$B_k = \frac{1}{T} \int_{-T}^{T} z(t) \sin\left(2\pi \frac{k}{2T} t\right) dt$$

で計算される。ここでも $z(t)$ とサイン関数がともに奇関数で積が偶関数になることから，積分区間を $t=0 \sim T$ にすることができて式（2.22）が成立する。

$$B_k = \frac{2}{T} \int_{0}^{T} x(t) \sin\left(2\pi \frac{k}{2T} t\right) dt \tag{2.22}$$

この係数を使うことにより，$t=0 \sim T$ の波形は式（2.23）のようにサイン項だけのフーリエ級数で表される。

$$x(t) = B_1 \sin\left(2\pi \frac{1}{2T} t\right) + B_2 \sin\left(2\pi \frac{2}{2T} t\right) + B_3 \sin\left(2\pi \frac{3}{2T} t\right) + \cdots$$

$$\tag{2.23}$$

これは**サインフーリエ級数**というべきものである。

　波形をフーリエ級数展開するときには，コサイン項とサイン項の両方が必要であるが，その波形に同じ波形を継ぎ足すことにより，長さは 2 倍になっても，コサイン項だけあるいはサイン項だけで波形を表すことができることが，2.3 節と本節で明らかになった。そのどれを選ぶべきかは，波形の性質や，後の処理の方法などに依存することである。

　上述の方法では，スペクトルをコサイン項だけにするかサイン項だけにする

44   2. フーリエ級数展開

要な成分である。こんな余計な情報が必要になったのでは，スペクトルをコサイン成分だけにしたことの意義が薄れてしまう。よけいなスペクトルをつくらないようにするには，どうすればよいであろうか。

2.4　波形の奇関数化

偶関数化するとかえって高周波のスペクトル成分が多くなるこのような波形を，高周波数成分を増やさせないで負の時間帯に接続する方法としては，**図 2.10** のように，負の時間区間に継ぎ足す波形の符号を変えて，奇関数波形にすることが考えられる。

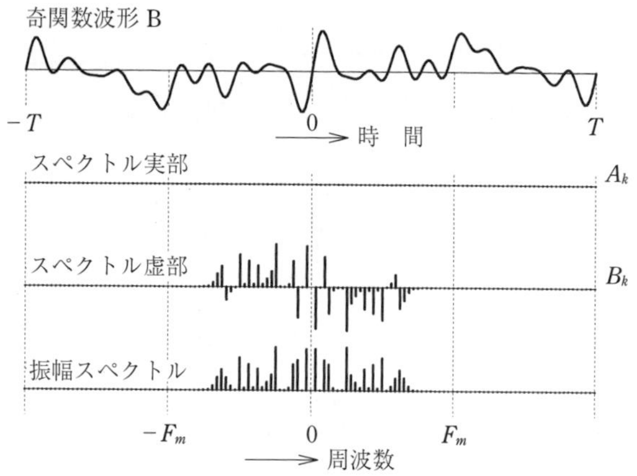

図 2.10　$0 \leqq t < T$ の区間の波形 B に，それと反対称な波形を $-T \leqq t < 0$ の区間に継ぎ足して奇関数波形にした波形と，そのスペクトル

図から明らかなように，このような継ぎ足し方のために $t = 0$ での波形の変化が滑らかになり，それに伴いスペクトルは図 2.9 のスペクトル範囲よりも低い周波数の範囲に限られている。この場合は奇関数波形であるから，スペクトルはコサイン成分ではなくサイン成分になる。すなわち，高周波数帯のスペクトルをつくらずに，スペクトル成分をサイン成分だけにすることができた。

スペクトルの高周波成分が多くならないのは，図 2.8 の波形 B が $t = 0$ で振

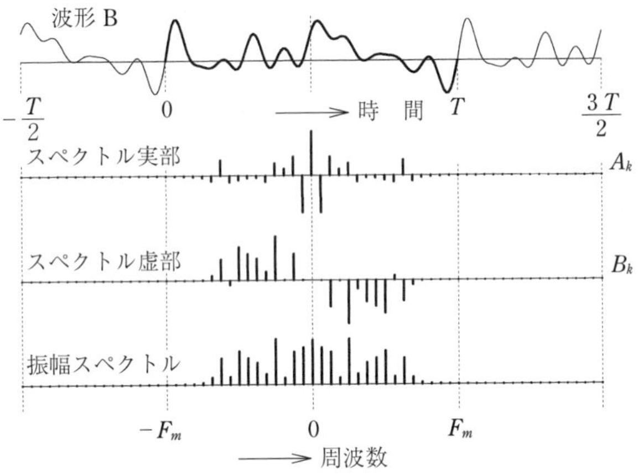

2.3 波形の偶関数化　　43

図2.8 $0 \leqq t < T$ の区間の波形 B を周期 T の波形と
見なしたときのフーリエ係数（スペクトル）

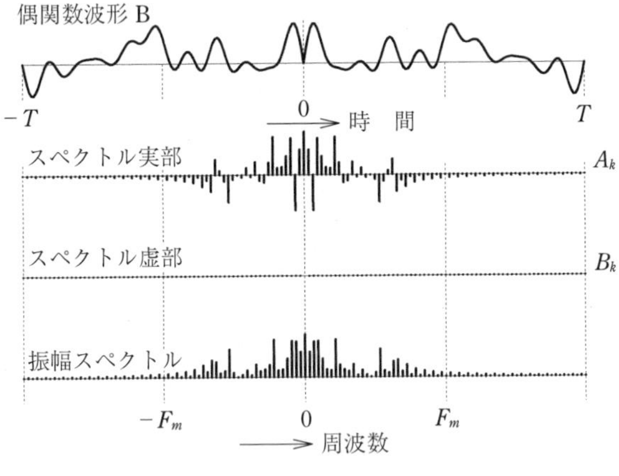

図2.9 $0 \leqq t < T$ の区間の波形 B に，それと対称な波形
を $-T \leqq t < 0$ の区間に継ぎ足して偶関数波形にした波
形と，そのスペクトル

　周波数スペクトルが高周波範囲に広がった理由は，継ぎ足してつくった波形
に $t=0$ を中心とする鋭い落ち込みができているためである。このように鋭い
変化をする波形には高周波成分が含まれるから，図2.8の $0 \leqq t < T$ の区間の
スペクトルよりも高い周波数成分が発生する。これは目的とする $0 \leqq t < T$ の
区間の波形の表現のためではなく，負の時間帯に対称な波形をつくるために必

42   2. フーリエ級数展開

$$A_k = \frac{2}{T}\int_0^T z(t)\cos\left(2\pi\frac{k}{2T}t\right)dt$$

$t=0\sim T$ の時間区間では $x(t)=z(t)$ であるから

$$A_k = \frac{2}{T}\int_0^T x(t)\cos\left(2\pi\frac{k}{2T}t\right)dt \tag{2.19}$$

となる。$k=0$ の係数は，同様にして式（2.20）のようになる。

$$A_0 = \frac{2}{T}\int_0^T x(t)\,dt \tag{2.20}$$

これらの係数を使えば，$t=0\sim T$ の波形 $x(t)$ は式（2.21）のようにコサイン項だけのフーリエ級数で表される。

$$x(t) = A_0 + A_1\cos\left(2\pi\frac{1}{2T}t\right) + A_2\cos\left(2\pi\frac{2}{2T}t\right) + A_3\cos\left(2\pi\frac{3}{2T}t\right) + \cdots$$

$$\tag{2.21}$$

これを**コサインフーリエ級数**ともいう。図 2.6 の波形をこのようにコサインフーリエ級数で表すことにより，周波数スペクトルから高周波成分が消え，比較的低次の項だけで波形が表された。これはうまい方法のように見えるが，どんな場合でもそうであろうか，ちょっと調べてみる必要がありそうである。

そのために，**図 2.8** の波形 B を取り上げる。この波形は，図に示すように，F_m 以上の高周波数スペクトル成分はかなり小さい。こうなるのは，もともとの波形に高周波成分がないことによるだけではなく，図の $0\sim T$ の波形区間の外側に細線で示すように，隣の周期との波形の継ぎ目に段落が生じないで滑らかな波形になるためである。このことは，この図のプログラムで別の波形について調べることにより確かめられる。

この波形 B の負の時間帯に前と同じように時間順を逆にした波形を継ぎ足してつくった長さ $2T$ の偶関数波形とそのスペクトルを**図 2.9** に示す。波形 B が $t=0$ から急に大きくなっているため，負の時間区間に継ぎ足してつくった偶関数波形では，$t=0$ に鋭い落ち込みが生じている。こうしてつくった波形は偶関数であるから，スペクトルはコサイン成分だけである。しかし，これを図 2.8 と比べると，スペクトルの範囲がかなり高周波数まで広がっている。

                                             2.3 波形の偶関数化   *41*

隔は $1/T$，後者のそれは $1/(2T)$ であって，図 2.7 のスペクトル成分の周波
数間隔は図 2.6 の 1/2 になっている。そのことがよくわかるように，図ではス
ペクトルの横軸を周波数で描き，一定の周波数 F_m に縦の破線を入れてある。
後の図もすべて，同じ尺度での周波数軸にして比較しやすくしてある。

　図 2.6 のスペクトルには F_m より高い周波数成分が多い。このように高周波
数成分が必要な理由は，この波形を周期 T の波形とすると，前の波形と後の
波形の継ぎ目に大きな段落が生じるためである。図 2.7 ではその段落がなくな
っているため，周波数スペクトルはほとんど F_m 以下の低周波範囲に収まって
いる。

　図 2.7 のように $-T \leqq t < 0$ の区間に正の時間区間に対称な波形を継ぎ足し
て偶関数波形にすると，図 2.6 では捨てていた負の時間帯に波形ができるが，
$0 \leqq t < T$ の区間の波形はもとと変わらず完全に表現されている。これによっ
てコサイン項だけで表され，サイン項や位相を考えなくても済むという利点が
生じたといえよう。しかし，周期が $2T$ になっているので，同じ周波数範囲な
らば 2 倍のスペクトル成分が必要である。それは周波数スペクトルの間隔が図
2.6 の 1/2 になっていることに表されている。2 倍とはいっても，コサイン項
とサイン項の両方が必要だったのがコサイン項だけになるのだから，実際のス
ペクトルの数は図 2.6 の場合と同じである。

　後のために，これを数式によって書いておこう。$t = 0 \sim T$ の波形 $x(t)$ を
コサイン項だけのフーリエ級数で表すために，負の時間帯に $x(t)$ の時間方向
を逆にして継ぎ足した波形を $z(t)$ とすると，$z(t)$ は偶関数である。$t = -T$
$\sim T$ の区間で定義される $z(t)$ のフーリエ係数を計算すると，それは式
(2.10) の T を 2 倍にしたものに相当する次式になる。

$$A_k = \frac{1}{T} \int_{-T}^{T} z(t) \cos\left(2\pi \frac{k}{2T} t\right) dt$$

ところが $z(t)$ もコサイン関数も偶関数であるから，積分区間を $t = 0$ から T
までにして全体を 2 倍にすれば同じことになり，次式のように書き直すことが
できる。

40　　**2. フーリエ級数展開**

トルの周波数間隔は $1/T$ である。このスペクトルを，コサイン成分だけ，ある
いはサイン成分だけで表すと，各項に位相が入ってくることは1章で調べた
とおりである。それではコサイン・サインの片方にしたからといって，簡単に
なったとはいえない。むしろ複雑になったという感じさえする。それでは，位
相を使わないでコサイン関数だけ，あるいはサイン関数だけの級数にすること
はできないであろうか，というのが本節の議論の始まりである。

　すでに1章で調べたように，時間の原点 $t=0$ に対して対称な偶関数波形を
フーリエ級数展開するとコサイン項だけの級数になり，反対称な奇関数波形を
フーリエ級数展開するとサイン項だけの級数になる。そうならば，$0 \leq t < T$
の区間の波形を**図 2.7** のように負の時間区間に正の時間区間と対称な波形を継
ぎ足し，周期を $2T$ としてフーリエ級数展開すれば，それはコサイン項だけの
フーリエ級数で表されるはずである。

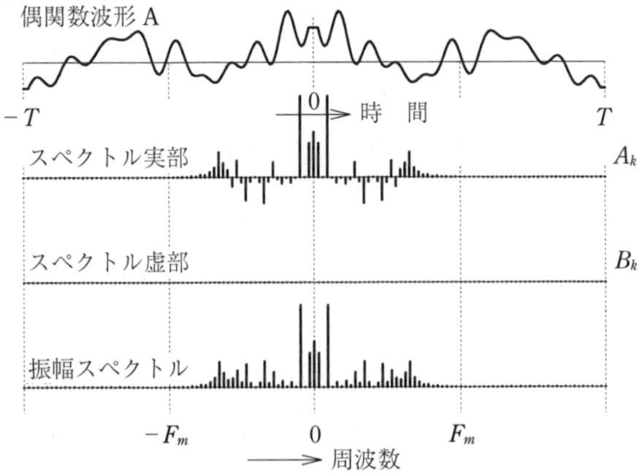

図 2.7　$0 \leq t < T$ の区間の波形 A に，それと対称な波形
を $-T \leq t < 0$ の区間に継ぎ足して偶関数波形にした波
形と，そのスペクトル

　図 2.7 のスペクトルは，正しくそうなっている。図 2.6 と図 2.7 とは，同じ
波形の同じ区間を取り出してスペクトルを求めたものであるが，図 2.6 のスペ
クトルは周期 T の周期波形としてのフーリエ係数であり，図 2.7 のスペクト
ルは周期 $2T$ の周期波形のフーリエ係数である。したがって，前者の周波数間

$$\theta_k = \arctan\left(\frac{A_k}{B_k}\right) \tag{2.18}$$

$C_k{}^2$ は波形を構成する各調波のうちの k/T という周波数成分のパワーであるという見方ができる。そこで，$C_k{}^2$ を k の関数としたものを**パワースペクトル**（power spectrum）という。それに対して，C_k はパワーではなくその周波数成分の振幅を表すものであるから，C_k を k の関数と見なしたときの C_k を **振幅スペクトル**（amplitude spectrum）という。このようにフーリエ級数の係数として与えられるスペクトルは，$1/T$ の整数倍の周波数成分に限られ，飛び飛びの周波数に独立した線となって現れるので，**線スペクトル**（line spectrum）といわれる。

2.3 波形の偶関数化

波形の一部の長さ T の区間をフーリエ級数展開したときのフーリエ係数，すなわちスペクトルには，**図2.6** のように，A_k になる実部のコサイン成分と，B_k になる虚部のサイン成分の両方がある。

このとき波形は周期 T で繰り返しているものとみなされており，線スペク

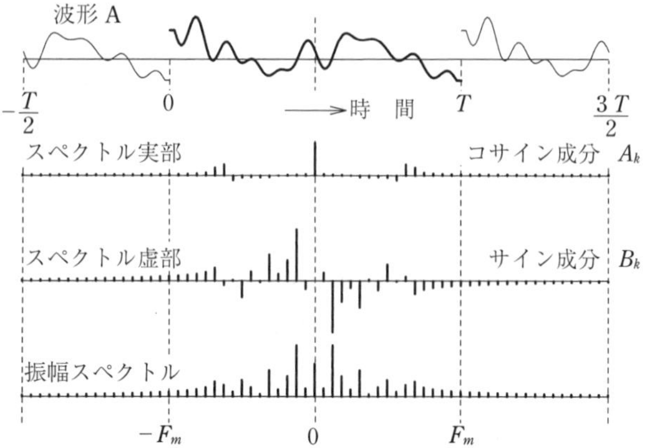

図2.6 $0 \leqq t < T$ の区間の波形 A を周期 T の波形とみなしたときのフーリエ係数（スペクトル）と振幅スペクトル

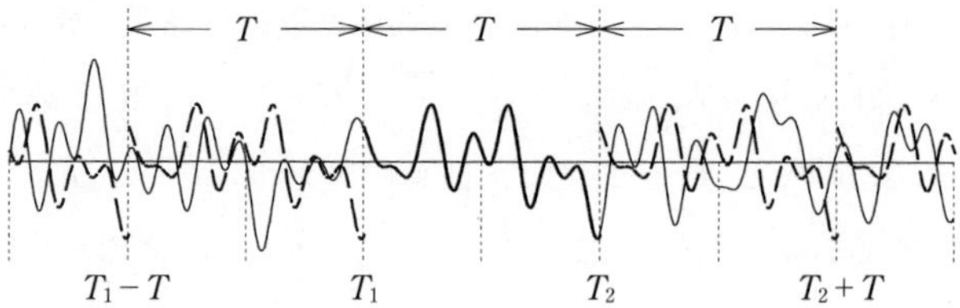

38   2. フーリエ級数展開

図 2.5 連続波形から $T_1 \leqq t < T_2$ の区間を切り取って計算した係数に
よるフーリエ級数はこの区間を周期とする破線の波形を表す

　このように連続する波形の一部に注目することを，壁で隠された波形の一部
が窓を通して見えているというように解釈して，$T_1 \sim T_2$ の**時間窓**（time win-
dow）を掛けたという表現が，波形解析の世界ではよく使われる。これは便利
な言い回しなので，今後は時間窓という言葉を使っていく。この言葉を使う
と，フーリエ級数で表される波形は，時間窓内の波形が時間窓長を周期として
無限に繰り返す波形である，ということになる。

　また，ここまではコサイン関数の係数 A_k とサイン関数の係数 B_k とを求め
ることを目的としてきたので，波形を表すフーリエ級数はコサイン関数とサイ
ン関数の両方を使った表現になる。しかし，A_k と B_k とが得られれば，それ
から，式 (1.23)，(1.25) のようにコサイン関数だけ，あるいはサイン関数だ
けの級数とすることができる。その係数を A_k，B_k から求める式の誘導は容
易なので，ここでは結果の式だけを示すことにしよう。

　コサイン関数のみによるフーリエ級数は式 (2.15) のようになる。

$$x(t) = C_0 + C_1 \cos\left(2\pi \frac{1}{T}t - \phi_1\right) + C_2 \cos\left(2\pi \frac{2}{T}t - \phi_2\right) + \cdots \quad (2.15)$$

ここで

$$C_0 = A_0, \quad C_k = \sqrt{A_k{}^2 + B_k{}^2}, \quad \phi_k = \arctan\left(\frac{B_k}{A_k}\right) \quad (2.16)$$

サイン関数のみによるフーリエ級数は式 (2.17) のようになる。

$$x(t) = C_0 + C_1 \sin\left(2\pi \frac{1}{T}t + \theta_1\right) + C_2 \sin\left(2\pi \frac{2}{T}t + \theta_2\right) + \cdots \quad (2.17)$$

ここで，C_0，C_k は式 (2.16) と同じ。

2.2 フーリエ係数の計算　37

　周期が T の波形ならば，それを表すフーリエ級数の係数を求める積分を上の2種類の区間 $t=0\sim T$，および $t=-T/2\sim T/2$ に限る必要はない。$T_2-T_1=T$ となる T_1 と T_2 を使えば，任意の時刻 T_1 からの T の長さの区間を積分区間とする式 (2.12)～(2.14) によってフーリエ係数が決定される。

$$A_0=\frac{1}{T}\int_{T_1}^{T_2}x(t)\,dt \tag{2.12}$$

$$A_k=\frac{2}{T}\int_{T_1}^{T_2}x(t)\,\cos\left(2\pi\frac{k}{T}t\right)dt \tag{2.13}$$

$$B_k=\frac{2}{T}\int_{T_1}^{T_2}x(t)\,\sin\left(2\pi\frac{k}{T}t\right)dt \tag{2.14}$$

　以上にフーリエ係数を求める式を3組示したが，これらはすべて，T_1 と T_2 に適当な値を与えるならば最後の式 (2.12)～(2.14) に集約される。それぞれの組によって A_k と B_k の値が違うが，それは波形の始点による各高調波の位相の違いを表すものであり，各高調波の大きさ，すなわち $\sqrt{A_k{}^2+B_k{}^2}$ はどの組の式を用いて計算しても同じになる。

　以上のように波形を級数展開し，かつ，その係数を決定できるのは，サイン関数系が直交性をもつためである。サイン関数系でなくても直交性をもつ関数系であれば，それを使って波形を級数展開することができる。直交性をもつ関数系は数多く存在し，それを使った波形の級数展開も行われてはいるが，サイン関数系が最も優美であるし，ここで脇道に入る必要は認められないので，他の直交関数系にはふれないで先に進むことにする。

　ここまでは $0\leqq t<T$ あるいは $T_1\leqq t<T_2$ というような波形を定義する区間の外を考えていないが，サイン・コサインが周期関数であり，フーリエ級数の基本波の周期は T，高調波の周期はその整数分の1であるため，フーリエ級数で表す限り波形は T を周期とする周期関数になる。したがって，**図2.5**に細線で示すような長時間連続する波形から太線の $T_1\leqq t<T_2$ の区間を切り取った波形をフーリエ級数で表した結果は，図の太線の区間ではもとの波形を忠実に表し，その外では破線のように同じ波形を繰り返すことになる。その周期が T である。これが細線の原波形と異なることに注意しなければならない。

36   2. フーリエ級数展開

きは 0 になり，どちらもがコサイン関数で $k=m$ のときは 0 にならなかった。それを次に計算してみよう。

$\cos(2\pi kt/T)$ を $\cos(2\pi mt/T)$ に掛けると次のようになる。

$$\cos\left(2\pi\frac{k}{T}t\right)\cos\left(2\pi\frac{m}{T}t\right)=\frac{1}{2}\left\{\cos\left(2\pi\frac{k+m}{T}t\right)+\cos\left(2\pi\frac{k-m}{T}t\right)\right\}$$

これを $t=0\sim T$ で積分すると，$k\neq m$ のときはコサイン関数の積分だから 0 になるが，$m=k$ のときには右辺かっこ内の第 2 項が 1 になるので，積分値は $T/2$ になる。また，$\cos(2\pi kt/T)$ を $\sin(2\pi mt/T)$ に掛けると

$$\cos\left(2\pi\frac{k}{T}t\right)\sin\left(2\pi\frac{m}{T}t\right)=\frac{1}{2}\left\{\sin\left(2\pi\frac{k+m}{T}t\right)-\sin\left(2\pi\frac{k-m}{T}t\right)\right\}$$

であるから，m と k が等しいときも等しくないときも，その $t=0\sim T$ の積分は 0 になる。

結局，$m=k$ のときのコサイン項だけが残り

$$\int_0^T x(t)\cos\left(2\pi\frac{k}{T}t\right)dt=A_k\frac{T}{2}$$

となるので，これによって係数 A_k を決定する式 (2.7) が得られる。

$$A_k=\frac{2}{T}\int_0^T x(t)\cos\left(2\pi\frac{k}{T}t\right)dt \qquad (2.7)$$

同様にして，係数 B_k を決定する式は次のようになる。

$$B_k=\frac{2}{T}\int_0^T x(t)\sin\left(2\pi\frac{k}{T}t\right)dt \qquad (2.8)$$

この積分区間は $t=0\sim T$ でなくても，1 周期である T という時間長でさえあればよいので，$t=-T/2\sim T/2$ として対称性をよくすることが多い。その場合には，係数を求める式は式 (2.9) ～ (2.11) のようになる。

$$A_0=\frac{1}{T}\int_{-\frac{T}{2}}^{\frac{T}{2}} x(t)\,dt \qquad (2.9)$$

$$A_k=\frac{2}{T}\int_{-\frac{T}{2}}^{\frac{T}{2}} x(t)\cos\left(2\pi\frac{k}{T}t\right)dt \qquad (2.10)$$

$$B_k=\frac{2}{T}\int_{-\frac{T}{2}}^{\frac{T}{2}} x(t)\sin\left(2\pi\frac{k}{T}t\right)dt \qquad (2.11)$$

$$\int_0^T x(t)\,dt = \int_0^T \left\{ A_0 + A_1 \cos\left(2\pi\frac{1}{T}t\right) + A_2 \cos\left(2\pi\frac{2}{T}t\right) + A_3 \cos\left(2\pi\frac{3}{T}t\right) + \cdots \right.$$

$$\left. + B_1 \sin\left(2\pi\frac{1}{T}t\right) + B_2 \sin\left(2\pi\frac{2}{T}t\right) + B_3 \sin\left(2\pi\frac{3}{T}t\right) + \cdots \right\} dt$$

この積分は項ごとに行えばよい。

A_0 が関係する第 1 項は

$$\int_0^T A_0\,dt = TA_0 \tag{2.2}$$

となり，第 2 項以下の A_k という係数のコサインが関係する項は，$k=1$, 2, 3, …のどれについても

$$\int_0^T A_k \cos\left(2\pi\frac{k}{T}t\right)dt = A_k \frac{T}{2\pi k} \sin\left(2\pi\frac{k}{T}t\right)\Big|_0^T = 0 \tag{2.3}$$

となる。B_n という係数のサイン項も

$$\int_0^T B_k \sin\left(2\pi\frac{k}{T}t\right)dt = -B_n \frac{T}{2\pi k} \cos\left(2\pi\frac{k}{T}t\right)\Big|_0^T = 0 \tag{2.4}$$

となる。上の結果から，係数 A_0 を決定する式 (2.5) が得られる。

$$A_0 = \frac{1}{T}\int_0^T x(t)\,dt \tag{2.5}$$

次に，式 (2.1) の両辺に $\cos\{2\pi(k/T)t\}$ を掛けて同じ区間の積分を行う。

$$\int_0^T x(t)\cos\left(2\pi\frac{k}{T}t\right)dt$$

$$= \int_0^T \left\{ A_0 \cos\left(2\pi\frac{k}{T}t\right) + A_1 \cos\left(2\pi\frac{1}{T}t\right)\cos\left(2\pi\frac{k}{T}t\right) \right.$$

$$+ A_2 \cos\left(2\pi\frac{2}{T}t\right)\cos\left(2\pi\frac{k}{T}t\right) + \cdots + A_k \cos^2\left(2\pi\frac{k}{T}t\right) + \cdots$$

$$\left. + B_1 \sin\left(2\pi\frac{1}{T}t\right)\cos\left(2\pi\frac{k}{T}t\right) + B_2 \sin\left(2\pi\frac{2}{T}t\right)\cos\left(2\pi\frac{k}{T}t\right) + \cdots \right\} dt$$

$$\tag{2.6}$$

この積分を項ごとに検討しよう。右辺第 1 項は式 (2.3) と同じように 0 になる。第 2 項以下は第 k 項を除き，周波数の異なるコサイン関数の積またはサイン関数とコサイン関数の積の積分である。図による検討では，$k \neq m$ のと

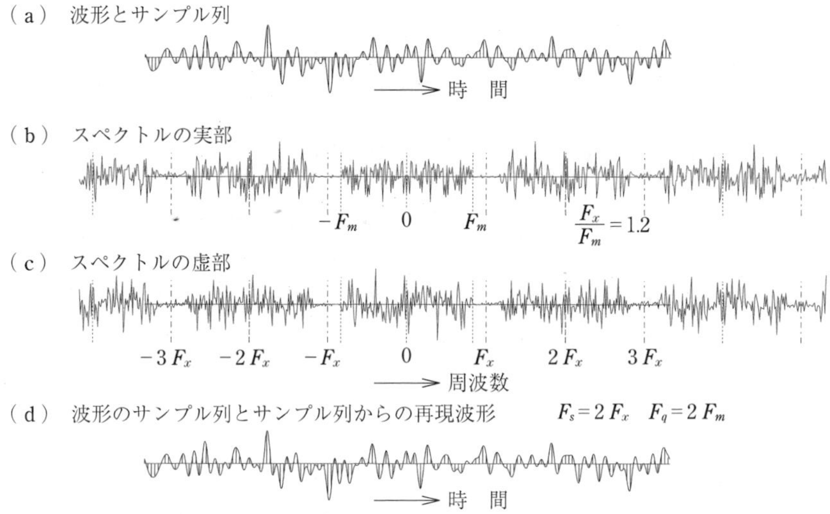

3.3 周波数帯域幅とサンプリング周波数

（a）波形とサンプル列

　　　　　　　　　　　　　　　⟶ 時　間

（b）スペクトルの実部

　　　　　　　　　$-F_m$　0　F_m　　　$\dfrac{F_x}{F_m}=1.2$

（c）スペクトルの虚部

　　　$-3F_x$　$-2F_x$　$-F_x$　0　F_x　$2F_x$　$3F_x$
　　　　　　　　　　　　⟶ 周波数

（d）波形のサンプル列とサンプル列からの再現波形　$F_s=2F_x$　$F_q=2F_m$

　　　　　　　　　　　　　　　⟶ 時　間

図 3.5 サンプル列からの波形復元（サンプリング周波数が十分に高い場合）

サンプル値になっていることが，（a）の波形をそのまま転写した曲線と縦棒の先端とが一致することによって示されている。

（b），（c）のスペクトルの$\pm F_x$の範囲のフーリエ逆変換を計算して得られた波形が，（d）のサンプル列から求めた連続波形で（d）に重ね書きしてある。この図では$F_x=1.2F_m$なので，この連続波形は（a）の波形をそのまま転写した曲線と完全に一致して，重ねてあることすらわからない。

　図 3.5 のように$F_x \geqq F_m$の関係がある限りサンプル列は歪みのないスペクトルのフーリエ係数であり，これによって正しいスペクトルが得られること，したがって，このサンプル列から波形が正しく再現されることがわかった。それでは，F_xとF_mの大小関係が逆転して$F_x<F_m$となると，どうなるであろうか。それを図 3.5 と同じようにして確かめた結果が**図 3.6**である。

　この場合はF_xがF_mの 0.8 倍である。（a）は図 3.5（a）と同じ波形である。サンプル列の間隔は$1/(2F_x)$であるが，$F_x=0.8F_m$なので図 3.5 よりも広い間隔になっている。（a）のサンプル列のスペクトルは連続波形のスペクトルを$2F_x$周期で周波数軸上に並べたものになるので，中心の両側にF_mの

68   3. 数値波形（波形のサンプリング）

（a）波形とサンプル列

→ 時　間

（b）スペクトルの実部

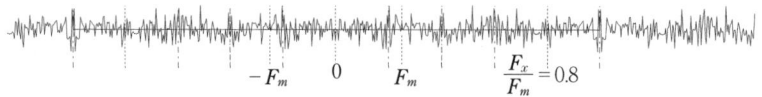

$-F_m$ 0 F_m $\dfrac{F_x}{F_m}=0.8$

（c）スペクトルの虚部

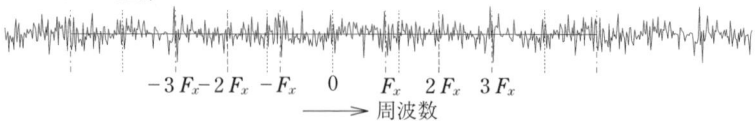

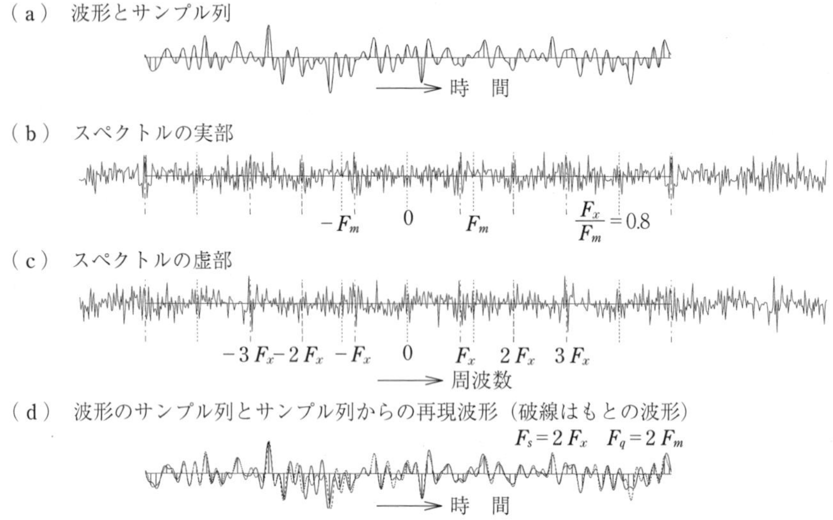

$-3F_x -2F_x -F_x$ 0 F_x $2F_x$ $3F_x$
→ 周波数

（d）波形のサンプル列とサンプル列からの再現波形（破線はもとの波形）

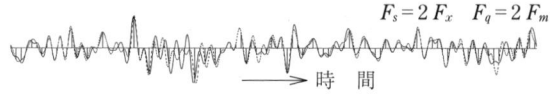

$F_s=2F_x$ $F_q=2F_m$

→ 時　間

図 3.6　サンプル列からの波形復元（サンプリング周波数が低すぎる場合）

広がりがあるスペクトルが両端で重なり合う．その結果，スペクトルの $\pm F_x$ の範囲は連続波形のスペクトルと異なる．しかし実部が偶関数，虚部が奇関数，そのフーリエ係数が実部のみということは変わらない．この（b），（c）を周期 $2F_x$ の周期スペクトルと見なして図 3.5 と同じようにフーリエ係数を計算すると（d）に縦線で示す間隔 $1/(2F_x)$ のインパルス列が得られる．これに（a）の波形を重ねると，破線の曲線で示すように，このインパルス列の先端はもとの波形と完全に一致して，これが波形の $1/(2F_x)$ 間隔のサンプル値になっていることがわかる．

　それではこれを波形のサンプル列として使ってよいのであろうか，というのが問題である．このサンプル列からもとの連続波形が再現できればそれでよい．それを確かめるためには，このインパルス列のスペクトルである（b），（c）の $\pm F_x$ 以内の範囲を取り出し，その外側は無限の周波数まで 0 が続くとしてフーリエ逆変換した波形をつくればよい．図 3.5 の場合のようにその波形が（a）の波形と一致すれば，（d）のインパルス列からもとの波形が再現できたことになる．

3.3 周波数帯域幅とサンプリング周波数

しかし，その結果は（d）の実線の波形になる。この波形は破線で示した（a）の波形と明らかに異なる。一致するのは $1/(2F_x)$ 間隔のサンプル点だけである。（d）のインパルス列は確かに（a）の波形の $1/(2F_x)$ 間隔のサンプル列であるが，このサンプル列から（a）の連続波形を再現することはできない。以上を，次にまとめておこう。

$F_x \geq F_m$ ならば連続波形のスペクトルを周波数軸上で $2F_x$ の周期で並べることによるスペクトルの変化は生じない。そのフーリエ係数であるサンプル値の時間間隔は $1/(2F_x)$ である。このサンプル列のスペクトルの $\pm F_x$ の範囲は連続波形のスペクトルと等しい。したがって，そのスペクトルからもとの連続波形を再現することができる。

一方，$F_x < F_m$ ならば，波形の $1/(2F_x)$ 間隔の値であるサンプル列のスペクトルは図3.6（b），（c）のように両端に隣りの周期のスペクトルの端が重なって，連続波形のスペクトルと変わってしまう。変形したスペクトルのフーリエ逆変換がもとの波形と異なるのは当然である。そのために，この粗い間隔のサンプル列からもとの連続波形を再現することはできない。

図3.5は $F_x=1.2F_m$ なので，スペクトルを $2F_x$ 周期で並べたとき隣の周期のスペクトルが重なってくることはない。これは $F_x=F_m$ としても同じであり，スペクトルが変形しなければサンプル列からもとの波形を再現することができ

コラム

ナイキスト周波数について

　周波数帯域幅が最初に大きな問題になったのは，20世紀初頭に電信技術が進歩しはじめたときである。1928年に Harry Nyquist（ナイキスト，1889〜1976）が電信の伝送速度を早くしようとすると通信線路の周波数帯域幅を広くしなければならないことからナイキスト間隔の概念を与えた。これが後に発展して標本化定理につながった。そこで，サンプル列で伝送できる最高周波数としてサンプリング周波数の1/2をナイキスト周波数というようになった。

　波形を構成する周波数成分の最高値がナイキスト周波数よりも低ければサンプリング定理を満たしていると表現するように，波形のディジタル伝送ではナイキスト周波数という用語が使われることが多い。

る。したがって，もとの連続波形のスペクトルの上限周波数 F_m の 2 倍の周波数が，波形の再現が可能なサンプリング周波数の下限を与える周波数である。

逆の見方をしよう。サンプル列の時間間隔が $1/F_s$ すなわちサンプリング周波数が F_s ならば，そのサンプル列で表すことができる波形の周波数の最高値が定まる。それが，これまでの説明で F_x と書いてきた周波数 $F_s/2$ であり，それを**ナイキスト周波数**という。その理由はコラム欄に述べてある。

ここに述べたことは，これらの図のプログラムをナイキスト周波数 F_x と波形を構成する最高の周波数 F_m との比 F_x/F_m に任意の値を与えて走らせることで確かめられる。

3.4 LPFによるサンプル列の平滑化

ここまでは，サンプル列からもとの波形を再現する方法を，サンプル列のスペクトルを計算し，そのスペクトルから必要な周波数範囲の外を消してフーリエ逆変換するという方法で説明している。これは非常に回りくどい方法であるが，こうしたのは，スペクトルをみて周波数スペクトルがどのように扱われるのかを確認しながら理解しようとしたためである。それを理解すれば，サンプル列を連続波形にするためにはもっと簡単な方法があることがわかる。

もう一度図3.3を振り返ってみよう。(a)は，連続波形 $x(t)$ のスペクトル $X(f)$ が $\pm F_m$ の範囲にあることを示している。(b)は，このスペクトルを $F_m \leq F_x$ の条件を満たす F_x の 2 倍の周期で並べたものであるが，この無限に並ぶ周期スペクトルのフーリエ逆変換が波形のサンプル列になることが，式 (3.6) までの議論で示されている。これはスペクトルを周期スペクトルにすることにより時間領域に波形のサンプル列をつくったということであるが，実際に即しているのは $1/(2F_x)$ 間隔で波形のサンプル列をつくればスペクトルがこのように $2F_x$ 周期になるという言い方である。フーリエ変換対の性質により，このように逆向きの考え方も成立する。

図3.3（b）のスペクトルのいちばん内側の1周期，すなわち $-F_x \sim +F_x$

3.4 LPFによるサンプル列の平滑化

の基底周波数帯域は（a）のスペクトルと同じであるから，この部分だけを取り出せば，それは連続波形のスペクトルであり，そのスペクトルをもつ波形はサンプルする前の連続波形である．サンプル列からその連続波形を得るためには，F_x よりも低い周波数成分だけを通す**低域通過フィルタ**（low pass filter, **LPF**）を通して，$\pm F_x$ よりも外側のスペクトルを消し，基底周波数帯域成分だけにすればよい．そうすれば，インパルス列は時間領域でのフィルタリングだけで連続波形に戻る．

F_x よりも高い周波数範囲を遮断し，低い周波数範囲のサイン波ならば振幅も位相も変えずに通す理想的な LPF を通すことによって F_x 以上の周波数範囲を含まない連続波形が得られる．この波形はもとの波形と同じである．スペクトルの F_x 以上の周波数成分を0にしてフーリエ逆変換するという処理は，正しくそれを行うことである．したがって，一般にはサンプル列を遮断周波数（カットオフ周波数）が F_x 以下 F_m 以上のフィルタに入力してインパルス列を連続波形に変換した出力を得るという方法がとられている．

しかしLPFの遮断特性を十分に急峻にはできないし，遮断周波数に近い高周波帯では位相が変化するので，それによって波形歪みが生じる．

位相変化による波形の歪みは，音声や音楽のように音を聞くことだけが目的ならば大きな問題にはならない．しかし，その波形が画像を描くためのものであったり，波形の詳細な性質，特に過渡的な性質を調べることが目的であったりすると，致命的な問題を引き起こすこともある．波形変化を防ぐために，フィルタのカットオフ周波数よりも十分に低い，通常は位相歪みが少ない周波数範囲を使う，すなわち F_x/F_m を大きくする方法をとることが多い．

サンプル列が与えられたときにはすでに F_x が決まっているので F_x/F_m を大きくすることはできないと考えられるが，サンプリング周波数 $2F_x$ のサンプル列から，高いサンプリング周波数のサンプル列をつくることができれば，それは可能になる．そのほかにもサンプリング周波数を変えることが必要な場合が多い．したがって本章では，3.5節以降に標本化定理などのサンプリングに関する重要な事項を述べた後，サンプリング周波数変更の方法を考える．

3.5 標本化定理（サンプリング定理）

周期 T の波形 $x(t)$ を複素フーリエ級数に展開した 2 章の式（2.28）を使えば，フーリエ係数である周波数領域の $1/T$ ごとの飛び飛びの値 X_k から時間の連続関数である波形 $x(t)$ を求めることができる。ここではその逆に，時間軸上のサンプル列から周波数軸上の連続スペクトルを求める式を導くことから始める。式（2.28）を機械的に目的に合った式に直すためには，この式の T を $2F_x$ に，スペクトル X_k を波形のサンプル値 x_n に置き換える。さらに，時間領域から周波数領域への変換なので，複素指数関数の引数の符号を負にする（付録 4 参照）。その結果が式（3.5）であるが，ここでの議論はサンプル値 x_n の並びの範囲を $n=\pm\infty$ に広げた式（3.7）を出発点にする。

$$\widetilde{X}(f) = \frac{1}{2F_x} \sum_{n=-\infty}^{\infty} x_n \exp\left(-j2\pi \frac{n}{2F_x} f\right) \tag{3.7}$$

このスペクトルは周波数軸上の周期関数で，その周期はサンプリング周波数 $2F_x$ である。すでに見てきたように，無限に繰り返す周期スペクトルであるということはインパルス列のスペクトルの特徴である。

周波数スペクトルから時間領域の波形を求めるためにはフーリエ逆変換を行えばよいが，式（3.7）をそのままフーリエ逆変換したのでは，スペクトルが周期的に広がっているためサンプル列に戻ってしまう。$f=\pm F_x$ の外のスペクトルを消さなければならない。そのためには積分の範囲を $-F_x \sim +F_x$ の周波数範囲に限定すればよい。

$$x(t) = \int_{-F_x}^{+F_x} \widetilde{X}(f) \exp(j2\pi ft) \, df \tag{3.8}$$

式（3.8）に式（3.7）を代入する。

$$x(t) = \frac{1}{2F_x} \int_{-F_x}^{+F_x} \sum_{n=-\infty}^{\infty} x_n \exp\left(-j2\pi \frac{n}{2F_x} f\right) \exp(j2\pi ft) \, df$$

積分を先に行うように順序を変えると

3.5 標本化定理（サンプリング定理）

$$x(t) = \frac{1}{2F_x} \sum_{n=-\infty}^{\infty} x_n \int_{-F_x}^{+F_x} \exp\left\{j2\pi f\left(t - \frac{n}{2F_x}\right)\right\} df$$

$$= \frac{1}{2F_x} \sum_{n=-\infty}^{\infty} x_n \left. \frac{\exp\left\{j2\pi f\left(t - \frac{n}{2F_x}\right)\right\}}{j2\pi\left(t - \frac{n}{2F_x}\right)} \right|_{-F_x}^{+F_x} \quad (3.9)$$

となる。式 (3.9) の計算によって，サンプリング周波数 $2F_x$ のサンプル値である x_n を使って $x(t)$ を求める式 (3.10) が得られる。

$$x(t) = \sum_{n=-\infty}^{\infty} x_n \frac{\sin\left\{2\pi F_x\left(t - \frac{n}{2F_x}\right)\right\}}{2\pi F_x\left(t - \frac{n}{2F_x}\right)} \quad (3.10)$$

式 (3.10) は，**染谷-シャノンの標本化定理**として知られる関係式である。

以上により，サンプリング周波数 $2F_x$ でサンプルされたサンプル列から，そのサンプル点を通る連続波形を求める方法が確立された。しかし，式 (3.10) にはサンプリング周波数についての制約はまったく含まれていない。サンプル列とその時間間隔さえ与えられれば，もとの波形がどうであったかに

コ ラ ム

標 本 化 定 理

標本化定理は，C. E. Shannon が「Communication in the Presence of Noise, Proc. IRE, Vol.37, No.1, pp.10〜21 (1949)」に定理 1 として "関数 $f(t)$ が W 〔Hz〕より高い周波数成分を含まないならば，その関数は $1/(2W)$ 秒間隔の時点の関数値を与えることにより完全に決定される" と述べ，証明を与えたことにより広く知られるようになった。そのため**シャノンの標本化定理**と言われるようになった。

同時期に染谷勲が同じことを発表している「波形伝送，修教社 (1949)」ので，日本では染谷-シャノンの標本化定理という。

2002 年に E. Meijering が「Proc. IEEE, Vol.90, No.3, pp.319〜342」に書いている補間法の年表によると，シャノンより前に，標本化定理と似た，あるいは同じものが発表されているとして次の名前があげられている。Ogura (1920, 日本)，Kotel'nikov (1933, ロシア)，Raabe (1939, ドイツ)。また，ほぼ同じ年代のものとして，Someya (1949, 日本)，Weston (1949) があげられている。

かかわらず，そのサンプル列に対応する連続波形を生成するのが式 (3.10) である．したがって，もとの連続波形のスペクトルの最高周波数 F_m の 2 倍がサンプリング周波数よりも高ければ，標本化定理を使ったからといって，もとの波形を再現することはできない．

サンプリング周期が $1/(2F_x)$ のとき F_x をナイキスト周波数ということは，すでに 3.3 節で述べた．

3.6 標本化定理によるサンプル列の平滑化

数値列で与えられた波の瞬時値を電圧波形にしても，それはサンプル時点ごとのインパルスの列であって，そのままではもとの波形を再現したとはいえない．連続波形にすることが必要である．そのため，飛び飛びのインパルスの間を補間するのが標本化定理の式 (3.10) である．本節では，一見複雑にみえるこの式がどのようにして連続波形をつくるのかを，計算結果を図にして調べることにしよう．式 (3.10) は $\tau=1/(2F_x)$ ごとの各サンプル値に

$$\mathrm{sinc}(F_x t) = \frac{\sin(2\pi F_x t)}{2\pi F_x t} \tag{3.11}$$

の形の **sinc 関数**を掛けて加え合わせたものである．sinc 関数は図 3.7 に示すように $F_x t = 0$ のときに最大値の 1 になり，その両側で $2F_x t$ が整数のときに 0 を通過して波打ちながら小さくなっていく．式 (3.10) の各 sinc 関数は最大値になる $t = n/(2F_x)$ を中心として波打ち $1/(2F_x)$ ごとに 0 になるので，ある一つのサンプル点を中心とするこの波形の値は別のサンプル点では必ず 0 になる．したがって，各サンプル点での式 (3.10) の値は確実に x_n である．

一つの関数の形が図 3.7 のようになり，各サンプル点ではサンプル値 x_n に

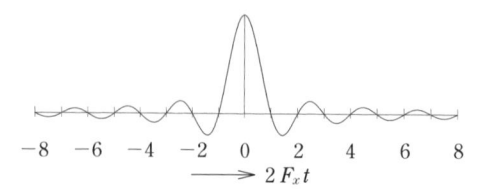

図 3.7　sinc 関数 $\sin(2\pi F_x t)/(2\pi F_x t)$ の波形

なることがわかったが，サンプル点の間でも原波形と一致するであろうか。これは，各サンプル値を係数とするフーリエ級数によりもとの連続波形のスペクトルが正しく再現され，その時間領域の関数である波形はもとの連続波形になるという3.3節までの議論で明らかにされていることである。

したがって，いまさら確かめてみる必要はないのであるが，サンプル点の間がどうなるかを，数値計算によって調べてみよう。

波形の $1/(2F_x)$ ごとのサンプル値 $\{x_n\}$ から連続関数 $x(t)$ を，この計算式によって計算した結果を，各サンプル点を中心とする sinc 関数とともに**図 3.8**に示す。上に述べたように，x_n の大きさをもつサンプル値が存在する時点 $t = n/(2F_x)$（n は整数）においては，x_n のほかの各サンプル点を中心とする sinc 関数の値はすべて 0 であるから，この時点では正しい値 x_n になる。その他の時間には，各サンプル時点を中心とする各 sinc 関数の瞬時値の総和になるが，その結果は図に見られるように，なだらかでサンプルする前の連続波形と一致する。

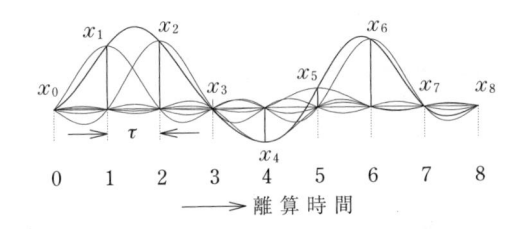

図 3.8 スペクトルの最高周波数成分が F_x 〔Hz〕以下の波形の $1/(2F_x)$ ごとのサンプル値 $\{x_n\}$ から連続関数 $x(t)$ をつくるときの式 (3.10) の各項と，その和の連続波形

以上，周波数帯域が F_m 以下に制限されている波形を $1/(2F_x)$（$F_x \geq F_m$）ごとのサンプル値で表した離散数列から，標本化定理の公式 (3.10) によってもとの波形が求められることが確かめられた。

3.7 スペクトルの折返し

3.6節までで，サンプリング周波数の許容最低値が明らかになり，それよりも高い周波数でサンプルして得た数列ならば，それからもとの波形が再現でき

3. 数値波形（波形のサンプリング）

ることがわかった。それでは「その許容最低値よりも低い周波数でサンプルしたらどうなるであろうか」あるいは「ナイキスト周波数よりも高い周波数成分があればどうなるであろうか」というのが，本節の主題である。

もとの波形が再現できないのなら，そんなものを調べる必要はないという考え方もあるかもしれない。しかし，誤った条件のときどうなるかを知っておくことは，波形のサンプリングを対象とするときに限らず，予想しない結果になったときにその原因を推測するためにきわめて有用なことである。

わかりやすいのは，サイン波・コサイン波である。周波数 f のサイン波ならば，サンプリング周波数は $2f$ よりも高くなければならないというのが，これまでに得た知識である。すると，32波のサイン波をサンプルした数列ならば少なくとも64個の数列にならなければならない。逆に考えると，64個の数列で表されるサイン波の波数は32以下ということになる。サンプリング周期を一定に保ったままでサイン波の周波数を変えていくとして，サンプル値とスペクトルがどうなるかを調べよう。

図3.9には，27〜35波のコサイン波を64点でサンプルした値を左側の縦

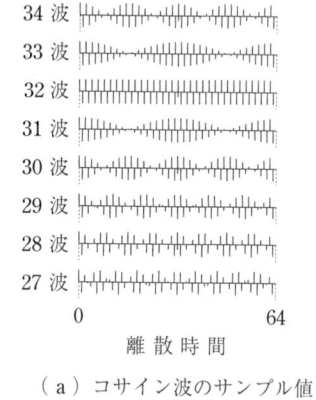

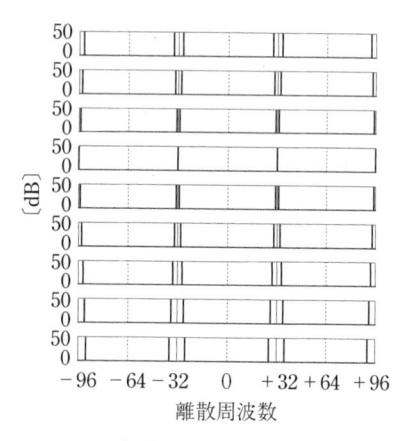

（a）コサイン波のサンプル値　　（b）パワースペクトル

サンプリング定理逸脱によるスペクトルの折返し〔64点DFT方形窓（窓不使用）〕

図3.9 サンプリング周期の64倍の時間内にコサイン波が27〜35波存在するときのサンプル値とパワースペクトル

線の長さで示し，それぞれのパワースペクトルを右側に示してある．波数が整数なのでパワースペクトルは線スペクトルになり，正負の周波数に1本ずつのスペクトルがある．

32波のコサイン波を64等分したサンプル点は，最初のサンプル点の位相がϕであれば次のサンプル点の位相は$\phi+\pi$で，その後はϕと$\phi+\pi$を繰り返すことになる．したがって，$\phi=0$であればサンプル値は+1と-1を繰り返して，左側に32波と書いてある場合のように振幅1の正負のインパルスが交互に並ぶ．そのときのスペクトルは±32に線スペクトルとして存在する．右側の図には，64点データのフーリエ変換ならば離散周波数-32に重なり合って振幅が2倍になるはずのスペクトルをほかと同じ大きさで描いてある．

+1と-1が交互に現れるサンプルの列からもとの波が再現できるであろうかという疑問が生じるが，この周波数以下の成分しかないという条件のもとでは，サンプリング周波数の1/2の周波数のコサイン波にしかなりえない．しかし，サンプル点の位相ϕが$\pi/2$のとき，すなわちサイン波のときには，サンプル点での波の瞬時値はすべて0になるので，波の存在すらわからなくなる．さらに，同じコサイン波でもサンプル値は$\cos\phi$になるので，サンプル点の位相がわからなければ振幅を決定することができない．32波のサイン波を64点のサンプル値で表すのは不可能ということになる．

それよりも周波数が低くなるとサンプル点の位相が1波ごとに変わるので，サンプル値は図の31波以下のように周期的に変化し，その最大値がコサイン波の振幅に等しくなる．それとともに線スペクトルの周波数は右側に示すように順に下がっていく．サンプル列の振幅の変化は，64サンプル長の区間のコサイン波の数をMとすると，$32/(32-M)$を周期とするコサイン波を32波のときの正負インパルス列に掛けた形になる．すなわち$M=31$のときには周期32のコサイン波を掛けるために，64サンプルの間で振幅が0になる回数は2になる．$M=30$のときは4である．

このように振幅が大きく変化するサンプル列からもとのコサイン波が再現できるであろうかという疑問も生じるであろうが，波形のスペクトルがナイキス

ト周波数以上で完全に 0 という条件さえあれば再現可能である。サンプル列の長さが有限で非整数個の波を切り取ったことになれば，たとえサイン波・コサイン波であってもスペクトルが広がるので，ナイキスト周波数を超える周波数成分が生じる。そうなったときには正確な再現は不可能である。

　周波数が高くなって 64 サンプル点に入るコサイン波が 33 波，34 波と増えると，周波数成分を表す線スペクトルはそれに応じて高い周波数の位置に，つまり基底周波数帯域を表す 0 を中心とする一番内側の枠の外側にはみ出していかなければならない。しかし，サンプル列の周波数スペクトルは正負の最高周波数（ここでは ±32）を境にする周期スペクトルなので，境界をはみ出た線スペクトルは隣の周期に入り込んでしまう。それとともに，隣の周期の線スペクトルが境界を超えて入り込んでくる。そう考えて図の 33 波以上を見ると，隣の周期にあるべき線スペクトルがこの周期に入り込んでいることがわかる。

　見方を変えれば，33 波以上の線スペクトルは，少ない波数から 32 波まで動いてきた線スペクトルが境界の枠で跳ね返されて内側に戻ってきたようにも見える。あるいは，境界の外に出たスペクトル成分を描いた透明な紙を境界で折返すことにより生じる周波数成分であると見ることもでき，スペクトルの折返しという言葉がつくられた。それにより，ナイキスト周波数 $F_s/2$ よりも高周波数の成分が低い周波数範囲に現れたものを，**折返しスペクトル成分**という。

　図 3.9 の 33 波のコサイン波のサンプル列は 31 波のそれとまったく同じである。34 波，35 波のサンプル列を 30 波，29 波のそれと比べてもそれぞれ同じである。サンプル列が同じならば，それを連続波形に変えたときの波形も同じになる。すなわち，33 波のコサイン波を 64 等分してつくったサンプル列から連続波形を再現すると，もとの周波数の波にはならず，同じ時間の範囲に 31 波しかない低周波のコサイン波になる。

　このように，ナイキスト周波数よりも高い周波数成分があるときには，その周波数成分は，もともとは存在しなかった低周波の周波数成分になって現れる。これによって波形はもとと変わってしまう。このような理由で生じる波形歪みを**折返し歪み**（エーリアジングノイズ，aliasing noise）という。

3.7 スペクトルの折返し

　図 3.9 は一つのコサイン波についてのものであるが，この図のプログラムでは，この波がサイン波ならどうなるか，また，多少周波数の違う波が重なっているときにはどうなるか調べることができるようにしてある。

　以上のような簡単な波ではなく，多くの周波数成分をもつ波のときに，ナイキスト周波数よりも高い周波数成分があるとどうなるであろうか。これはすでに図 3.6 で見てきたことであるが，見方を変えたものを**図 3.10** に示す。この図の（a）には分析対象の波形と，その波形を構成する最高周波数の 2 倍の周波数，すなわち許容最低サンプリング周波数でサンプルしたサンプル列を重ねて描いてある。このサンプル列からナイキスト周波数より高い周波数成分を除いた波形が（b）であり，これは（a）の波形と完全に一致する。

　（c）は（a）のサンプリング周波数の 0.8 倍の周波数でサンプルしたサンプル列である。このサンプル列の周波数成分から（b）と同じようにしてつく

コラム

折返し歪み

　折返し歪みのことを英語で aliasing noise というが，英和辞典では alias は別名，偽名とあり，語源はラテン語の「ほかの場合には」の意となっている。これでは意味がおかしい。似た言葉に alien というのがある。こちらはよく知られている SF に出てくる異星人である。alias よりも alien のほうが真の意味を表しているようにみえるが，alien を形容詞にする目的で aliasing と変えることには抵抗を感じる。ところが，aliasing noise という言葉をつくったのは，J. W. Cooley とともに FFT アルゴリズムの創案者として有名な J. W. Tukey である。Tukey は本書では 11 章の題目にもなっている Cepstrum という用語をつくった人であり，そのほか quefrency, lifter, saphe というような，辞書をひくとかえってわからなくなる新造語を自由につくっている。そのことから，aliasing の語源は alien と考えてよいであろう。しかし，日本語としては折り返しが原理を表すよい表現であり，aliasing にこだわる必要はない。

　次に「歪み」と「noise」の違いであるが，入力波形を構成する周波数の倍数などではなく，まったく違う信号が出現したと考えれば noise であるが，入力信号がなければ発生しない，入力信号によってつくられると考えれば歪みでもよい。

　上述の理由により，「折返し歪み」は原理までも表すよい術語である。

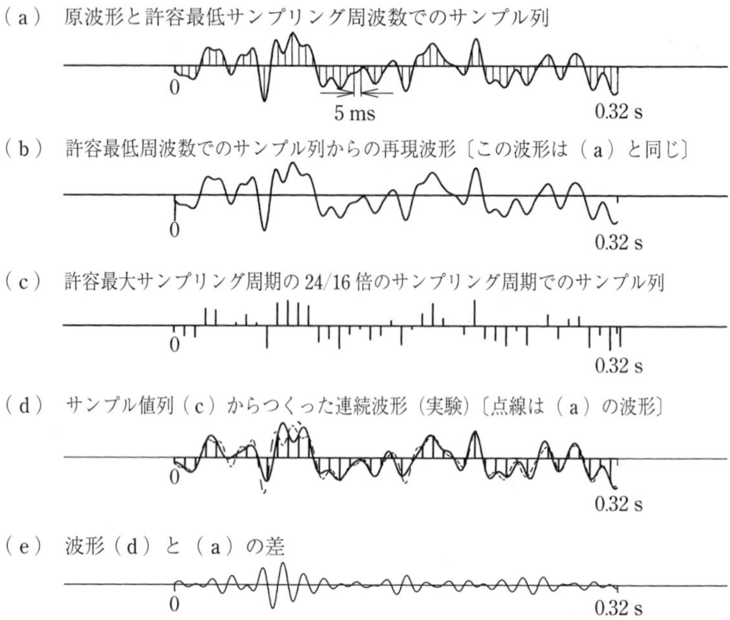

3. 数値波形（波形のサンプリング）

（a）原波形と許容最低サンプリング周波数でのサンプル列

5 ms　　　　　　　　　　　　　　　0.32 s

（b）許容最低周波数でのサンプル列からの再現波形〔この波形は（a）と同じ〕

0.32 s

（c）許容最大サンプリング周期の 24/16 倍のサンプリング周期でのサンプル列

0.32 s

（d）サンプル値列（c）からつくった連続波形（実験）〔点線は（a）の波形〕

0.32 s

（e）波形（d）と（a）の差

0.32 s

図 3.10 多くの周波数成分からなる波形を許容最低サンプリング周波数，およびそれよりも低いサンプリング周波数でサンプルした数列から再現した連続波形の例

った連続波形が（d）の実線の波形である．この場合はサンプリング定理が要求するよりも広いサンプリング周期なので（a）の波形とは異なる波形になる．（a）の波形との差の波形は（e）に示すとおりである．

図 3.10 に見られるように，サンプリング周波数がわずかでも低すぎると，波形全体にわたって歪みが生じる．サンプリング周波数が最高周波数成分の 2 倍よりも高ければ，もとの波形は正確に再現できる．この図のプログラムは，サンプリング周波数を変えたり，別の波形を使ったりして検討することができるようにしてある．

幾何学的波形のサンプル列を計算によってつくるときには，波形を構成する周波数成分を考えずに**図 3.11**（a）のようなサンプル列をつくることになりやすい．これは方形波のサンプル列として合理的なようにみえる．ところが方形波の周波数スペクトルは図 1.4 などでみてきたように，非常に高い周波数ま

(a) 原波形とサンプル列

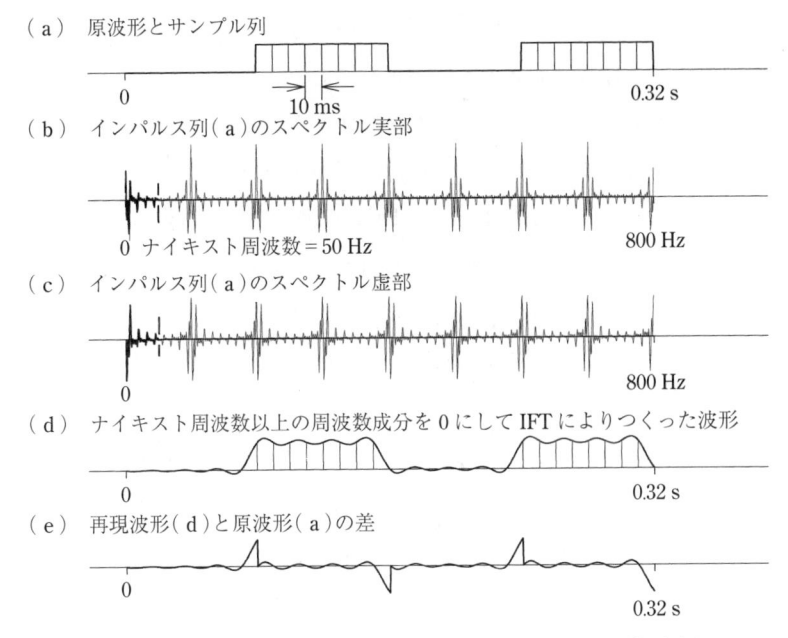

0　　　　　　10 ms　　　　　　　　　　　　　0.32 s

(b) インパルス列(a)のスペクトル実部

0　ナイキスト周波数＝50 Hz　　　　　　　　800 Hz

(c) インパルス列(a)のスペクトル虚部

0　　　　　　　　　　　　　　　　　　　　800 Hz

(d) ナイキスト周波数以上の周波数成分を0にしてIFTによりつくった波形

0　　　　　　　　　　　　　　　　　　　　0.32 s

(e) 再現波形(d)と原波形(a)の差

0　　　　　　　　　　　　　　　　　　　　0.32 s

図 3.11 320 ms の区間に二つの方形波があるときに，その方形波をサンプリング周期 10 ms＝$1/(2f_x)$ でサンプルしたサンプル列のスペクトルの基底周波数帯域のフーリエ逆変換により再現した連続波形とサンプル列，原波形の関係

で広がっている．（a）のサンプル列のサンプル間隔を 10 ms とすると，このサンプル列のスペクトルは（b），（c）のように ±50 Hz の間を１周期とする周期スペクトルである．このスペクトルから連続波形を得るために，±50 Hz の範囲（基底周波数帯域）の外がすべて 0 であるとしてフーリエ逆変換すると，（d）のような波打のある連続波形になる．

3.8　サンプリング周波数の変換-I（フーリエ変換の利用）

ある周波数でサンプルしたサンプル列を異なる周波数でサンプルしたサンプル列に変換する必要が生じる場合がある．二つの波形の和の波形をつくろうと

いうときでも，二つの波形のサンプリング周波数が異なるときには，二つを同じサンプリング周波数に揃えることが必要である．

　フーリエ変換を使ってサンプリング周波数を変える方法をまず考えよう．これはスペクトルと波形およびサンプル列の関係についてここまでに述べてきた考え方の延長である．ある周波数 F_x 以下の周波数帯域に制限された時間長 T の連続波形 $x(t)$ のスペクトルを図 3.12（a）に模型的に示す．このスペクトルは連続スペクトルであるが，この波形をフーリエ級数展開したときのフーリエ係数 X_k を周波数成分とする線スペクトルを連ねる包絡線でもある．$x(t)$ を $2F_x$ のサンプリング周波数でサンプルしたサンプル列が x_n で，長さ T の区間のサンプル数が N であるとすると，サンプル間隔は $1/(2F_x)$ であるから $x_n = x\{n/(2F_x)\}$ によって n 番目のサンプル値が表され，時刻 T は N 番目のサンプル時間なので $T = N/(2F_x)$ から $2F_x T = N$ という関係になる．サンプル列 x_n のスペクトルは（b）のように，周波数軸上に $2F_x$ 周期で無限に並ぶ周期スペクトルである．

　同じ波形を $4F_x$ のサンプリング周波数でサンプルしたサンプル列のスペクト

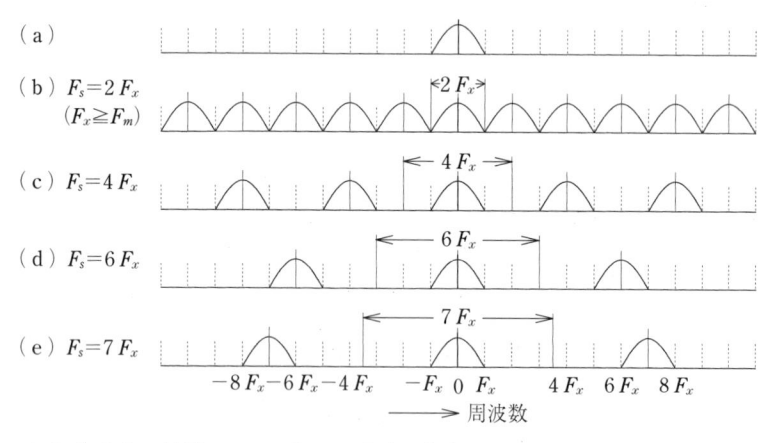

（a）もとの波形のスペクトル，（b）～（e）それぞれ $2F_x$，$4F_x$，$6F_x$，$7F_x$ のサンプリング周波数で同じ波形をサンプルした数列のスペクトル

図 3.12　周波数帯域幅が F_x 以下に制限された波形のサンプル列から，整数倍のサンプリング周波数のサンプル列をつくる方法の説明図

3.8 サンプリング周波数の変換-I（フーリエ変換の利用）

ルは，周波数軸上に $4F_x$ 周期で無限に並ぶが，もともとの波形のスペクトルの F_x 以上の周波数成分が 0 なので，（ c ）のようになる。これにより，サンプル列 x_n のフーリエ変換によりつくった（ a ）のスペクトルの $\pm F_x$ の外側にそれぞれ $N/2$ 点の 0 データを継ぎ足して（ c ）のスペクトルをつくり，$2N$ 点データのフーリエ逆変換をすれば $4F_x$ のサンプリング周波数でサンプルしたサンプル列ができることがわかる。

それを実現する方法を考えよう。連続波形 $x(t)$ を $1/(2F_x)$ のサンプリング周期でサンプルしたサンプル列 x_n の N 点データのフーリエ変換を行うと，その結果は式（3.5）の $X(f)$ になる。このスペクトルは図 3.12 の周波数 0 を中心とする $\pm F_x$ の範囲にある。これは基底スペクトルである。

このスペクトルは連続スペクトルで，数値計算だけでサンプリング周波数を変えるのには適していないが，時間関数が周期 T の周期波形であるとすれば，そのスペクトルはフーリエ係数になり，式（3.5）の f を k/T に置き換えた式（3.12）で表される。

$$\begin{aligned} X_k = X\left(\frac{k}{T}\right) &= \frac{1}{2F_x}\sum_{n=0}^{N-1} x_n \exp\left(-j2\pi \frac{n}{2F_x}\frac{k}{T}\right) \\ &= \frac{1}{2F_x}\sum_{n=0}^{N-1} x_n \exp\left(-j2\pi \frac{nk}{N}\right) \end{aligned} \qquad (3.12)$$

この X_k を係数とするフーリエ級数で表されるのが $x(t)$ の $1/(2F_x)$ ごとのサンプル値であることは，いうまでもないであろう。

$$x_n = x\left(\frac{n}{2F_x}\right) = \frac{1}{T}\sum_{k=-\frac{N}{2}}^{\frac{N}{2}-1} X_k \exp\left(j2\pi \frac{kn}{N}\right) \qquad (3.13)$$

サンプリング周波数を 2 倍にするためには，この N 点スペクトルの高周波部に $N/2$ 点ずつ 0 のデータを継ぎ足した $2N$ 点スペクトル〔図 3.12（ c ）〕をつくり，その $2N$ 点データのフーリエ逆変換を求める。このときは $|k|>N/2$ の範囲ではスペクトルが 0 なので，積和における k の変域は式（3.13）と同じで，式（3.13）の $2F_x$ を $4F_x$ に変えただけの式（3.14）を計算すればよいことになる。しかし，サンプル間隔が 1/2 になって時間長 T は変わらないので，

サンプル番号 n の変域は $0 \sim 2N-1$ となる。

$$x\left(\frac{n}{4F_x}\right) = \frac{1}{T}\sum_{k=-\frac{N}{2}}^{\frac{N}{2}-1} X_k \exp\left(j2\pi \frac{kn}{4F_x T}\right) = \frac{1}{T}\sum_{k=-\frac{N}{2}}^{\frac{N}{2}-1} X_k \exp\left(j2\pi \frac{kn}{2N}\right)$$
(3.14)

これにより，サンプリング周波数を2倍にしたときのサンプル列が計算できるようになった。

同じように考えると，サンプリング周波数を3倍にする方法も3.5倍にする方法も，図3.12（d），（e）を参照して容易に導くことができる。

以上によって，$F_s=2F_x$ のサンプリング周波数でサンプルした数値列を，その p 倍のサンプリング周波数 pF_s でサンプルしたサンプル列に変換する方法が開けた。この処理ではフーリエ変換を使うが，フーリエ変換は対象とするデータがすべて揃った後でなければ計算ができない。これでは，一度に変換しようというデータが揃わなければ処理を始められないので，フーリエ変換などに要する演算時間がどんなに短縮されても，それ相当の時間遅れは免れない。

図3.12には周波数0を中央に置いたスペクトルが示されているが，離散数列となっているデータのスペクトルの計算は，4章で述べる離散フーリエ変換（DFT）によるのが実用的なので，具体的な方法は付録6に述べることにする。

3.9 サンプリング周波数の変換-II （ディジタルLPFの利用）

3.8節最後に指摘した時間遅れは，LPFを用いる時間領域での処理によって解消される。その原理を本節で考えることにしよう。

図3.13 はその説明図である。この図の（a）には，周波数帯域が F_x 以下に制限された連続波形を左側に，その周波数スペクトルを右側に，模型的に示してある。この波形をサンプリング周期 τ，サンプリング周波数 $2F_x$ でサンプルしたサンプル列が（b）の左側のようになるとする。サンプル値を表すインパルスの列は各時点で波形の瞬時値と同じ振幅であり，この数列のスペクト

3.9 サンプリング周波数の変換-II（ディジタルLPFの利用）

	時間領域	周波数領域
(a)		
(b)	$F_s = 2F_x$	$2F_x$
(c)	τ $F_s = 4F_x$	$4F_x$
(d)=(c)-(b)	$F_s = 2F_x$	$4F_x$
(e)	$F_s = 4F_x$	$4F_x$ $-2F_x\ -F_x\ 0\ F_x\ 2F_x$

→ 周波数

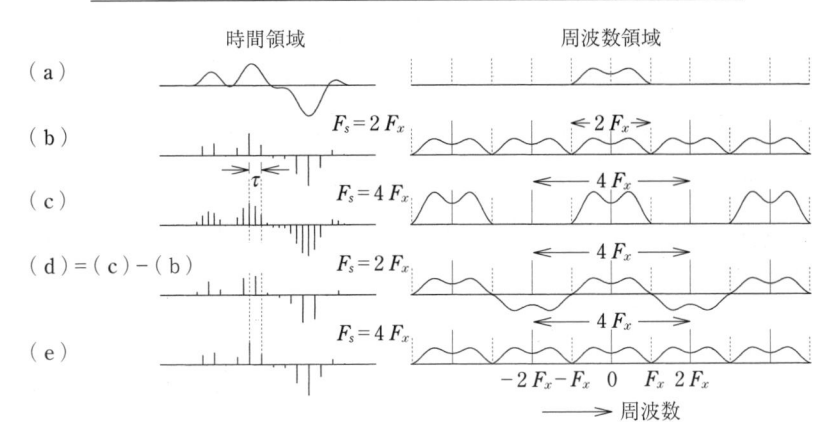

(a) 周波数帯域が F_x 以下に制限された波形とスペクトル，(b) サンプリング周期 $\tau=1/(2F_x)$ のサンプル列とそのスペクトル，(c) サンプリング周期 $1/(4F_x)$ のサンプル列とそのスペクトル，(d) (c)から(b)を引いたサンプル列とスペクトル，(e) (c)から(d)を引いたサンプル列とスペクトル〔(b)から容易につくられる〕

図3.13 LPFによるサンプリング周波数倍増の原理

ルは(b)の右側のように $\pm F_x$ の外側に周期 $2F_x$ で無限に並ぶ。

同じ(a)の波形を $4F_x$ のサンプリング周波数でサンプルした系列は，(c)の左側のようになる。このサンプル列の振幅は(a)の波形と同じである。このサンプル列のスペクトルは，$\pm 2F_x$ の範囲を1周期として周波数軸上に無限に広がるが，もともとの波形のスペクトルが $\pm F_x$ の範囲内に限られているので，1周期の中の $\pm F_x$ の外側は0で(c)の右側のようになる。このスペクトルの $\pm F_x$ の範囲は(a)，(b)と同じ形になるが，大きさは2倍である。2倍になるのは，同じ時間区間内のサンプル数が2倍になっているためである。

ここで，(c)から(b)を引き去ったらどうなるかを考えよう。引き去った後の数列は1サンプルおきに0になり，(d)の左側のようにサンプリング周期が τ になったかのように見える。スペクトルは，(c)のスペクトルから(b)のスペクトルを引いた結果として(d)の右側のようになる。このスペクトルの F_x と $3F_x$ の間，$-F_x$ と $-3F_x$ の間は0から(b)のスペクトルを

引いたので（b）のスペクトルと符号が逆になる。

（d）のインパルス列は（a）の波形の $\tau = 1/(2F_x)$ 周期のサンプル列のように見える。その見方ではサンプル時間が（b）と $1/(4F_x)$ ずれているだけであるが，じつは（b）のサンプル時点と同じ時点の値が0になっている。それが，（d）のスペクトルの周期が $4F_x$ で，スペクトルの符号が（b）と逆転する範囲が存在する理由である。スペクトルの周期が $4F_x$ ということは，波形のサンプル点が $1/(4F_x)$ 間隔で並んでいるということである。すなわち，（d）のサンプル列は（a）の波形の値と一致する一つおきのサンプルと，その間に1サンプルごとに入る0の値である。

つぎに（c）から（d）を引くと（e）になる。このサンプル列は（b）と同じように見えるが，（b）の各サンプル間に0を入れたものと同じで，何の計算も要せず（b）のサンプル列から容易につくることができる。この右側のスペクトルの $|f| > F_x$ の範囲を $\tau/2 = 1/(4F_x)$ ごとのサンプル値を使うディジタルフィルタによって0にすれば，その出力は $\tau/2$ ごとのサンプル値になり，その包絡線は（a）の波形と一致する。すなわち，サンプリング周波数が2倍になったサンプル列になる。

これにより，$2F_x$ のサンプリング周波数の数列を $4F_x$ のサンプリング周波数の数列に変換する簡単な方法がつくられる。それを，**図 3.14** を参照しながら述べよう。

図 3.14（a）は，サンプリング周期 τ〔$=1/(2F_x)$〕のサンプル列である。このサンプル列に一つおきに0のデータを加えて半分が0の数列としたのが（b）の数列で，これはサンプリング周期 $\tau/2$ のサンプル列になっている。この数列には，図 3.13 で説明したように $\pm F_x$ の外側に各サンプル間に0のサンプルを入れるために必要なスペクトル成分がある。ディジタル LPF によってそれを消せば，$\pm F_x$ の内側のスペクトルだけをもち，かつサンプリング周期が $\tau/2$ のサンプル列が得られる。それが（c）の数列である。この数列はスペクトルの1/2を捨て，かつ，サンプル数が2倍になったために各サンプルの振幅が1/2になっている。そこでこの数列の値を2倍にすると（d）の数列に

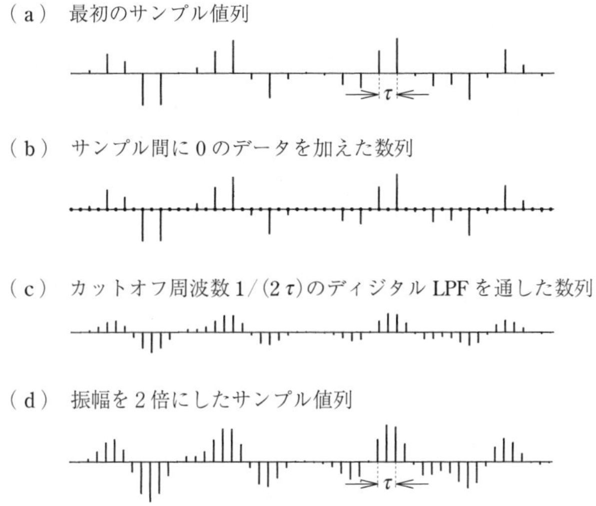

3.9 サンプリング周波数の変換-II（ディジタルLPFの利用）

（a）最初のサンプル値列

（b）サンプル間に0のデータを加えた数列

（c）カットオフ周波数$1/(2\tau)$のディジタルLPFを通した数列

（d）振幅を2倍にしたサンプル値列

図3.14 $2F_x$のサンプリング周波数の数列を$4F_x$のサンプリング周波数の数列に変換する過程

なる。これはもとのアナログ波形を$4F_x$のサンプリング周波数でサンプルした数列と同じである。

実在するサンプル列の間に0のデータを挿入してLPFを通す方法は，サンプリング周波数を2倍にするときだけでなく，3倍でも何倍でも適用可能である。3倍にするためなら，二つずつ0のデータを入れて行けばよい。ただし，挿入するデータ数は整数に限られるから，非整数倍にすることはできない。

ここまでとは逆に，サンプリング周波数を下げる方法も考えられる。

例えばサンプリング周波数を1/2にしようという場合ならば，サンプル値を一つおきにとればよいが，それには注意が必要である。サンプリング周波数を下げたためにサンプリング定理の要求を満たさなくなる，すなわちサンプリング周波数を下げて低くなったナイキスト周波数よりも高い周波数成分があったのでは，波形に修復不可能な歪みが発生する。そうはならないようにしなければならない。

サンプリング周波数を下げてもよいように周波数帯域が制限されているならば簡単である。1/2に下げるならば一つおきに，1/3に下げるならば二つおき

にサンプル値をとればよいだけである。

このことを使えば，サンプリング周波数を2.5倍にするためには，一度5倍にしたサンプル列をつくり，そのうえで一つおきのデータをとればよい。

演 習 問 題

1. 連続波形をサンプルして数列で表すとき，サンプルの方法に要求されるのはどんなことか。
2. 周波数スペクトルのフーリエ逆変換でつくられる時間波形が実数になるために必要な条件は何か。
3. 周波数スペクトルが f_m〔Hz〕以下の周波数成分しかもたない波形をサンプルして数列で表現するために必要な条件は何か。
4. 波形の周波数スペクトルが f_m〔Hz〕まで存在するとき，$1/(2f_m)$ 秒よりも広い時間間隔でサンプルしたサンプル列からもとの波形が再現できない理由を述べよ。
5. サンプリング周波数が $2f_m$〔Hz〕よりも低いときに，そのサンプル列から再現される連続波形はどうなるか。
6. f_m〔Hz〕以下の周波数成分からなる波形を $f_x > f_m$ の条件を満たすサンプリング周波数 $2f_x$ でサンプルしたサンプル列がある。この数列をカットオフ周波数 f_c のディジタルLPFに入力して出力を平滑化すると，入力波形と比べて出力波形はどうなるか。その理由とともに答えよ。
7. f_m〔Hz〕以下の周波数成分からなる波形を $f_s < 2f_m$ のサンプリング周波数 f_s でサンプルしたサンプル列から再現した連続波形のスペクトルともとの連続波形のスペクトルとの違いは，f_s が $2f_m$ に近いときどのように現れるか。
8. 周波数スペクトルが f_m〔Hz〕以下に制限されている波形を $f_s = 2f_m$ のサンプリング周波数 f_s でサンプルした数列から，pf_s のサンプリング周波数でサンプルした数列をつくる方法を考えよ。

4 離散フーリエ変換（DFT）

　フーリエ変換は，対象とする波形とあらゆる周波数のサイン波・コサイン波形との積の積分なので，それを連続関数として実行することは，理論式では問題ないとしても，実際に観測した波形を対象とするときには現実的でない。

　そこで3章に述べたように，波形を数値列に変換して数値計算を行うことになる。その場合には，フーリエ変換の公式をそのまま用いるよりは，対象を有限個のサンプル値に限定した理論式を定義して用いるほうが簡単で，かつ間違いを生じる危険性も少ない。それが，本章で解説する離散フーリエ変換，すなわち DFT である。

　DFT の変換対はコサイン関数とサイン関数を使って表されるが，少し工夫するとコサイン関数だけで記述することもできる。それが情報圧縮技術に広く使われている離散コサイン変換（DCT）である。

4.1　離散数列のフーリエ変換

　まず，波形を一定時間間隔でサンプルしたサンプル列のフーリエ変換がどのように表されるかを考えよう。そのため，図 4.1 の最上段に，波形 $x(t)$ のサンプル値を表すインパルスの列が波形とともに描いてある。

　サンプル間隔が τ，時間長が T でサンプルの総数が N ならば，$T=N\tau$ という関係になる。波形の始まりを時間の原点 $t=0$ とする。ここからの波形のサンプル値に注目すると，最初のサンプルの時間遅れは 0 で，振幅は $x(0)$ である。次のサンプルの時間遅れは τ で，振幅は $x(\tau)$ である。その

4. 離散フーリエ変換（DFT）

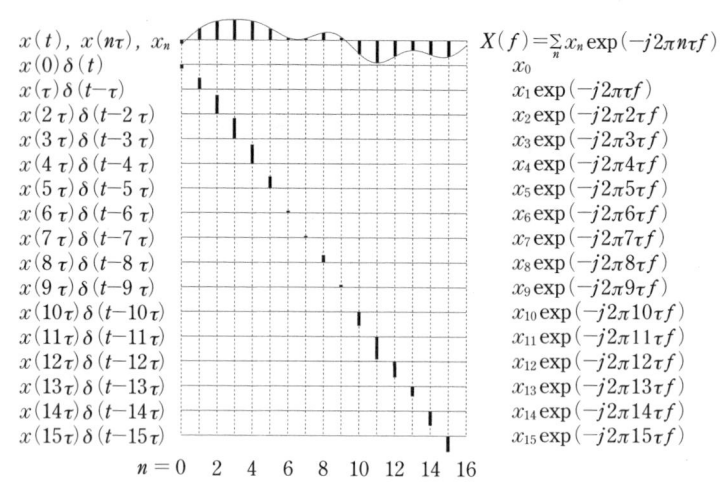

```
x(t), x(nτ), x_n                    X(f)=Σ_n x_n exp(-j2πnτf)
x(0)δ(t)                            x_0
x(τ)δ(t-τ)                          x_1 exp(-j2πτf)
x(2τ)δ(t-2τ)                        x_2 exp(-j2π2τf)
x(3τ)δ(t-3τ)                        x_3 exp(-j2π3τf)
x(4τ)δ(t-4τ)                        x_4 exp(-j2π4τf)
x(5τ)δ(t-5τ)                        x_5 exp(-j2π5τf)
x(6τ)δ(t-6τ)                        x_6 exp(-j2π6τf)
x(7τ)δ(t-7τ)                        x_7 exp(-j2π7τf)
x(8τ)δ(t-8τ)                        x_8 exp(-j2π8τf)
x(9τ)δ(t-9τ)                        x_9 exp(-j2π9τf)
x(10τ)δ(t-10τ)                      x_10 exp(-j2π10τf)
x(11τ)δ(t-11τ)                      x_11 exp(-j2π11τf)
x(12τ)δ(t-12τ)                      x_12 exp(-j2π12τf)
x(13τ)δ(t-13τ)                      x_13 exp(-j2π13τf)
x(14τ)δ(t-14τ)                      x_14 exp(-j2π14τf)
x(15τ)δ(t-15τ)                      x_15 exp(-j2π15τf)
             n=0  2  4  6  8  10 12 14 16
```

図 4.1 波形をサンプル値にあたるインパルス列で表し，各インパルスのスペクトルを表す式の和をつくることによるDFTの公式の生成

次は時間遅れが 2τ，振幅は $x(2\tau)$ である。このように，一定の時間 τ 間隔のサンプルを各時点でのインパルスとみれば，単位インパルスを与えるデルタ関数 $\delta(t)$ を使ってこのサンプル列は次のように表される。

$$x(0)\delta(t)+x(\tau)\delta(t-\tau)+x(2\tau)\delta(t-2\tau)+\cdots+x(n\tau)\delta(t-n\tau)+\cdots$$

この式の各項は図4.1の最上段のサンプル値を左から順にとったものである。図には各時点のインパルス波形を上から順に描き，その左側に各インパルスを表す式を書いてある。このインパルスを加え合わせるといちばん上のサンプル列になる。波形 $x(t)$ のサンプル列を $x_s(t)$ と書くことにすれば，$x_s(t)$ はサンプル総数を N として式（4.1）のように表される。

$$x_s(t)=\sum_{n=0}^{N-1}x(n\tau)\delta(t-n\tau)=\sum_{n=0}^{N-1}x_n\delta(t-n\tau) \tag{4.1}$$

式（4.1）のフーリエ変換は，τ ずつ遅れる右辺の各インパルスのフーリエ変換の和になる。

単位インパルスが τ という時間遅れたもののフーリエ変換は，すでに2章で導いた式（2.42）に与えられている。それに従えば，n 番目のインパルス $x(n\tau)\delta(t-n\tau)$ のフーリエ変換 $X_n(f)$ は

$$X_n(f) = x(n\tau)\exp(-j2\pi n\tau f) \tag{4.2}$$

となる。

サンプル列を表す式(4.1)のフーリエ変換はこの式の $n=0 \sim N-1$ の和であるから，式(4.3)のように記述される。

$$\mathrm{FT}\{x_s(t)\} = \sum_{n=0}^{N-1} x(n\tau)\exp(-j2\pi n\tau f) \tag{4.3}$$

式(4.3)は，波形 $x(t)$ の τ ごとの N 点のサンプル列 $x_s(t)$ のフーリエ変換が，右辺のような N 個の複素指数関数の和になることを示している。式中には τ，f というアナログ波形に関する連続量が残っているが，これらは次の理由で飛び飛びの値をとる離散量である。

波形の周波数スペクトルが $\pm F_x$ の範囲に制限され，$t=0 \sim T$ の区間を $\tau = 1/(2F_x)$ の時間間隔でとったサンプル数が N 個であるから

$$\tau = \frac{1}{2F_x} = \frac{T}{N} \tag{4.4}$$

となる。周波数スペクトルは時間長 T の波形のフーリエ係数なので $1/T$ の整数倍の周波数成分になる。すなわち，式(4.1)の $x_s(t)$ のフーリエ変換である $\mathrm{FT}\{x_s(t)\}$ は，k を 0, 1, … という整数としたときの

$$f = \frac{k}{T} \tag{4.5}$$

という飛び飛びの周波数の値である。

式(4.4)，(4.5)の関係を式(4.3)に代入すると $f\tau = k/N$ なので

$$\mathrm{FT}\{x_s(t)\} = \sum_{n=0}^{N-1} x(n\tau)\exp\left(-j2\pi \frac{nk}{N}\right) \tag{4.6}$$

となる。

ここで，波形 $x(t)$ の τ ごとのサンプル値 $x(n\tau)$ を x_n と書き，k 番目のフーリエ係数に相当する周波数 $f=k/T$ のスペクトル値を X_k と書くことにすると，式(4.6)は式(4.7)のように書き換えられる。

$$X_k = \sum_{n=0}^{N-1} x_n \exp\left(-j2\pi \frac{nk}{N}\right) \tag{4.7}$$

式(4.7)が，N 個の数列 x_n のフーリエ変換を表現する式であり，離散数列

のフーリエ変換であるという意味で**離散フーリエ変換**（discrete Fourier transform）といわれる。これを，頭文字を使って **DFT** と略称する。k を**離散周波数**，n を**離散時間**という。N 個の数列の DFT であることを明示するためには **N 点 DFT** という。このほか，離散フーリエ変換を時間軸上有限個の数列のフーリエ変換であるという理由で**有限フーリエ変換**ということもある。

　これで離散数列のフーリエ変換の定義式が導かれたが，この計算を行うにあたって，k の値をどうすべきかを決めなければならない。3章までの考察から，複素指数関数を用いるときは負の周波数のスペクトルが必要である。それならば k にも負の値をもたせるべきである。$\pm F_x$ 内に周波数範囲が制限された波形の時間長が T のときは，フーリエ係数が $f_0=1/T$ の整数倍の周波数に存在するので，$\pm F_x$ の範囲の係数の総数は

$$\frac{2F_x}{f_0}=2F_xT$$

となる。これは式（4.4）から N であることがわかる。したがって，k の値は絶対値が $0\sim N/2$ の正負となる。すなわち，周波数範囲は $-F_x\sim +F_x$，離散周波数としては $-N/2\sim +N/2$ になる。N が偶数のときにはこの総数が $N+1$ になって波形のサンプル総数と異なるので $-N/2\sim +N/2-1$ にする。正の数と負の数とが等しくないことが気になるが，それが重大な障害になることはない。N が奇数ならば，$-(N-1)/2\sim +(N-1)/2$ の整数の数が N になるのでそうすればよい。

　周波数スペクトルには実部が周波数の偶関数，虚部が奇関数という性質があるから，負の周波数範囲のスペクトルは正の周波数範囲から容易に決定される。そう考えると，本当に必要なのは $k=0\sim N/2$ あるいは $0\sim (N-1)/2$ の正の範囲だけになる。

　スペクトルを求めるためだけならばこれでよいが，スペクトルから逆に波形を求める式を考えると，k の値が $0\sim N/2$ というのは，必ずしも合理的とはいえない。その計算式を4.2節で導くことになるので，その結果を待って，必要な k の値の範囲をもう一度考えることにしよう。

4.2 離散フーリエ逆変換（IDFT）

　式 (4.7) は連続波形ならばフーリエ変換で2章の式 (2.37) に相当するので，その逆変換の式 (2.38) に相当する式も必要である．4.1 節と同じように線スペクトルの各周波数成分の逆変換を行うことによって離散フーリエ逆変換の式を導くこともできるが，ここでは別の考え方で進んでみることにしよう．

　2章の式 (2.37) と式 (2.38) をみると，フーリエ変換では複素指数関数の引数に−が入っており，かつ時間 t についての積分を行っている．それに対してフーリエ逆変換では引数に−が入っていなくて，周波数 f についての積分になっている．

　とりあえずは，それにならって式 (4.7) の両辺に $\exp(j2\pi nk/N)$ を掛けて離散周波数 k について加え合わせてみよう．右辺の積和のための変数が n のままではまずいので m に置き換える．負の周波数範囲も必要であると考えれば，N が偶数なら $k=-N/2 \sim +N/2-1$，奇数なら $-(N-1)/2 \sim (N-1)/2$ まで加え合わせるべきであるが，X_k が周期 N の周期関数であることから式 (4.7) と同じ形にして，k も $0 \sim N-1$ の範囲としてみよう．それで済むならば N が偶数か奇数かにかかわらず同じ扱いができる．その結果は次のように計算される．

$$\sum_{k=0}^{N-1} X_k \exp\left(j2\pi \frac{nk}{N}\right) = \sum_{k=0}^{N-1} \exp\left(j2\pi \frac{nk}{N}\right) \sum_{m=0}^{N-1} x_m \exp\left(-j2\pi \frac{mk}{N}\right)$$

この式の右辺の積和の順序を入れ替えてまとめると，次式が得られる．

$$\sum_{k=0}^{N-1} X_k \exp\left(j2\pi \frac{nk}{N}\right) = \sum_{m=0}^{N-1}\sum_{k=0}^{N-1} x_m \exp\left\{j2\pi \frac{(n-m)k}{N}\right\}$$

$$= \sum_{m=0}^{N-1} x_m \sum_{k=0}^{N-1} \exp\left\{j2\pi \frac{(n-m)k}{N}\right\}$$

この式の exp 関数の和は，次の理由で簡単に求められる．

　$m=n$ のときは $\exp\{j2\pi(n-m)k/N\}=1$ なので，右辺の k についての和は 1 を N 個加え合わせた N になる．したがって，式の値は N に $x_n=x_m$ を掛けた

94   4. 離散フーリエ変換 (DFT)

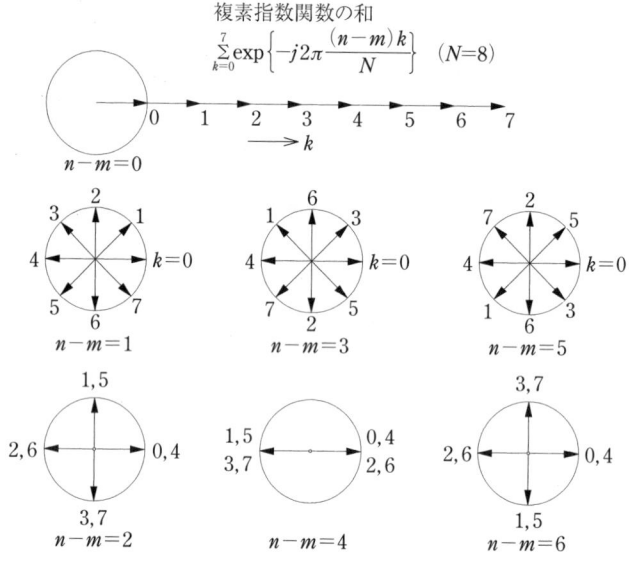

図 4.2 $\exp\{j2\pi(n-m)k/N\}$ を表すベクトルとその N 個の和 ($N=8$)

Nx_n になる。$m \neq n$ のときは**図 4.2**に示すように原点を出発点として一定の間隔で放射状に広がる一定の大きさ x_m のベクトルの和になる。それをすべての k について加え合わせた結果は 0 である。したがって

$$\sum_{k=0}^{N-1} \exp\left\{j2\pi \frac{(n-m)k}{N}\right\} = \begin{cases} N & (n=m) \\ 0 & (n \neq m) \end{cases}$$

となる。このように $m=n$ のときだけを考えればよいので，上式は式 (4.8) のように書き直すことができる。

$$x_n = \frac{1}{N} \sum_{k=0}^{N-1} X_k \exp\left(j2\pi \frac{nk}{N}\right) \tag{4.8}$$

これが**離散フーリエ逆変換 (IDFT)** の定義式である。式 (4.8) の x_n を離散フーリエ変換の式 (4.7) に代入すると結果が X_k になることは，上と同じようにして確かめられる。それは読者にまかせることにしよう。

式 (4.7) と式 (4.8) とを合わせて，**離散フーリエ変換対**という。

これらの式は，正変換では exp 関数の引数が負，逆変換では正というほか

4.2 離散フーリエ逆変換（IDFT）

はほとんど同じで，非常によい対称性をもっている．しかし，正変換では積和のままで逆変換では積和を N で割っているために，式 (2.37)，(2.38) に比べれば対称性が崩れている．そこで，式 (4.9)，(4.10) のように正変換も逆変換も $\sqrt{N}$ で割ることによって，よりよい対称性をもたせることもある．

$$X_k = \frac{1}{\sqrt{N}} \sum_{n=0}^{N-1} x_n \exp\left(-j2\pi \frac{nk}{N}\right) \tag{4.9}$$

$$x_n = \frac{1}{\sqrt{N}} \sum_{k=0}^{N-1} X_k \exp\left(j2\pi \frac{nk}{N}\right) \tag{4.10}$$

まだ取り残した問題がある．離散周波数 k の変域を $-N/2 \sim N/2-1$ とせず，$0 \sim N-1$ にしていたことである．上では X_k が N を周期とする周期関数であるからとだけ書いたが，それでよいのかということである．

$k \geq N/2$ の範囲で $k = N-p$ という新たな変数 p を使うと，X_k は X_{N-p} と書くことができ，$\exp(j2\pi nk/N)$ も N を周期とする周期関数なので同様に書き換えられ

$$\begin{aligned}
X_k \exp\left(j2\pi \frac{nk}{N}\right) &= X_{N-p} \exp\left\{j2\pi \frac{n(N-p)}{N}\right\} \\
&= X_{N-p} \exp\left\{j2\pi \frac{n(-p)}{N}\right\} \exp(j2\pi n) \\
&= X_{N-p} \exp\left\{j2\pi \frac{n(-p)}{N}\right\}
\end{aligned}$$

となる．これにより**図 4.3** に示すようなデータ番号と離散周波数の対応関係が

（a）$N=8$（偶数）の場合　　（b）$N=9$（奇数）の場合

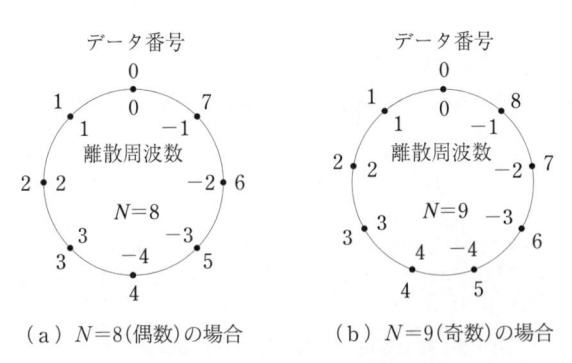

図 4.3 周波数領域のデータ番号と離散周波数の関係

あることがわかる。（a）は $N=8$（偶数），（b）は $N=9$（奇数）の場合を例として，円周の外側にデータ番号を，内側に離散周波数を書いてある。N の値がどうであろうとも，このように，周波数領域のデータ番号の上半分が負の離散周波数 $k-N$ になる。

なお今後，周波数領域のデータ番号を離散周波数と書き，また，そう書かなくても混同しないと思われる場合には，離散周波数を周波数と書くことにする。

ここで，DFTの実部と虚部が時間関数とどう対応するのかを調べておこう。図4.4（aw）のような16点数列（$N=16$）の DFT を R_k+jI_k とすると，その実部と虚部

$$R_k = \mathrm{Re}\{X_k\} = \sum_{n=0}^{N-1} x_n \cos\left(2\pi \frac{nk}{N}\right) \tag{4.11}$$

$$I_k = \mathrm{Im}\{X_k\} = -\sum_{n=0}^{N-1} x_n \sin\left(2\pi \frac{nk}{N}\right) \tag{4.12}$$

はそれぞれ（bs），（cs）のようになる。時間領域の数列（aw）の振幅スペクトルは（bs）と（cs）の2乗和の平方根であり，（as）のようになる。これらのスペクトルでは正の周波数範囲が $k=0\sim N/2-1=7$，負の周波数範囲

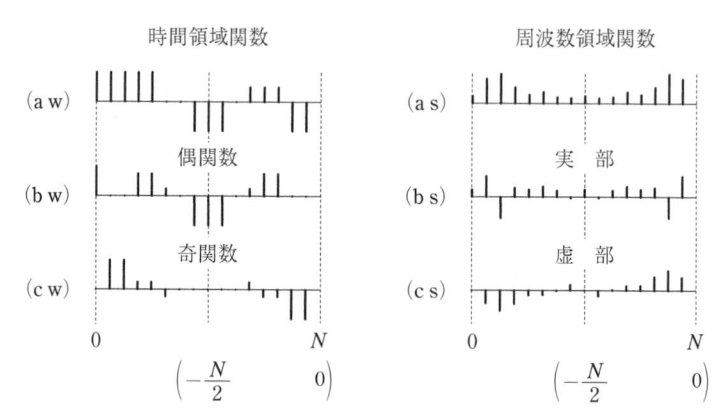

(aw) は16点離散系列，(as) は (aw) の振幅スペクトル，
(bs) は (aw) の DFT の実部，(cs) は DFT の虚部，
(bw) は (bs) の IDFT，(cw) は (cs) の IDFT

図4.4 離散系列とその DFT の実部および虚部とそれぞれの IDFT

が $k=N/2=8 \sim N-1=15$ で，実際の周波数は $-N/2=-8 \sim -1$ にあたる。このことは図 4.3 を参照すればわかりやすい。また，これらのスペクトルの実部はコサイン関数が偶関数であることから偶関数であり，虚部はサイン関数が奇関数であることから奇関数である。

このスペクトルの実部（b s）と虚部（c s）の IDFT は，（b w）および（c w）のようになる。もちろん（b w）は偶関数波形，（c w）は奇関数波形である。実部による偶関数波形と虚部による奇関数波形の両者を加え合わせると（a w）に等しくなる。

（b w）と（c w）は（a w）を偶関数波形と奇関数波形に分けたものであるから，これらを得るだけならば，DFT のような面倒な処理は不要である。これらは（a w）から直接導き出すことができる。

4.3 DFT とフーリエ変換

4.2 節までに導いた DFT，IDFT とフーリエ変換，フーリエ逆変換の関係をもう少し考えることにしよう。

ここまできた道筋を振り返ると，長さ T の時間区間内の波形を周期関数と見なしてフーリエ級数展開したときのフーリエ係数が線スペクトルである。逆に，$\pm F_x$ という有限の周波数範囲に限られたスペクトルをフーリエ級数展開した係数が時間領域のサンプル列である。

サンプル列はそれぞれの大きさのインパルスの列であるから，その n 番目のサンプルのフーリエ変換は，振幅が波形のサンプル値 x_n という一定値で位相だけが $\exp\{-j2\pi fn/(2F_x)\}$ のように周波数 f に比例して変化する複素数になる。ここで n はサンプル番号，$1/(2F_x)$ はサンプリング周期，$n/(2F_x)$ はサンプルの時間である。これをすべてのサンプルについて加え合わせることにより，DFT の式が導かれる。IDFT の式は DFT の式と対になるという考えでも書き下すことができ，また，それが逆変換の式として正しいことも容易に確かめられる。

4. 離散フーリエ変換（DFT）

以上を受けて，波形とスペクトルおよびサンプル列の対応関係を，図を使ってまとめ直すことにしよう。

図 4.5（a）には，有限長の波形とそのスペクトルが左右に並べてある。波形の時間区間は $0 \sim T$ で，スペクトルは $\pm F_x$ の外が 0 とみなされる。波形が実数ならばスペクトルには実部と虚部があり，実部は周波数の偶関数で，虚部は奇関数であるが，ここでは図を簡単にするため，偶関数の形で描いてある。この場合は時間領域でも周波数領域でも定めた区間の外は無限に 0 が続き，波形もスペクトルも連続関数である。これらの間の関係は，すでに 2 章で式 (2.37)，(2.38) に示すフーリエ変換対として与えられている。

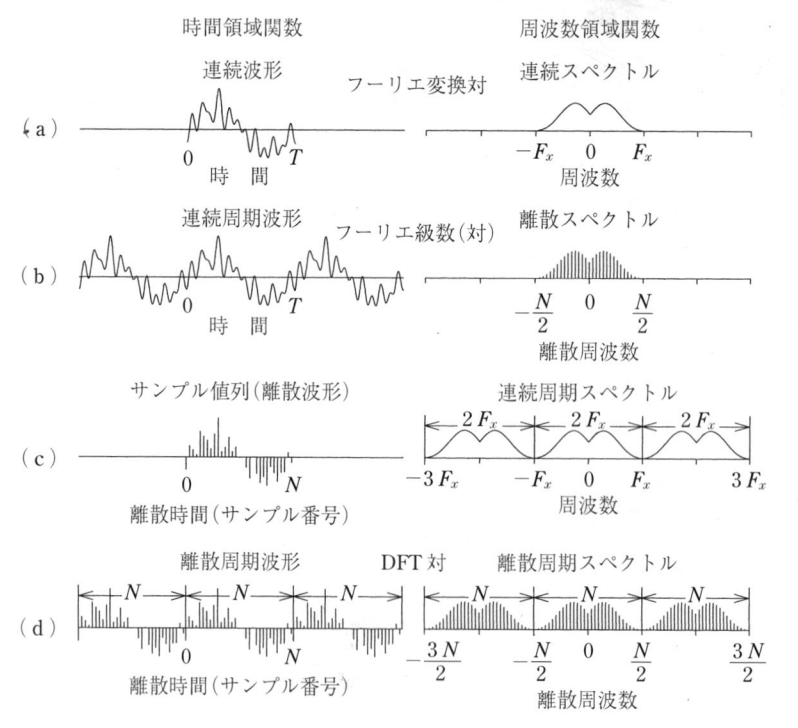

図 4.5　有限時間長・有限周波数帯域の連続関数のフーリエ変換対から，フーリエ級数を経て DFT に至る時間領域関数と周波数領域関数の対応関係

4.3 DFTとフーリエ変換

$$X(f) = \int_{-\infty}^{+\infty} x(t) \exp(-j2\pi ft)\,dt \qquad \text{〔式 (2.37)〕 (4.13)}$$

$$x(t) = \int_{-\infty}^{+\infty} X(f) \exp(j2\pi ft)\,df \qquad \text{〔式 (2.38)〕 (4.14)}$$

この波形が（b）のように周期 T で無限に繰り返すとしたときのスペクトルが，その右のような $1/T$ ごとの線スペクトルであり，この線スペクトルの包絡線は（a）の連続スペクトルそのものであることも，2章に示されている。この線スペクトルと時間領域の周期波形の間には1対1の関係があり，片方が与えられればもう一方は一意に定まる。これらの関係もすでに，式 (2.28)，(2.29) のフーリエ級数とその係数の計算式として与えられている。

$$x(t) = \frac{1}{T} \sum_{k=-\infty}^{\infty} X_k \exp\left(j2\pi \frac{k}{T} t\right) \qquad \text{〔式 (2.28)〕 (4.15)}$$

$$X_k = \int_{-\frac{T}{2}}^{\frac{T}{2}} x(t) \exp\left(-j2\pi \frac{k}{T} t\right) dt \qquad \text{〔式 (2.29)〕 (4.16)}$$

これと対になる関係が（c）に描いてある。（c）のスペクトルは（a）のスペクトルと同じものを $2F_x$ 周期で並べたもので，周波数を時間のように扱ってフーリエ級数展開している。このフーリエ係数にあたる時間軸上のサンプル値は，周期の逆数 $1/(2F_x)$ の整数倍にしか存在しない。しかし，$1/(2F_x)$ ごとの時点での値は連続波形の値と一致する。このフーリエ係数であり時間軸上のサンプル値である x_n を3章では式 (3.3) で表している。また，x_n をフーリエ係数とした周波数スペクトルのフーリエ級数展開を式 (3.5) としている。

$$x_n = \int_{-F_x}^{+F_x} X(f) \exp\left(j2\pi \frac{n}{2F_x} f\right) df \qquad \text{〔式 (3.3)〕 (4.17)}$$

$$X(f) = \frac{1}{2F_x} \sum_{n=0}^{N-1} x_n \exp\left(-j2\pi \frac{n}{2F_x} f\right) \qquad \text{〔式 (3.5)〕 (4.18)}$$

時間領域の有限長の連続関数を周期関数と見なすと，それに対応する周波数領域の関数は線スペクトル（インパルス列）になる。周波数領域の有限周波数範囲の連続関数を周期関数と見なすと，それに対応する時間関数はサンプル値（インパルス列）になる。それならば，時間領域も周波数領域も有限長のサン

プル列ならばどうなるかという結果が図 4.5（d）である．すでに述べたことの繰返しではあるが，関数がインパルス列であっても周期関数であればフーリエ級数に展開できるので，対応するスペクトルも波形もインパルス列になる．それとともに，有限長の時間関数も周波数関数も，その長さを周期とする周期関数になる．その周期を N としたときの対応関係が 4.2 節までに導いた DFT 対，式 (4.7), (4.8) である．その式をもう一度書いておこう．

$$X_k = \sum_{n=0}^{N-1} x_n \exp\left(-j2\pi \frac{nk}{N}\right) \qquad \text{〔式 (4.7)〕} \quad (4.19)$$

$$x_n = \frac{1}{N}\sum_{k=0}^{N-1} X_k \exp\left(j2\pi \frac{nk}{N}\right) \qquad \text{〔式 (4.8)〕} \quad (4.20)$$

これら 1 対の式がどちらも周期 N で無限に繰り返す周期関数であることは，忘れてはならない DFT の性質である．

フーリエ変換とその逆変換をアナログ装置で行うことはきわめて困難であるが，コンピュータの進歩により，式 (4.19), (4.20) の数値計算を行うことが容易になった．そのためにはサンプル列を扱わなければならないので，フーリエ変換とはいっても，実際には DFT である．したがって，フーリエ解析にあたっては，波形とスペクトルとの対応関係が図 4.5 のようになることを理解していなければならない．

4.4 波形とその DFT

ここまでで DFT に関する原理的な考え方は明らかになったが，数値処理によるフーリエ解析の応用には，性質がわかっている波形の DFT がどうなるかを知っていると便利である．そこでいくつかの例を見ながら考えることにしよう．

離散波形と離散スペクトルの関係の理解のためには DFT の点数（N の値）が大きすぎないほうが見通しがよいので，ここでは $N=32$ または 64 としていくつかの簡単な波形の DFT の例を示すことにする．本書に図として収録できる波形とスペクトルの例は限られるので，付録のプログラムでは，別の例につ

4.4 波形とそのDFT

いても検討できるようにしてある。

4.4.1 サイン波とコサイン波

サイン波 $\sin(2\pi ft)$ とコサイン波 $\cos(2\pi ft)$ はスペクトル成分がその周波数 f にのみ存在するが，そのサンプル列のDFTは，波の切出し方によっては異なるスペクトルになる。その理由は，DFTが，波形を切り出した時間区間を1周期とする周期波形のフーリエ係数になるためである。

サイン波とコサイン波の波形とサンプル列を図4.6と図4.7の左側に，それぞれのDFTを右側に示す。どちらも（a）は波数がちょうど4波（周波数が4）なので，この波形を1周期とした周期波形は永続するサイン波・コサイン波と同じである。したがって，その離散スペクトル（DFT）は正負の離散周波数（$k=4$ と $k=-4$）に太線で示すように1本ずつある。それとともに細線の曲線が描いてあるが，これは4波の外が無限に0になっているとした波形の連続スペクトルである。この場合は連続スペクトルのピークと線スペクトルとが一致していて，周波数も振幅もDFTによって正しく求められる。また，周波数軸上でのほかのサンプル点（k が整数の点）では連続スペクトルの曲線が0を通過しているので，その周波数の成分は0である。

ところが，（b）の波数が4.5というように整数でない場合には，連続スペクトルのピークの周波数も，連続スペクトルが0になる周波数も整数ではなくなる。DFTで計算されるのは整数 k のときのスペクトル値なので，（b）の右側のように多数の周波数成分が現れる。

一般の周波数の定義は1秒間の波数であるが，ここでは離散スペクトルと対応させるために波形を切り出した時間長 T のなかの波数を周波数とする。そうすれば，（a）の波の周波数は4，（b）の波の周波数は4.5である。

なお，図4.6と図4.7ではサイン波とコサイン波を区別していて，サイン波のスペクトルは虚部のみ，コサイン波のスペクトルは実部のみである。そうなるのは波の中心を時間の原点にしたためであり，別の時点を時間の原点にすると，中心からの時間ずれに比例する位相変化が生じてスペクトルに実部と虚部

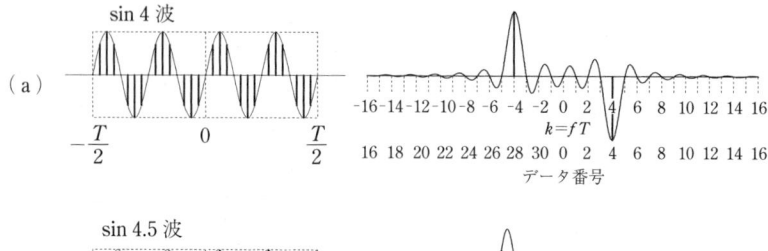

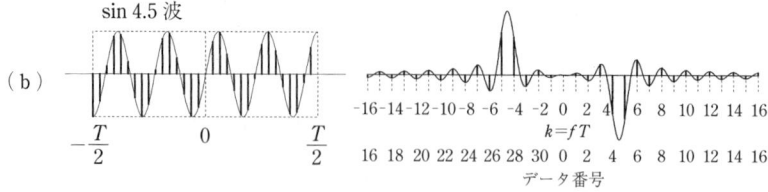

図4.6 サイン波4波および4.5波をサンプルした32点数列のDFT

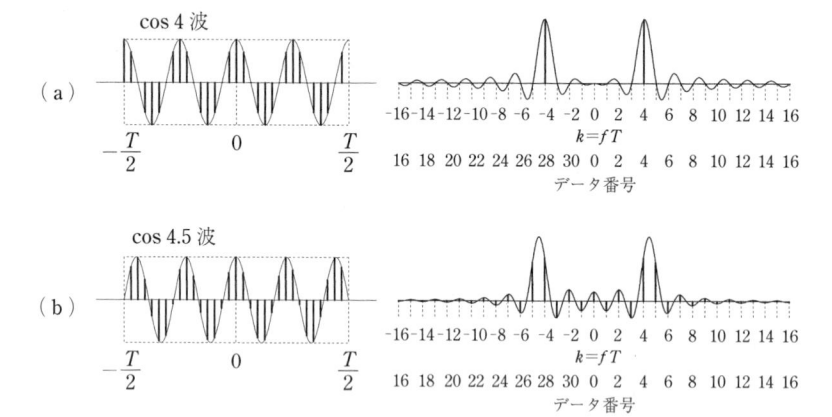

図4.7 コサイン波4波および4.5波をサンプルした32点数列のDFT

の両方ができ，このように単純ではなくなる．

4.4.2 位相とスペクトル

サイン波が時間軸上でずれている，すなわち位相が0でないときの波形，サンプル列およびスペクトルの例を**図4.8**に示す．これらのサイン波のサンプル列は64点からなり，その区間に6波入っている．すなわち，分析区間内の波数という意味での周波数は6である．したがって，スペクトルは離散周波数6

4.4 波形とそのDFT   103

	第1波	第2波			第1波	第2波
周波数	6	0		周波数	6	0
振　幅	1	0		振　幅	1	0
位相(°)	45	0		位相(°)	120	0

(a) 波　形

(b) DFT実部

(c) DFT虚部

(d) DFT絶対値

(e) 対数スペクトル

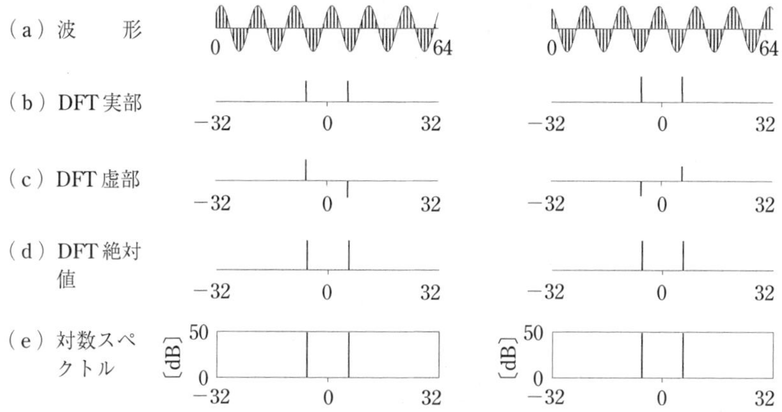

（A）位　相 45°　　　　（B）位　相 120°

図 4.8　周波数6のサイン波のサンプル列とスペクトル

の位置の線スペクトルである。位相は（A）が45°，（B）が120°である。$\cos 45° = \sin 45°$ から，（A）のスペクトルの実部と虚部の大きさは等しい。（B）のスペクトルは実部が $\sin 120°$，虚部が $\cos 120°$ となっている。スペクトルの絶対値は位相に関係しない。

4.4.3　高　調　波

これらの波に振幅が0.5で周波数が2倍（12）および3倍（18）の高調波を加えると，波形とスペクトルは図4.9のようになる。DFTが線形変換であることから，高調波を加えても基本波のスペクトルは変化せず，それに高調波のスペクトルが加わるだけである。この場合は（A）に加えた第2高調波がサイン波なので，高調波のスペクトルは虚部のみに存在し，（B）に加えた第3高調波は位相が90°，すなわちコサイン波なので，高調波のスペクトルは実部のみに存在する。

	第1波	第2波		第1波	第2波
周波数	6	12	周波数	6	18
振幅	1	0.5	振幅	1	0.5
位相(°)	45	0	位相(°)	120	90

(a) 波　形

(b) DFT実部

(c) DFT虚部

(d) DFT絶対値

(e) 対数スペクトル

(A) 位　相 45°　　　(B) 位　相 120°

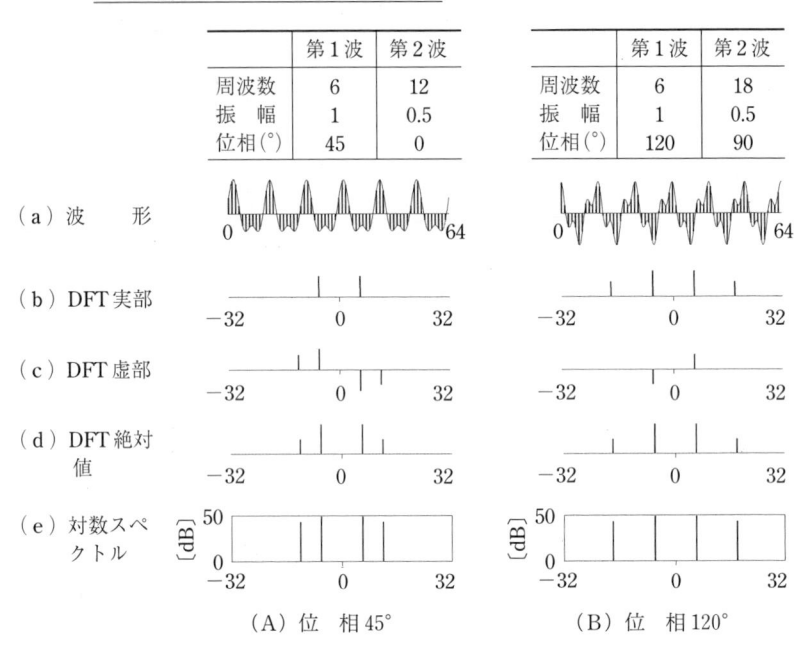

図 4.9　周波数 6，位相 45°および 120°のサイン波に振幅 0.5 の第 2 または第 3 高調波を加えた波形とその DFT

4.4.4　対称波形と反対称波形

4.4.3 項の例のサイン波の周波数は整数なので，周波数が非整数のときにどうなるかを調べてみよう。周波数が 6.5 のときの例を図 4.10 に示す。(A) は $n=0$ から始まるサイン波であるが，周波数が 6.5 なので離散時間 n での波形の値と $N-n$ での値とが等しい対称波形の偶関数数列になっている。そのためにスペクトルには実部しかなく，虚部は完全に 0 である。しかし DFT ではスペクトルは整数周波数にしか存在しないため，$k=6.5$ に存在すべき線スペクトルが周囲の整数周波数に広がっている。

それに対して (B) の波形の周波数は (A) と同じく 6.5 であるが，位相が 90°でコサイン波である。しかし 6.5 波なので，離散時間 n での波形の値と $N-n$ での値とが符号が逆で絶対値が等しい反対称波形の奇関数数列になっている。奇関数列ならばスペクトルの実部は 0 になるはずであるが，この場合は

4.4 波形とそのDFT　　105

	第1波	第2波		第1波	第2波
周波数	6.5	0	周波数	6.5	0
振　幅	1	0	振　幅	1	0
位相(°)	0	0	位相(°)	90	0

（a）波　　形

（b）DFT実部

（c）DFT虚部

（d）DFT絶対値

（e）対数スペクトル

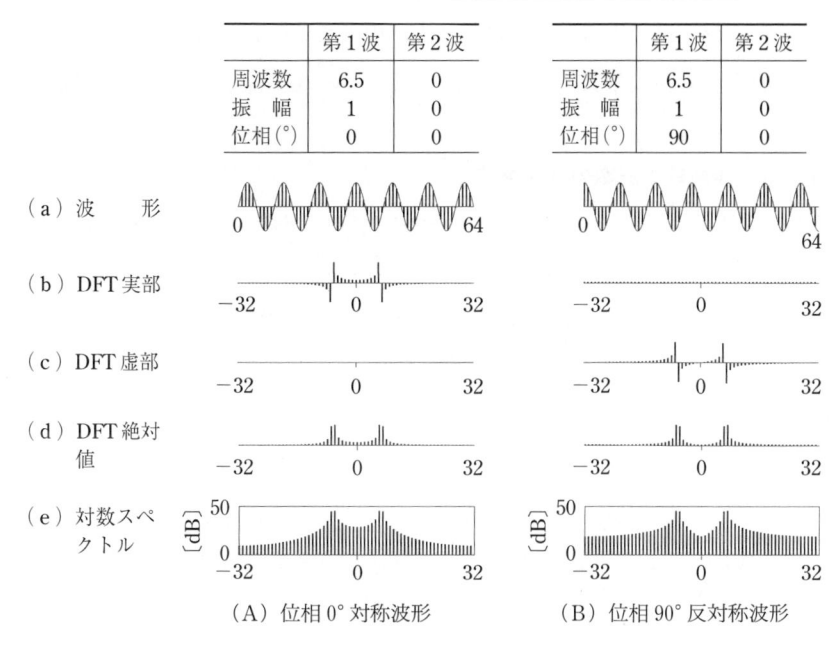

（A）位相0°対称波形　　　　（B）位相90°反対称波形

図4.10　サイン波6.5波を64等分したサンプル列のDFT

完全に0にはならない。それは，$n=0$ に対応するサンプル番号が $N-0=N$ になるのに，そのサンプルが存在しないためである。そのため，$n=0$ のサンプルを外さなければ，完全な奇関数列にはならない。したがって，全サンプル列のスペクトルは虚部のスペクトルに，$n=0$ のインパルスのスペクトルを加えたものになる。この $n=0$ におけるインパルスのスペクトルは，全離散周波数の実部に存在する $1/N$ という一定の大きさの周波数成分になる。しかしこれは小さすぎて，図ではほとんどみえない。

　この一定値の周波数成分はDFTに特有のスペクトル成分であり，連続波形ならば $N=\infty$ なので，実部の振幅はその逆数の0になる。数値列を扱うDFTであるがゆえに，小さくても，このような，反対称波形ならば存在するはずがない周波数成分が現れることになる。ディジタル波形解析において，これはときどき遭遇する現象である。

　この数列の $n>0$ の範囲では完全な反対称になっているので，そのスペクト

ルは虚数成分だけである。この場合にも，虚部の $k=6.5$ に現れるべき線スペクトル成分が周囲の離散周波数に広がっているのは，（A）と同じである。

4.4.5 非整数周波数のサイン波

図 4.11（A）は周波数（分析区間長 64 点中の波数）が 4，9.5，14，21 という四つのサイン波（第 3 の波は位相が 90° すなわちコサイン波，第 4 の波は負のサイン波）を重ね合わせた波の 64 点サンプル列とそのDFTである。この場合はどれも第 1 波の高調波ではない。第 2 の波の周波数は整数でないためにスペクトルが広がっている。第 3，第 4 の波は周波数が整数なので線スペクトルになっている。

	第1波	第2波	第3波	第4波
周波数	4	9.5	14	21
振幅	1	0.7	0.3	0.1
位相(°)	0	0	90	180

方形窓（窓不使用）

	第1波	第2波	第3波	第4波
周波数	8	16	35	0
振幅	1	0.6	0.5	0
位相(°)	0	270	0	0

（a）波　形

（b）DFT 実部

（c）DFT 虚部

（d）DFT 絶対値

（e）対数スペクトル

（A）周波数比が整数でないサイン波を重ね合わせた波のサンプル列とそのDFT

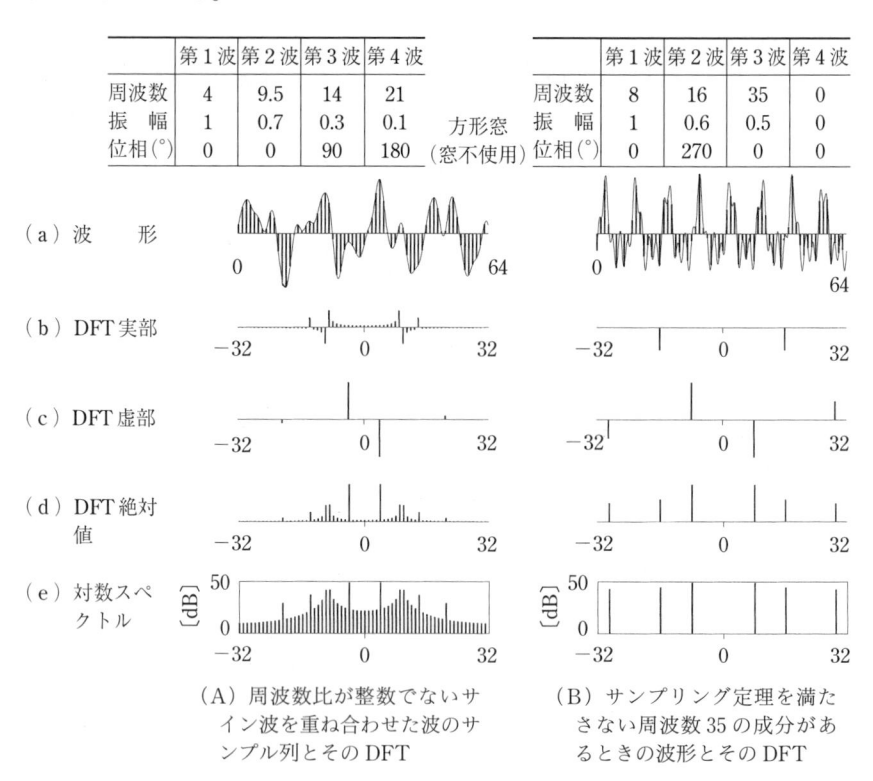

（B）サンプリング定理を満たさない周波数 35 の成分があるときの波形とそのDFT

図 4.11　多くの周波数成分からなる波の 64 点サンプル列とそのDFT

分析区間長すなわち DFT のためにとった N 点のサンプル中のサイン波・コサイン波の波数が整数ならば，その波の1周期がサンプリング周期の整数倍でなくても，スペクトルは正負の周波数に1本ずつの線スペクトルになる。サイン波の周期が N の整数分の1にならない周波数成分では，スペクトルに広がりが生じる。

図4.11でも，周波数の異なるいくつかのサイン波の和となっている波形のスペクトルは，各サイン波がそれぞれ単独に存在するときのスペクトルの和になるという，線形変換の性質がみられる。

4.4.6 粗すぎるサンプリング間隔

f_m〔Hz〕の周波数成分がある波形を $2f_m$ 以下のサンプリング周波数でサンプルしたサンプル列の DFT はどうなるであろうか。これはすでに3章の図3.6，図3.9および図3.10で見てきたことであるが，波形復元ではなく周波数スペクトルの変化という立場でもう一度考えてみよう。

その一例が図4.11（B）である。この波形は，周波数 8, 16 および 35 のサイン波とコサイン波を加え合わせたものであるが，この時間区間を64等分してサンプルした数列の64点 DFT では周波数32以上の周波数成分を正当に評価することができない。それよりも低い周波数 8 および 16 の成分は正しく現れているが，周波数 35 の成分のスペクトルは，35＝32＋3 にではなく 29＝32－3 に現れている。

これは，すでに3章で図3.9を使って説明したように，±32 までしかない離散周波数範囲の外の ＋35 と －35 に現れるべき成分であるが，64点 DFT はスペクトルが ±32 を両端とする周期スペクトルになるので，右側の ＋64 を中心とするスペクトルの －35 の成分が ＋29＝64－35 に，左側の －64 を中心とするスペクトルの ＋35 の成分が －29＝－64＋35 にきているわけで，これが3章で出てきた折返しスペクトル成分である。このスペクトルからもとの波形が復元できないのは当然であり，それによる波形の歪みを折返し歪みということも，すでに3章で述べた。

また、このような周波数成分があっても、ほかの周波数成分のスペクトルは正しく再現されている。これは、線形系では重ねの理が成立するためである。

4.4.7 方　形　波

周期が 16 サンプルで、1 の区間が 1 周期中の 5 サンプルであとは 0 という方形波のサンプル列とその DFT を**図 4.12**（A）に示す。この例ではサンプル番号が 0 の点を 1 の値が 5 点続く中央にしてあるため、時間軸上のサンプル番号が $N/2 \sim N-1$ を負の時間区間とすると、$t=0$ に対して対称な波形になっている。そのため、このスペクトルは実部だけからなる。

それに対して（B）は周期が 32 サンプルで幅が 16 サンプルという場合であるが、こちらは 1 の区間が第 0 サンプル～第 15 サンプルとなっているので、波形は平均値である直流成分と反対称成分の和に分解することができる。その

	周期	16			周期	32
	幅	5			幅	16
	始点	0			始点	-8

（a）波　形

（b）スペクトル実部

（c）スペクトル虚部

（d）スペクトル絶対値

（e）対数スペクトル

（A）周期 16 サンプル，幅 5 サンプル

（B）周期 32 サンプル，幅 16 サンプル

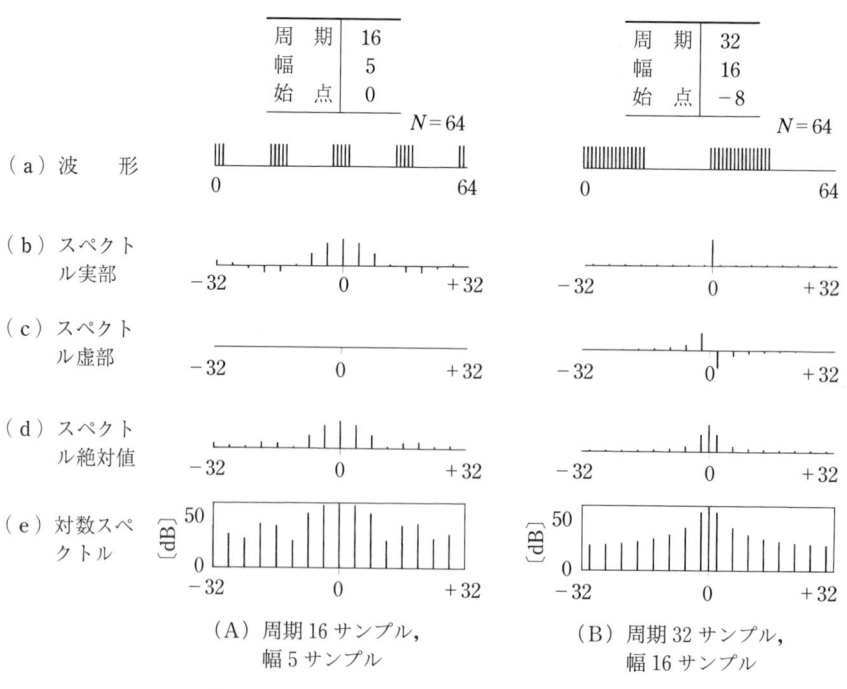

図 4.12　周期方形波のサンプル列とその DFT

ため，スペクトルは実部がほぼ直流成分のみ，虚部が大きな反対称成分になっている．実部に直流成分のほか，等間隔に点が見える理由は，図4.10（B）と同じである．

以上のほかにも，幾何学的な波形のDFTには，DFTの性質を知るうえで有用なものが多いが，それをすべて本書に収録することはできないので，付録のプログラムで種々の経験を積むことができるようにしてある．

4.5　離散コサイン変換（DCT）

4.4節までの説明でも明らかなように，波形が実数であっても離散フーリエ変換（DFT）のためには複素数演算をしなければならず，スペクトルすなわちDFTは一般に複素数である．それを実数演算だけにするのが**離散コサイン変換**（discrete cosine transform，**DCT**）[1],[2]† である．DCTには多少異なる4種類が定義されていて，そのうちの一種はJPEGなどの画像・動画あるいは音響信号の情報圧縮技術に広く使われている．

種はすでに1章で播いてある．図1.9では中心からずれた方形波が左右対称な方形波すなわち偶関数波形と左右反対称な波形すなわち奇関数波形の和で表されることを示した．偶関数波形はコサイン項だけ，奇関数波形はサイン項だけで合成することができる．2.3節では$t=0 \sim T$までの時間区間で定義された波形に$t<0$の範囲の対称な波形を継ぎ足して$-T \sim +T$の偶関数波形にすれば，その波形がコサイン項だけのフーリエ級数で表されることを示した．そのときの係数は式（2.19）および式（2.20）で計算されるが，偶関数化すれば実数演算だけで計算できるし，結果も実数である．この考え方を推し進めることによりDCTを導き出すことができる．

図4.4を振り返るまでもなく，数列をそのままDFTしたスペクトルからもとの波形を得るためには，スペクトルの実部と虚部の両方が必要である．このスペクトルの実部だけからもとの波形を再現することは，このままではできない．

---

† 肩付き数字は巻末の参考文献番号を示す．

110   4. 離散フーリエ変換（DFT）

しかし，前に播いた種に混じっている波形の偶関数化を使えばよさそうである。

DCT でも入力波形が時間の関数でなければならないということはないが，入力を時間領域の関数，その DCT を周波数領域の関数と書くことにする。

まず，図 4.13（c）に示すように $n=0 \sim N-1$ の間に与えられている離散数列に注目しよう。この数列には $N \sim 2N$ の時間帯に値が与えられていない。この時間帯は $2N$ 点 DFT では $-N \sim 0$ の負の時間帯にあたる。この波形（数列）を実部だけのスペクトルをもつ数列にするために，負の時間帯に同じ数列を対称に並べて偶関数数列にしよう。

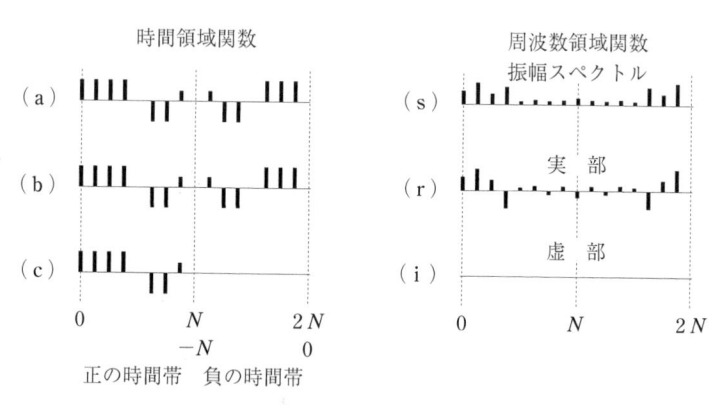

（a）は（c）に対称な数列を加えてつくった偶関数数列，（b）は（a）のスペクトル（r）から逆変換して求めた時間領域数列，（c）は N 点数列，（r），（i）は（a）のスペクトルの実部と虚部，（s）は振幅スペクトル

図 4.13 N 点数列に対称な数列を継ぎ足しての $2N$ 点コサイン変換

$2N$ 点長の偶関数にするためには，（a）のように $n=N$ を中心にして右半分を左半分の鏡像にした数列をつくればよい。

偶関数になったこの $2N$ 点数列の $2N$ 点 DFT は，図の右側の周波数領域関数の（r）と（i）のように実部のみのスペクトルになる。このスペクトルを得るための DFT では虚部，すなわちサイン関数との積和の項は必ず 0 になるので，サイン関数との積の計算は必要がなく，実数演算だけでスペクトルが求められる。このスペクトルから時間領域の数列を求める計算もコサイン関数だけの実数演算で行うことができる。その結果が（b）の時間領域関数のように

4.5 離散コサイン変換（DCT）

偶関数化した数列とまったく同じになるのは当然のことである。(b)の数列から不要な時間範囲を外して $n=0 \sim N-1$ をとれば，それは(c)の数列と同じである。すなわち，$n \geq N$ の範囲を捨てればもとの数列に戻ったといえる。

これでコサイン関数だけによる変換と逆変換ができたともいえないではないが，数列に負の時間帯の数列を継ぎ足して偶関数をつくったうえで変換して最後には捨てるというのでは，少々ならず回りくどすぎる。

偶関数数列の DFT では結果としてではあってもサイン関数を使わないのだから，数列の偶関数化をせずに $n \geq N$ の範囲が 0 の図 4.14 (a) の $2N$ 個の数列の $2N$ 点 DFT からサイン関数を外した式 (4.21) を計算すれば同様の結果が得られそうに思われる。

$$X_c(k) = \sum_{n=0}^{2N-1} x(n) \cos\left(2\pi \frac{nk}{2N}\right) \tag{4.21}$$

これは DFT の実部であるから，ついでに虚部も書いておこう。虚部は式(4.22) で表される。

$$X_s(k) = -\sum_{n=0}^{2N-1} x(n) \sin\left(2\pi \frac{nk}{2N}\right) \tag{4.22}$$

計算結果は，実部，虚部がそれぞれ（r），（i）のようになる。それを使っ

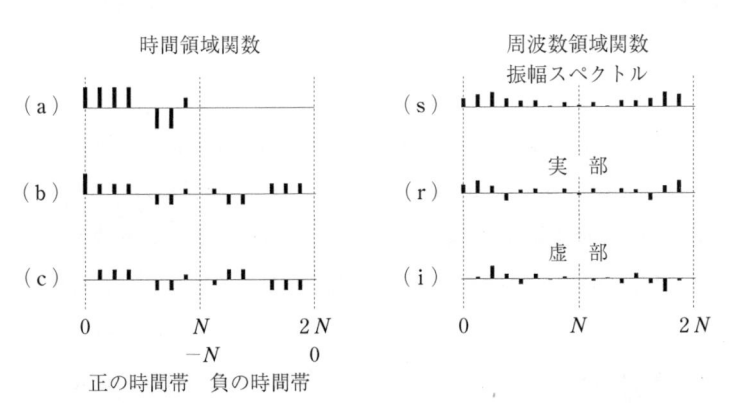

(a)は $n=0 \sim N-1$ の離散波形，(r)は(a)の $2N$ 点 DFT の実部，(i)は(a)の $2N$ 点 DFT の虚部，(b)と(c)はそれぞれ(r)と(i)の逆変換波形

図 4.14 N 点数列波形に N 点の 0 数列を継ぎ足しての $2N$ 点 DFT

てスペクトルの各周波数成分の絶対値（振幅スペクトル）を計算すると（s）の振幅スペクトルになる。これは図4.13の振幅スペクトルと異なるが，それは波形（a）が違うのだから当然である。

ここでは実部だけを扱いたいのだから，実部は（r）と同じ，虚部は0としたスペクトルの$2N$点IDFTをしてみよう。IDFTとはいっても，このスペクトルは偶関数であり虚部を0にしたので，コサイン関数しか使わない式(4.23)の計算になる。

$$x_c(k) = \frac{1}{N} \sum_{k=0}^{2N-1} X_c(k) \cos\left(2\pi \frac{nk}{N}\right) \tag{4.23}$$

式(4.23)はNで割っているほかは式(4.21)と同じ演算である。

計算結果は図4.14（b）のようになる。

この系列の長さは$2N$になり，負の時間区間に値が入っているが，それを捨てることにして正の時間区間だけに注目しよう。すると，$n=0$では（a）の値と同じになり，そのほかのnでは（a）の値の1/2になっている。そこで，式(4.23)の結果から$n \geq N$の範囲を捨て，$n=0$だけはそのままにしておき，$0<n<N$の範囲を2倍にする，あるいはそのままX_nにX_{N-n}を加えればもとの波形に戻ることになるが，そんな場当たり的な処理では満足できない。

（c）のサイン変換の結果を加えればもとの波形に戻るのであるが，それではDFTに舞い戻ってしまう。

コサイン関数だけによる変換・逆変換では，負の時間帯にも数値がある対称数列ならばもとの数列に戻る（図4.13）が，負の時間帯の数値が0の数列では図4.14（b）の時間関数のように$n=0$の外は1/2倍という数列になってしまう。これは，DFTにおける時間領域関数がスペクトル実部のIDFTと虚部のIDFTの和であることと，$n=0$ではスペクトル実部の逆変換だけが値をもち虚部の逆変換は0になることがその理由であると考えれば，納得できることである。

さて，図4.14（a），（b）をみると，時間領域（a）では$n=0 \sim N-1$しかない数列であっても，コサイン関数だけで変換した周波数領域の（r）では対

称な $2N$ 点の数列になっている。その周波数領域数列からコサイン関数だけによる逆変換を行うと対称な時間領域数列がつくられる。上にも書いたように，$n=0$ 以外の値を 2 倍するだけでもとの数列と同じになる。

　この場合は周波数領域数列を $2N$ 点使っているが，それが時間領域の N 点関数のコサイン変換であることから，周波数領域数列も N 点にして逆変換することにより（b）と同じか，少し変えるだけで相似になる時間領域数列が得られてもよいのではなかろうかという考えがわいてくる。そうなれば，N 点だけでの変換対ができることになる。この考えで式 (4.24)，(4.25) のような変換対を仮定して，それが成り立つように係数を決めることにしよう。

$$X(k) = AC_k \sum_{n=0}^{N} D_n x(n) \cos\left(\pi \frac{kn}{N}\right) \tag{4.24}$$

$$x(n) = BD_n \sum_{k=0}^{N} C_k X(k) \cos\left(\pi \frac{kn}{N}\right) \tag{4.25}$$

ここで，A，B は定数，C_k，D_n は k，n の値によって決まる数とする。

　ここで積和の上限を N にしてあるのは，正の $n=0$ に対応する $n=N$ の項を使うことができるようにするためである。

　式 (4.24)，(4.25) が変換対になるためには，式 (4.24) の $X(k)$ を式 (4.25) に代入した結果が $x(n)$ になり，逆に式 (4.25) の $x(n)$ を式 (4.24) に代入すると $X(k)$ にならなければならない。

　そこで，式 (4.24) の $X(k)$ を式 (4.25) に代入してみよう。

$$x'(n) = BD_n \sum_{k=0}^{N} C_k AC_k \sum_{m=0}^{N} D_m x(m) \cos\left(\pi \frac{km}{N}\right) \cos\left(\pi \frac{kn}{N}\right)$$

和の順序を変えて整理すると

$$x'(n) = \frac{AB}{2} D_n \sum_{m=0}^{N} D_m x(m) \sum_{k=0}^{N} C_k^2 \left[\cos\left\{\pi \frac{k(m+n)}{N}\right\}\right.$$
$$\left. + \cos\left\{\pi \frac{k(m-n)}{N}\right\}\right] \tag{4.26}$$

となる。式 (4.26) の k についての $\sum$ は，図 4.2 を参照すれば，$C_k^2=1$ ならば $m \neq n$ のとき $k=0 \sim N-1$ の和が 0 になる。それに $k=N$ のときの値が加わっても 0 になるようにするためには，C_0^2 と C_N^2 だけを $1/2$ にすればよい。

そうすることにより，$m \neq n$ のときは無視して $m=n$ のときだけを考えればよいことになる．

$m=n$ でも［　］内の第1項の和は上と同じで0になり，［　］内の第2項はつねに1であるから $0<k<N$ の範囲では和が $N-1$ になるが，$k=0$ と $k=N$ では第1項，第2項ともに1でその和2に $C_0{}^2 = C_N{}^2 = 1/2$ を掛けた1が加わって，総和は N になる．ここまででは無視してきた $n=0$ と $n=N$ のときには，$m \neq n$ ならば0，$m=n$ ならば $N(1+1)=2N$ になる．

$m=n$ のとき以外は0になるので最初の $\sum$ は必要がなく，$n=0$ と $n=N$ のときのほかは，式（4.26）は式（4.27）のようになる．

$$x'(n) = \frac{AB}{2} D_n{}^2 N x(n) \tag{4.27}$$

$n=0$ と $n=N$ のときは

$$x'(n) = \frac{AB}{2} D_n{}^2 (2N) x(n) \tag{4.28}$$

となる．ここでも $D_0{}^2 = D_N{}^2 = 1/2$，そのほかでは $D_n{}^2 = 1$ とすれば式（4.27）だけで済むことになる．

$x'(n)$ が $x(n)$ そのものになるためには，さらに

$$\frac{ABN}{2} = 1$$

であればよい．DFTでは正変換の式と逆変換の式の対称性を崩して $1/N$ を逆変換側に付けてあるが，ここでは対称性をよくすることにして $A=B$ としよう．そうすると

$$A = B = \sqrt{\frac{2}{N}}$$

となって，DFTよりも対称性がよく，しかもコサイン関数だけで正変換，逆変換ができる変換対の式が得られる．

$$X(k) = \sqrt{\frac{2}{N}} C_k \sum_{n=0}^{N} C_n x(n) \cos\left(\pi \frac{kn}{N}\right) \tag{4.29}$$

$$x(n) = \sqrt{\frac{2}{N}} C_n \sum_{k=0}^{N} C_k X(k) \cos\left(\pi \frac{kn}{N}\right) \tag{4.30}$$

4.6 離散コサイン変換の拡張   115

ここで

$$C_k = \begin{cases} 1 & (k=1, 2, \cdots, N-1) \\ \dfrac{1}{\sqrt{2}} & (k=0, N) \end{cases} \quad (4.31)$$

これは正しくコサイン変換対であって，DCT-I と定義されている。

　具体的な数値をこれらの式に入れて正変換・逆変換の計算をしてみよう。その一例が，$N=16$ として時間領域関数と周波数領域関数の対応を示す**図 4.15**である。この図では（a）の時間領域関数の DCT がその右側であり，同じ周波数領域関数が（b）の右側にも描いてある。その逆変換（IDCT）が（b）の左側の時間領域関数である。もちろん，時間領域の（a）と（b）は完全に一致する。

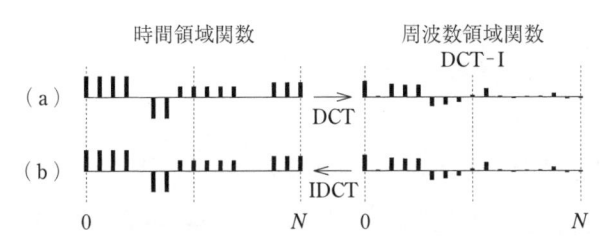

（a）は入力数列とその DCT（周波数領域関数），（b）は
周波数領域関数の IDCT

図 4.15　DCT-I による正変換・逆変換の例

4.6　離散コサイン変換の拡張

　DCT-I では対称性をよくするためにデータの並びを**図 4.16**（a）のように n の正負両側に対称に並べ，その $n=0 \sim N$ のデータを DCT したとみることができる。そうしたために $n=0$ と $n=N$ でデータが重なって 2 倍になる。それを C_n により補正しているのである。

　別の見方をすれば，式（4.29），（4.30）のように 1 円周を $2N$ 等分した角度の kn 倍のコサインを使っているので，$n=0$ と $n=N$ でコサイン項が 1 にな

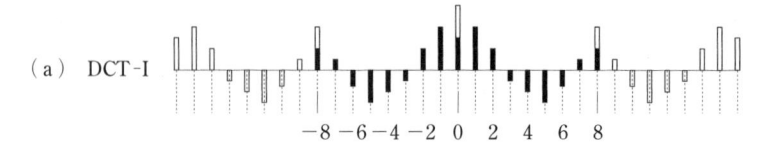

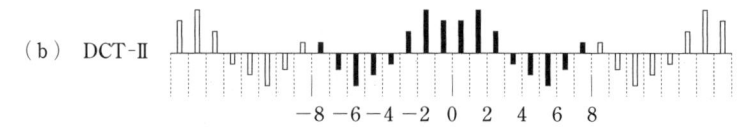

116   4. 離散フーリエ変換（DFT）

（a） DCT-I

−8 −6 −4 −2 0 2 4 6 8

（b） DCT-II

−8 −6 −4 −2 0 2 4 6 8

（a）$n=0$ を中心とする偶関数化，（b）各データを 1/2 外にずらしての偶数化
中抜きの柱は周波数領域関数が周期関数であること表す

図 4.16　数列の偶関数化の 2 方法

り，C_n による補正をしなければ変換対が成り立たないともいえる。これで解決されたと考えることもできるが，よい対称性をもたせるためであるとしても，半円周を N 等分するという角度の分け方をしたときにデータ数が $N+1$ になるのは不自然である。

完全な対称性を保ったままこの問題を解決する方法として，図 4.16（b）のようなデータの並べ方をすることが考えられる。データ番号を $0 \sim N-1$ として，すべてのデータの位置を離散時間の 1/2 だけ外側にずらすのである。こうするとデータ数は n が正の範囲に N，負の範囲に N で合わせて $2N$ になるので，$2N$ 点 DFT との相性がよさそうである。

$x(n)$ を時間領域で 0.5 サンプル分ずらしたことと，図 4.16（b）からわかるように時間領域でのデータの重なりが生じないことから係数 D_n を使う必要はなくなって，式（4.24）は式（4.32）のように書き換えられる。

$$X(k)=AC_k\sum_{n=0}^{N-1}x(n)\cos\left\{\pi\frac{k(n+0.5)}{N}\right\} \tag{4.32}$$

式（4.24），（4.25）を参考にすれば，この逆変換は式（4.33）ようにならなければならない。

$$x(n)=B\sum_{k=0}^{N-1}C_kX(k)\cos\left\{\pi\frac{k(n+0.5)}{N}\right\} \tag{4.33}$$

この2式が変換対になるように，係数 A, B, C_k を決めよう。

そのために式 (4.32) の $X(k)$ を式 (4.33) に代入する。

$$x'(n) = AB \sum_{k=0}^{N-1} C_k^2 \sum_{m=0}^{N-1} x(m) \cos\left\{\pi \frac{k(m+0.5)}{N}\right\} \cos\left\{\pi \frac{k(n+0.5)}{N}\right\}$$

$$= \frac{AB}{2} \sum_{m=0}^{N-1} x(m) \sum_{k=0}^{N-1} C_k^2 \left[\cos\left\{\pi \frac{k(m+n+1)}{N}\right\} + \cos\left\{\pi \frac{k(m-n)}{N}\right\}\right]$$

最後の [ ] の中に注目すると，$m=n$ のときは2番目のコサイン項が1になり，$k=0$ ならばどんなときにもすべてのコサイン項が1になる。したがって，$C_0^2=1/2$, $k>0$ で $C_k^2=1$ とすれば，k についての $\sum$ は $m=n$ のとき N になる。$m=n$ のとき以外は k についての $\sum$ が0になるのは前と同じである。したがって

$$\frac{ABN}{2} = 1 \quad \text{すなわち} \quad A = B = \sqrt{\frac{2}{N}}$$

ならば，式 (4.32)，(4.33) が変換対として成立する。書き直すと

$$X(k) = \sqrt{\frac{2}{N}} C_k \sum_{n=0}^{N-1} x(n) \cos\left\{\pi \frac{k(n+0.5)}{N}\right\} \tag{4.34}$$

$$x(n) = \sqrt{\frac{2}{N}} \sum_{k=0}^{N-1} C_k X(k) \cos\left\{\pi \frac{k(n+0.5)}{N}\right\} \tag{4.35}$$

となる。ここで

$$C_0 = \sqrt{\frac{1}{2}}, \quad C_k = 1 \quad (k>0)$$

これで，DCT-II と定義されている離散コサイン変換の正変換と逆変換の対が導かれた。

DCT-II は時間領域で数値の位置を0.5サンプル時間ずらして導いたが，これらの式の対称性から考えられるように k と n とを取り替えてもこの変換対は成立する。それは周波数領域でスペクトルを周波数刻みの0.5倍ずらしたものであり，式 (4.36)，(4.37) のようになる。

$$X(k) = \sqrt{\frac{2}{N}} \sum_{n=0}^{N-1} C_n x(n) \cos\left\{\pi \frac{(k+0.5)n}{N}\right\} \qquad (4.36)$$

$$x(n) = \sqrt{\frac{2}{N}} C_n \sum_{k=0}^{N-1} X(k) \cos\left\{\pi \frac{(k+0.5)n}{N}\right\} \qquad (4.37)$$

ここで

$$C_0 = \sqrt{\frac{1}{2}}, \quad C_n = 1 \quad (n > 0)$$

これが，DCT-III と定義されている離散コサイン変換対の式である。

さらに，時間領域と周波数領域を両方とも 0.5 サンプルずらしても変換対が成立する。それが式 (4.38)，(4.39) の DCT-IV と定義されている変換対である。

$$X(k) = \sqrt{\frac{2}{N}} \sum_{n=0}^{N-1} x(n) \cos\left\{\pi \frac{(k+0.5)(n+0.5)}{N}\right\} \qquad (4.38)$$

$$x(n) = \sqrt{\frac{2}{N}} \sum_{k=0}^{N-1} X(k) \cos\left\{\pi \frac{(k+0.5)(n+0.5)}{N}\right\} \qquad (4.39)$$

DCT-IV は，特別な定数の必要がない。

以上で，DCT-I，DCT-II，DCT-III，DCT-IV の 4 種の DCT の正変換および逆変換として定義されている式を導いた。DCT-III および DCT-IV については誘導の過程を示してないが，これは前の例を見れば容易にできるはずであるから，演習問題として読者に任せることにしよう。

図 4.17 に 2 種類の数値波形の 4 種の DCT を示す。(A) はサイン 1 周期で正負の変化をする波形，(B) は一定値，すなわち直流である。(B) の時間領域関数が $n=N$ まで描いてあるのは DCT-I に対応させるためであり，DCT-II 以降では $n=N-1$ までしか必要ない。DCT スペクトルともいうべき DCT の結果から，式 (4.30)，(4.35)，(4.37)〜(4.39) に示した逆変換の式によってもとの波形が正確に再現できるのは，いうまでもないことである。

図をみると，同じ波形でも DCT の種類によって非常に異なるスペクトルになる。すべての値が一定の (B) の波形の DFT は直流成分のみになるのに，DCT-II のほかはそうならない。(A) のサイン波 1 波のスペクトルは DFT と

演 習 問 題 *119*

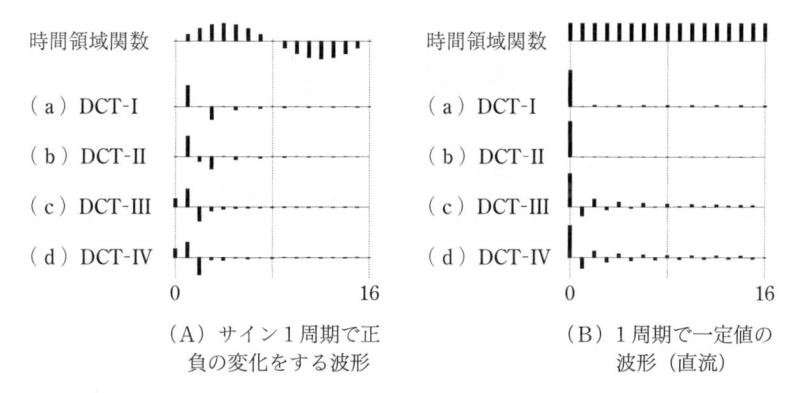

```
時間領域関数   .ılll..      .ıllııllı.         時間領域関数   llllllllllllllll
(a) DCT-I                             (a) DCT-I
(b) DCT-II                            (b) DCT-II
(c) DCT-III                           (c) DCT-III
(d) DCT-IV                            (d) DCT-IV
           0              16                      0              16
    (A) サイン1周期で正                        (B) 1周期で一定値の
       負の変化をする波形                             波形(直流)
```

図 4.17 2種類の数値波形とそれぞれの DCT-I, DCT-II, DCT-III, DCT-IV の比較

まったく異なる。また，サイン波1波の（A）でも，直流波形の（B）と同様，多くの高周波成分が存在し，DFT と比べて非常に複雑な周波数領域関数になっている。DCT-II ですらも，1周波数のサイン波を表すのにいくつもの周波数成分が必要である。

　DCT は実数演算だけで変換・逆変換ができることが，重要な特徴である。ところが，DFT が波形を構成する周波数成分を表すのに対して，DCT で得られるスペクトルには，そのような意味づけをすることができない。ただ単に，数列を別次元に変換し，その逆変換によってもとの数列を再現するというだけのことである。しかし，その操作は実数演算だけで行われ，変換・逆変換に要する演算量と，記録・伝送に要する情報量とを DFT によるよりも少なくできることが多いので，波形や画像などの情報圧縮に広く使われている。

　図 4.17 のプログラムは，複雑な波形の一部を切り出すことを想定した8種類の波形サンプル列（16点）の DCT を求め，その低次の範囲の IDCT がどうなるかを検討できるようにしてある。それを調べると，多くの場合 DCT-II が最もすぐれているように見えるが，進んだ検討は（II）上級編の 13 章で2次元図形の DCT について行うことにする。

演 習 問 題

1. N 個の数列の DFT は何個の数列になるか。
2. N 個の実数列 x_n の DFT が $X_n = R_n + jI_n$ のとき，虚数列 jx_n の DFT はどうなるか。
3. N 個の数列の DFT において，数列が実数列のときと虚数列のときで，DFT の性質にどんな違いがあるか。
4. N 個の数列の DFT が，実部も虚部も奇関数でも偶関数でもないならば，それは，もとの N 個の数列がどんな数列であることを示しているか。
5. 複素数の数列の DFT から，複素数列の実部だけの DFT を求めることができるか。できるならば，どのようにして求めるか。
6. 時間領域の数列がサンプリング定理を満たしていることは，DFT 対の成立に必要か。
7. 実数の数列 x_n の N 点 DFT が X_k であるとき，$k=0 \sim N/2-1$ の X_k から，もとの数列 x_n を計算することができるか。できるならその方法を述べよ。
8. 問題 7. で x_n が複素数ならばどうなるか。
9. 周波数成分が $1.2F_x$〔Hz〕まである波形を $2F_x$〔Hz〕のサンプリング周波数でサンプルした数列の DFT から正しいスペクトルを求めることができるか。
10. 問題 9. のスペクトルのうち，何 Hz 以下ならば正しいスペクトルとすることができるか。
11. 図 4.10 のスペクトルで，（A）よりも（B）のほうが高周波成分が大きい理由を述べよ。
12. 式 (4.9), (4.10) を使って，離散数列に対するパーセバルの公式を導け。
13. DCT-Ⅲ の定義式 (4.36), (4.37) を導き出せ。
14. DCT-Ⅳ の定義式 (4.38), (4.39) を導き出せ。
15. 図 4.17 によると，直流成分しかない（b）の波形の DCT スペクトルが，DCT-Ⅱ では直流成分だけなのに，DCT-Ⅲ と DCT-Ⅳ ではそのほかの周波数成分が大きい。その理由を考えよ。

5 高速フーリエ変換 (FFT)

4章で導入したDFTは，フーリエ変換を数値計算で行うための有用な公式である。ところが，実際にそれを実行しようとすると膨大な計算量が必要になる。それは，N点のデータのDFTやIDFTを公式のとおりに計算すれば，それぞれにおいてN^2回の積和の演算が必要なためである。したがって，コンピュータの出現以前にはNが数十を超えるフーリエ解析はほとんど不可能であった。コンピュータがかなり高速化した1965年でも，Nが1 000を超えるような計算は容易なことではなかった。そのとき，CooleyとTukeyにより**高速フーリエ変換**（fast Fourier transform，**FFT**）[3],[4]の算法が発表された。これはフーリエ変換の演算時間を数百分の一に短縮する画期的なものであり，それによりフーリエ解析の工学的応用が爆発的に広がった。

高速フーリエ変換のアルゴリズムは，Nがいくつかの整数の積のとき，演算を小数個のデータごとに逐次行うことによって冗長な積と和の演算を省き，少ない演算回数で結果を得るものである。本章では，最初にデータを時間領域で飛び飛びにとって分割する時間領域分割FFTの原理を述べ，つぎに，飛び飛びのスペクトルを得るための処理として導かれる周波数領域分割FFTの原理を述べる。その後で，それらの原理に沿った具体的な演算方法を示す。

5.1 時間領域分割FFT

本節では，DFTの対象になる数列の数が$N=LM$というように整数の積になっているとき，数列からM番目ごとにとったL点のDFTをM回行い，

その結果から N 点 DFT を得ることより，4 章の公式（4.19）のとおりに演算するよりも積和の演算回数を少なくする方法を考える。

この方法は，データを時間領域で一定数 M ごとにとって M 組の L 点 DFT に分割することから始めるという意味で，時間領域分割法である。

高速フーリエ変換の原理の説明に入る前に，複素指数関数を式（5.1）のように表すことにする。これは後の説明を簡明にするためである。

$$W_N = \exp\left(-j2\pi \frac{1}{N}\right) \tag{5.1}$$

W_N は複素平面の原点を中心とする単位円の全周を**図 5.1** のように N 等分した点のうち，実軸から負の方向（時計方向）に回る最初の点を表し，W_N^p はその p 番目の点を表す。そのためこれを**回転因子**という。したがって W_N^p は $p=0$ のときは単位円と横軸（実軸）正方向との交点であり，$p=1$，$p=2$ と p の値が 1 ずつ増加するにつれて全円周 2π の $1/N$ ずつ時計方向に単位円周上を移動していく。

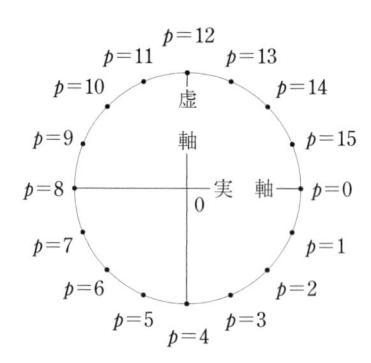

図 5.1 $N=16$ のときの回転因子

回転因子 W_N^p を使って 4 章の式（4.19）と式（4.20）の DFT と IDFT の式を書き直すと式（5.2），（5.3）のようになる。

$$X(k) = \sum_{n=0}^{N-1} x(n) \exp\left(-j2\pi \frac{nk}{N}\right) = \sum_{n=0}^{N-1} x(n) W_N^{nk} \tag{5.2}$$

$$x(n) = \frac{1}{N}\sum_{k=0}^{N-1} X(k) \exp\left(j2\pi \frac{nk}{N}\right) = \frac{1}{N}\sum_{k=0}^{N-1} X(k) W_N^{-nk} \tag{5.3}$$

式（5.2）から，$X(k)$ の一つの値を求めるために $x(n)$ と W_N^{nk} との積およ

び和の演算が N 回および $N-1$ 回必要なことがわかる．同じ演算をすべての $X(k)$, $k=0, 1, \cdots, N-1$ について行うためには，1 を掛けることを含めて N^2 回の乗算とほぼ同じ回数の加算が必要である．N がいくつかの整数の積になっているときこの回数を減らす方法を次に考える．なお，ここでの積と和は複素数の積と和なので複素積，複素和と書くべきであるが，記述を簡単にするため，積，和と書いて進んでいく．

データ数 N が L, M を整数として

$$N = LM \tag{5.4}$$

のときは，式 (5.2) の DFT は，次のように数列から M 個おきの数値をとった M 組の積和に分割することができる．

$$\begin{aligned} X(k) &= \sum_{r=0}^{L-1} x(rM) W_N^{rMk} + \sum_{r=0}^{L-1} x(rM+1) W_N^{(rM+1)k} + \cdots \\ &\quad + \sum_{r=0}^{L-1} x(rM+M-1) W_N^{(rM+M-1)k} \\ &= \sum_{r=0}^{L-1} x(rM) W_L^{rk} + \sum_{r=0}^{L-1} x(rM+1) W_L^{rk} W_N^{k} + \cdots \\ &\quad + \sum_{r=0}^{L-1} x(rM+M-1) W_L^{rk} W_N^{(M-1)k} \end{aligned}$$

上式の $\sum_{r=0}^{L-1} x(rM+\mu) W_L^{rk}$ ($\mu=0, 1, \cdots, M-1$) のそれぞれは L 個の積和であるが，回転因子 W_L^{rk} は rk の増加に対して L を周期として同じ値をとる周期関数なので W_L^{rk} の値は L 種しかなく，$\sum_{r=0}^{L-1} x(rM+\mu) W_L^{rk}$ は L 点 DFT である．したがって，上式の続きは式 (5.5) のように書くことができる．

$$\begin{aligned} X(k) &= \mathrm{DFT}_L\{x(rM)\} + \mathrm{DFT}_L\{x(rM+1)\} W_N^k + \cdots \\ &\quad + \mathrm{DFT}_L\{x(rM+M-1)\} W_N^{(M-1)k} \end{aligned} \tag{5.5}$$

ここで，$\mathrm{DFT}_L\{x(n)\}$ は L 個の $x(n)$ の DFT $\{L$ 点 DFT$\}$ を表す．

この分解によって，N 個の数列の DFT (N 点 DFT) は，L 点 DFT に $W_N^{\mu k}$ ($\mu=0, 1, 2, \cdots, M-1$) を掛けたもの M 個の和になる．**図 5.2** の信号流れ図はこの手順を示すものである．図中の小さい矢印は $W_N^{\mu k}$ を掛けることを示

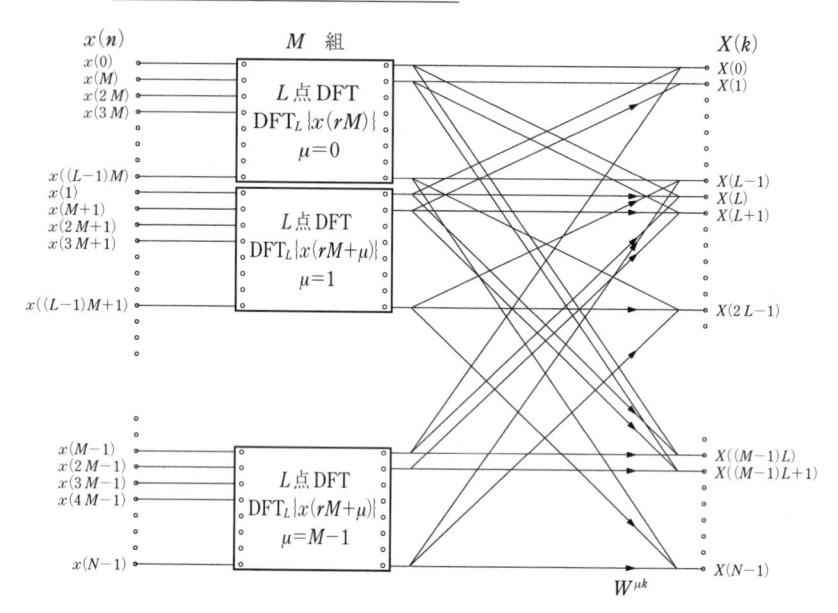

図5.2 N点DFTをM個のL点DFTに分解したときの信号流れ図

すが,煩雑になるので,一つ一つの矢印に$W_N^{\mu k}$のμとkの値を書くことは省略してあるが,μは矢印付きの線が出発するM組の四角内に書いてあり,kは矢印の終点になっている右端の$X(k)$によって与えてある。

図5.2では,時間領域関数$x(n)$の側はMごとの飛び飛びにデータをとっているが,周波数領域側の$X(k)$の並びは$k=0$から順に$k=N-1$までkの増加の順が保たれている。この方法を,原論文では **decimation in time** と書いているが,それよりは**時間領域分割 FFT** のほうが素直な表現である。このほか**時間分割 FFT** あるいは**時間間引き FFT** という言葉も使われている。

ここで,乗算の回数を考えよう。

式 (5.5) のように分解すると,L点DFTと$W_N^{\mu k}$との乗算は一つのkについてM回ある。kは$0 \sim N-1$のN個で,図5.2の右端の端子数に等しいから,この乗算の回数は全部でMN回になる。L点DFTを計算するためにはそれぞれL^2回の乗算が必要であり,L点DFTの総数はM個であるから,全部のL点DFTのためにはL^2M回の乗算が必要になる。したがって,乗算

の総回数は $MN+ML^2=(M+L)N$ となる。

$N=LM$ ならば，L と M のどちらかが1の場合と両方が2の場合を除き，$M+L<N$ であるから，上述のように分解することによって，N 点 DFT に必要な乗算の回数は N^2 回から $(M+L)N$ 回に減らされる。

L か M が整数の積であれば，同様の分解をすることによって乗算の回数をさらに減らすことができる。例えば，$L=PQ$ であれば L 点 DFT に必要な乗算の回数は L^2 回から $(P+Q)L$ 回に減る。これにより全部の乗算の回数 $MN+ML^2$ が $MN+M(P+Q)L$ になるので，結局は $(M+P+Q)N$ に減る。同じようにして

$$N=P_1 \cdot P_2 \cdot P_3 \cdot \cdots \cdot P_J \tag{5.6}$$

ならば，乗算の回数は N^2 回から

$$N(P_1+P_2+P_3+\cdots+P_J) \tag{5.7}$$

に減る。特別な場合として，r と m が整数で

$$N=r^m \tag{5.8}$$

ならば，乗算の回数は

$$mrN=rN\log_r N \tag{5.9}$$

となる。このなかには $W_N^0=1$ を掛けるような実際には計算の必要がない乗算の回数も含まれている。

以上の方法による演算回数の減少は，加算にもほぼそのまま当てはまる。

後の2のべき乗点 FFT の節で述べるように，$r=2$ のときには式 (5.9) の回数をさらに 1/4 にすることができる。ここで具体的な数値を入れてみよう。$r=2$，$m=10$ とすると $N=1\,024$ になるので積の回数 N^2 は約 105 万になるが，式 (5.9) の回数 mrN は 20 480 にすぎない。ほぼ 1/50 である。N が大きいほどこの効果は大きい。演算時間が計算方法だけでこれほどに短縮される例はほかにあまり見られない。

式 (5.2)，(5.3) から明らかなように，回転因子 $W_N^{\mu k}$ をその共役複素数 $W_N^{-\mu k}$ に置き換えれば，上述の FFT の算法そのままで IDFT の計算を行うことができる。IDFT では最後に N で割らなければならないという違いだけで

ある。これから後では，FFT の算法による IDFT の計算を IFFT ということにする。

5.2 周波数領域分割 FFT

$N=LM$ のときは，周波数領域で L 個ごとに $X(k)$ をとって L 組の DFT に分割する方法でも積和の演算回数を減らすことができる。その方法で導かれる算法が周波数領域分割法である。

この場合も式 (5.2) を分割することから始める。$k=0 \sim N-1$ の $X(k)$ を，$k=0$, $k=L$, $k=2L$, …，また，$k=1$, $k=L+1$, $k=2L+1$, …，さらに $k=2$, $k=L+2$, $k=2L+2$, …というように L 番目ごとにとると L 組の $X(k)$ の群ができる。

図 5.3 には，この L 組の群ごとに $X(k)$ を並べてある。L 組の k の値を式で書くと，$r=0, 1, 2, …, M-1$ として

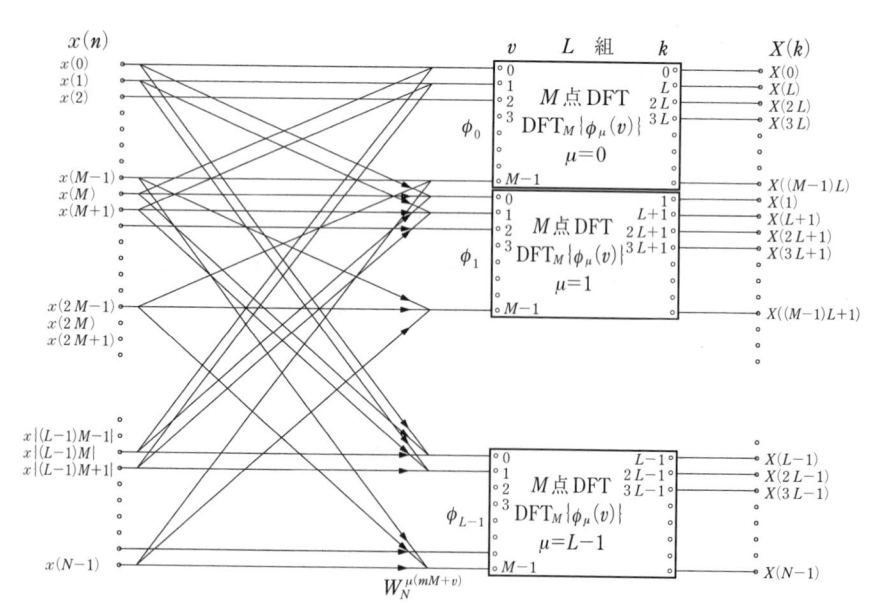

図 5.3　N 点 DFT 演算の周波数領域分割法における信号の流れ

5.2 周波数領域分割FFT

$$k = rL,\ rL+1,\ rL+2,\ \cdots,\ rL+L-1$$

となり，式 (5.2) は式 (5.10) のような群に分割される．

$$\left.\begin{array}{l} X(rL) = \sum_{n=0}^{N-1} x(n)\, W_N^{rLn} \\[4pt] X(rL+1) = \sum_{n=0}^{N-1} x(n)\, W_N^{(rL+1)n} \\[2pt] \quad\vdots \\[2pt] X(rL+L-1) = \sum_{n=0}^{N-1} x(n)\, W_N^{(rL+L-1)n} \end{array}\right\} \quad (5.10)$$

第1式の右辺の積和を $n=0$ から順に M 個ずつの積和に分けると，次のように変形できる．

$$X(rL) = \sum_{n=0}^{M-1} x(n)\, W_N^{rLn} + \sum_{n=M}^{2M-1} x(n)\, W_N^{rLn} + \cdots + \sum_{n=(L-1)M}^{LM-1} x(n)\, W_N^{rLn}$$

$$= \sum_{v=0}^{M-1} x(v)\, W_N^{rLv} + W_N^{rLM} \sum_{v=0}^{M-1} x(M+v)\, W_N^{rLv} + \cdots$$

$$+ W_N^{rL(L-1)M} \sum_{v=0}^{M-1} x\{(L-1)M+v\}\, W_N^{rLv}$$

ここで，$N=LM$，$W_N^{rLM} = W_N^{rN} = 1$，$W_N^{rLv} = W_M^{rv}$，さらに r が整数であることから

$$X(rL) = \sum_{v=0}^{M-1} x(v)\, W_M^{rv} + \sum_{v=0}^{M-1} x(M+v)\, W_M^{rv} + \cdots$$

$$+ \sum_{v=0}^{M-1} x\{(L-1)M+v\}\, W_M^{rv}$$

$$= \sum_{v=0}^{M-1} [x(v) + x(M+v) + \cdots + x\{(L-1)M+v\}]\, W_M^{rv}$$

$$(5.11)$$

となる．これは，M 個ごとにとった L 個の $x(n)$ の和からなる M 個の数値の列の M 点DFTである．

第2式以下の $X(rL+\mu)$ ($\mu=1,\ 2,\ \cdots,\ L-1$) についても同様であるが，このときには式 (5.12) で示すように，M 個ごとにとった $x(n)$ にそれぞれ回転因子を掛けて加え合わせたものの M 点DFTになる．

$$X(rL+\mu) = \sum_{n=0}^{M-1} x(n) W_N^{(rL+\mu)n} + \sum_{n=M}^{2M-1} x(n) W_N^{(rL+\mu)n} + \cdots$$

$$+ \sum_{n=(L-1)M}^{LM-1} x(n) W_N^{(rL+\mu)n}$$

$$= \sum_{v=0}^{M-1} x(v) W_N^{(rL+\mu)v} + W_N^{(rL+\mu)M} \sum_{v=0}^{M-1} x(M+v) W_N^{(rL+\mu)v} + \cdots$$

$$+ W_N^{(rL+\mu)(L-1)M} \sum_{v=0}^{M-1} x\{(L-1)M+v\} W_N^{(rL+\mu)v}$$

$$= \sum_{v=0}^{M-1} x(v) W_N^{(rL+\mu)v} + W_N^{\mu M} \sum_{v=0}^{M-1} x(M+v) W_N^{(rL+\mu)v} + \cdots$$

$$+ W_N^{\mu(L-1)M} \sum_{v=0}^{M-1} x\{(L-1)M+v\} W_N^{(rL+\mu)v}$$

$$= \sum_{v=0}^{M-1} [x(v) W_N^{\mu v} + x(M+v) W_N^{\mu(M+v)} + \cdots$$

$$+ x\{(L-1)M+v\} W_N^{\mu\{(L-1)M+v\}}] W_M^{rv} \tag{5.12}$$

ここで，式 (5.12) の一部を

$$\phi_\mu(v) = [x(v) W_N^{\mu v} + x(M+v) W_N^{\mu(M+v)} + \cdots$$

$$+ x\{(L-1)M+v\} W_N^{\mu\{(L-1)M+v\}}]$$

$$= \sum_{m=0}^{L-1} x(mM+v) W_N^{\mu(mM+v)} \tag{5.13}$$

と書く．$\phi_\mu(v)$ は $\mu=0\sim L-1$ の L 種類存在する．ここで振り返ると，式 (5.11) は $\mu=0$，式 (5.12) は $\mu\geqq1$ のときの $\phi_\mu(v)$ の M 点DFTであることがわかる．これらをまとめると

$$X(rL+\mu) = \sum_{v=0}^{M-1} \phi_\mu(v) W_M^{rv} \tag{5.14}$$

のようになる．図5.3の L 個の箱のなかで行われる演算がこの式 (5.14) の演算であり，上から順に $\mu=0\sim L-1$ になっている．$X(rL+\mu)$ は μ について L 種類あって，r は $0\sim M-1$ の値をとるから，これで $LM=N$ 個のスペクトル成分すべてが表されることになる．

ここでまた，乗算の回数を考えよう．

r が $0\sim M-1$ の M 種の値をとる1組の $X(rL+\mu)$ の計算が $\phi_\mu(v)$ の M 点DFTで行われることが，式 (5.14) によってわかる．これだけならば積和

の回数は M^2 回である。$X(rL+\mu)$ は $\mu=0 \sim L-1$ の L 組あるから，式 (5.14) による演算の回数は L になり，積和の回数は $LM^2=NM$ になる。

式 (5.14) の演算には $\phi_\mu(v)$ が必要であるが，この $\mu=0 \sim L-1$ の L 組は式 (5.13) で計算される。式 (5.13) をみると，一つの v についての積和の回数は L 回で，それを $v=0 \sim M-1$ の M 種について行うので LM 回，結局，積和の総演算回数は $L^2M=LN$ 回になる。

全体としては，まず式 (5.13) で LN 回の積和により $\phi_\mu(v)$ を計算し，次にそれを使って式 (5.14) で MN 回の積和によりすべての $X(k)$ を計算する。これにより，積和の総回数 $N(L+M)$ で DFT の計算が完了する。この回数は 5.1 節の時間領域分割法の場合と同じである。

M が二つの整数の積であれば，この先，M 点 DFT をさらに分割して演算回数を少なくできることは，もはや，くどくどと述べる必要はないであろう。

このように周波数領域で $X(k)$ を L 個ごとにとって L 組の M 点 DFT に分割したときの信号流れ図が図 5.3 である。この図では，L 組ある M 点 DFT それぞれの上から順のデータ番号が最初のスペクトルの順番と変わっている。これは周波数領域で分割した結果である。この方法を原論文では **decimation in frequency** としている。日本語では前と同様の理由で，**周波数領域分割 FFT**，**周波数分割 FFT** または**周波数間引き FFT** という。

5.3　時間領域分割 2^m 点 FFT

5.2 節までには演算回数が少なくなることの理由を述べただけで，それだけではプログラムを書くには少々不親切である。そこでこの後，データ数 N が 2 のべき乗という場合について，プログラミングにつながる説明をしよう。

データ点数が $N=r^m$ のときには N^2 回の積和の回数を $mrN=rN\log_r N$ 回にできることを，5.2 節までに示した。ここでその具体的な方法を考えようというのであるが，なかでも $r=2$ のときがわかりやすく，ほかよりも簡潔なプログラムを書くことができる。ほかの数の FFT のほうが多少早く計算でき

る場合もないではないが[5]，あえてそうしなければならないほどの違いではないので，2のべき乗以外の数のFFTが使われることは少ない。

そこで

$$N = 2^m \tag{5.15}$$

として出発する。

$N=2^m$ のときには，式 (5.5) の分解は $L=N/2$, $M=2$ とすることによって

$$\begin{aligned}
X(k) &= \mathrm{DFT}_{\frac{N}{2}}\{x(2r)\} + \mathrm{DFT}_{\frac{N}{2}}\{x(2r+1)\} W_N^k \\
&= \sum_{r=0}^{\frac{N}{2}-1} x(2r) W_{\frac{N}{2}}^{2rk} + W_N^k \sum_{r=0}^{\frac{N}{2}-1} x(2r+1) W_{\frac{N}{2}}^{(2r+1)k} \\
&= B_p + C_p W_N^k \quad \left[p = k \bmod \left(\frac{N}{2}\right) \right]
\end{aligned} \tag{5.16}$$

となる。ここで

$$B_p = \sum_{r=0}^{\frac{N}{2}-1} x(2r) W_{\frac{N}{2}}^{2rp},$$

$$C_p = \sum_{r=0}^{\frac{N}{2}-1} x(2r+1) W_{\frac{N}{2}}^{(2r+1)p}$$

$m=3$ すなわち $N=8$ とするとわかりやすい。その場合の式の誘導のために，回転因子に式 (5.17) に示す性質があることを指摘しておこう。

$$W_N^k = -W_N^{k-\frac{N}{2}} \tag{5.17}$$

式 (5.17) の関係は，図 5.4 のベクトル図により容易に理解できるであろう。

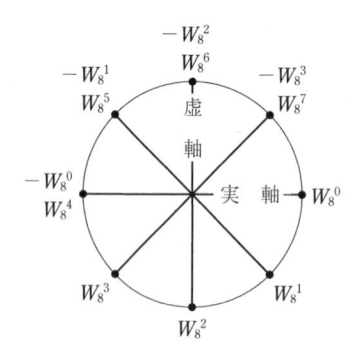

図 5.4 $N=8$ の場合についての式 (5.17) の説明

一般には B_p も C_p も複素数なので，式 (5.16) の計算には実数の乗算が 4 回，加算が 4 回ある．$N=8$ の場合について式 (5.16) の B_p と C_p を詳しく書くと次のようになる．

$B_0 = x(0) W_4^0 + x(2) W_4^0 + x(4) W_4^0 + x(6) W_4^0$

$B_1 = x(0) W_4^0 + x(2) W_4^2 + x(4) W_4^4 + x(6) W_4^6$

$B_2 = x(0) W_4^0 + x(2) W_4^4 + x(4) W_4^0 + x(6) W_4^4$

$B_3 = x(0) W_4^0 + x(2) W_4^6 + x(4) W_4^4 + x(6) W_4^2$

$C_0 = x(1) W_4^0 + x(3) W_4^0 + x(5) W_4^0 + x(7) W_4^0$

$C_1 = x(1) W_4^1 + x(3) W_4^3 + x(5) W_4^5 + x(7) W_4^7$

$C_2 = x(1) W_4^2 + x(3) W_4^6 + x(5) W_4^2 + x(7) W_4^6$

$C_3 = x(1) W_4^3 + x(3) W_4^1 + x(5) W_4^7 + x(7) W_4^5$

この B_p と C_p を使い式 (5.16) を書き直すと式 (5.18) のようになる．

$$\left.\begin{aligned}
X(0) &= B_0 + C_0 W_8^0 \\
X(1) &= B_1 + C_1 W_8^1 \\
X(2) &= B_2 + C_2 W_8^2 \\
X(3) &= B_3 + C_3 W_8^3 \\
X(4) &= B_0 + C_0 W_8^4 = B_0 - C_0 W_8^0 \\
X(5) &= B_1 + C_1 W_8^5 = B_1 - C_1 W_8^1 \\
X(6) &= B_2 + C_2 W_8^6 = B_2 - C_2 W_8^2 \\
X(7) &= B_3 + C_3 W_8^7 = B_3 - C_3 W_8^3
\end{aligned}\right\} \quad (5.18)$$

式 (5.17) の関係を使って $W_8^4 \sim W_8^7$ を $-W_8^0 \sim -W_8^3$ に置き換えたことが式 (5.18) の後半 4 行に示してある．これにより後半 4 行は前半 4 行の乗算結果をそのまま使うことができて，乗算回数が 1/2 に減らされる．

式 (5.18) は，$x(n)$ の偶数項の DFT B_k と奇数項の DFT C_k ×回転因子の和が $X(0)$ から $X(3) = X(N/2-1)$ に，差が $X(4) = X(N/2)$ から $X(7) = X(N-1)$ になることを示している．この演算の信号流れ図は図 5.5 のようになる．図の線中の矢印は係数を掛けることを意味し，そのそばに書いてある係数が -1 というのは符号を反転するだけなので，実際に乗算になるのは W_8^k ($k=$

5. 高速フーリエ変換（FFT）

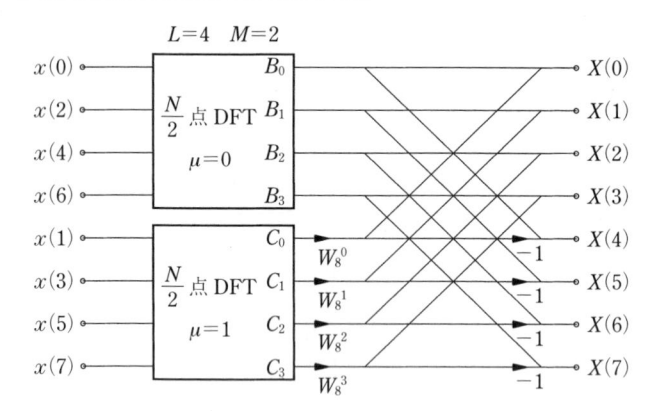

```
        L=4  M=2
x(0) ──┐           B₀
x(2) ──┤ N/2点DFT  B₁
x(4) ──┤   μ=0     B₂
x(6) ──┘           B₃

x(1) ──┐           C₀
x(3) ──┤ N/2点DFT  C₁
x(5) ──┤   μ=1     C₂
x(7) ──┘           C₃
```

図 5.5 $x(n)$ の 8 点 DFT を時間領域分割法によって偶数項と奇数項それぞれの 4 点 DFT に分解した式 (5.18) の信号流れ図

0，1，2，3）が係数になっているところから $k=0$ を除いた部分だけである。

さらに，B_m，C_m（$m=0$，1，2，3）を求める計算も同じように $X(0)$，$X(2)$，$X(4)$，$X(6)$ をそのなかの偶数番目の項 $X(0)$，$X(4)$ の DFT D_0，D_1，および奇数番目の項 $X(2)$，$X(6)$ の DFT E_0，E_1 のそれぞれに，W_8^0，W_8^2，W_8^4，W_8^6 を掛けたものとの和ということで式 (5.19) のように計算される。

$$\left. \begin{aligned} B_0 &= D_0 + E_0 W_8^0 \\ B_1 &= D_1 + E_1 W_8^2 \\ B_2 &= D_0 + E_0 W_8^4 = D_0 - E_0 W_8^0 \\ B_3 &= D_1 + E_1 W_8^6 = D_1 - E_1 W_8^2 \\ C_0 &= F_0 + G_0 W_8^0 \\ C_1 &= F_1 + G_1 W_8^2 \\ C_2 &= F_0 + G_0 W_8^4 = F_0 - G_0 W_8^0 \\ C_3 &= F_1 + G_1 W_8^6 = F_1 - G_1 W_8^2 \end{aligned} \right\} \quad (5.19)$$

式 (5.19) の 3，4 行目および 7，8 行目でも式 (5.17) の関係により 1，2 行目および 4，5 行目の結果をそのまま使って積の演算を半減できることが示されている。この結果によって，図 5.5 の信号流れ図中の B_k と C_k をつくる

5.3 時間領域分割 2^m 点 FFT

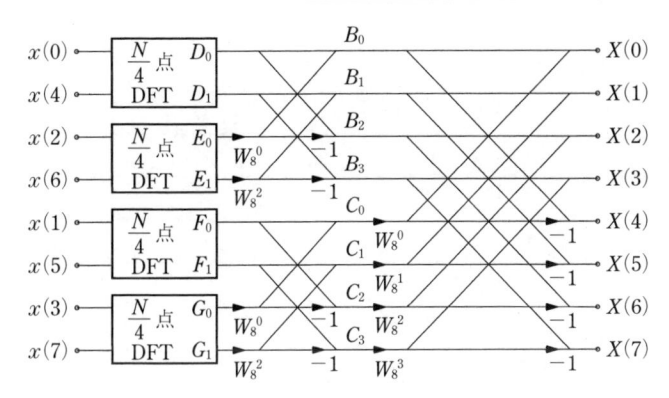

図5.6 B_k と C_k をつくる $N/2$ 点 DFT を $N/4$ 点 DFT から求める式 (5.19) を使ったときの $x(n)$ の 8 点 DFT の信号流れ図

$N/2$ 点 DFT の部分を書き換えると，**図5.6** のようになる。

$N/2$ 点 DFT である B_k と C_k を $N/4$ 点 DFT である D_k, E_k, F_k, G_k を使って計算すれば乗算の回数が少なくなるように，D_k, E_k, F_k, G_k も $N/8$ 点 DFT の結果を使って計算すれば乗算の回数を少なくすることができる。この場合は 8 点 DFT なので $N/8$ 点 DFT は時間領域の数列そのものであり，D_k, E_k, F_k, G_k はそれぞれ入力数列の 2 点 DFT である。

2 点 DFT で使われる回転因子は W_8^0 と W_8^4 になるが，$W_8^0=1$, $W_8^4=-1$ なので実質的な積の計算は不要で，$W_8^4=-1$ を掛けるかわりに符号を変えるだけでよい。したがって，D_k, E_k, F_k, G_k ($k=0, 1$) は

$$\left.\begin{aligned}
D_0 &= x(0) + x(4) W_8^0 = x(0) + x(4) \\
D_1 &= x(0) + x(4) W_8^4 = x(0) - x(4) \\
E_0 &= x(2) + x(6) W_8^0 = x(2) + x(6) \\
E_1 &= x(2) + x(6) W_8^4 = x(2) - x(6) \\
F_0 &= x(1) + x(5) W_8^0 = x(1) + x(5) \\
F_1 &= x(1) + x(5) W_8^4 = x(1) - x(5) \\
G_0 &= x(3) + x(7) W_8^0 = x(3) + x(7) \\
G_1 &= x(3) + x(7) W_8^4 = x(3) - x(7)
\end{aligned}\right\} \quad (5.20)$$

のように和と差の演算だけで求められる。

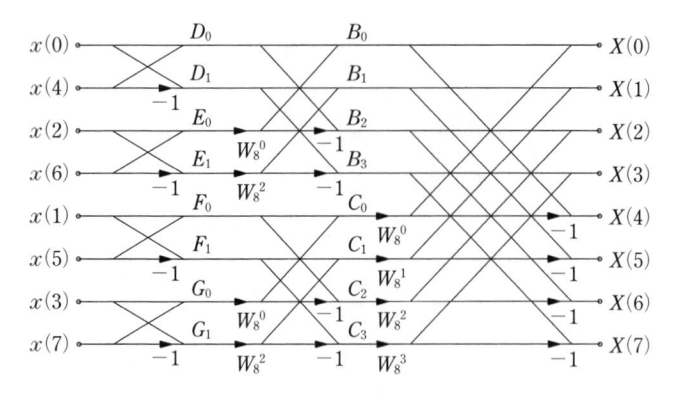

最初の演算は D_k, E_k, F_k, G_k をつくる $N/4$ 点 DFT。$x(n)$ が $N/8$ 点 DFT に相当

図 5.7 時間領域分割法による $x(n)$ の 8 点 DFT の信号流れ図

式 (5.20) までの分解をまとめると，図 5.6 の信号流れ図の最初の DFT が和と差だけになって**図 5.7** の信号流れ図が得られる。

以上に見られるように，FFT の演算では式 (5.21) の形の積和の対を基本にしている。

$$\left.\begin{array}{l} y_h = u_h + v_h W_N^{ph} \\ y_{h+s} = u_h - v_h W_N^{ph} \end{array}\right\} \tag{5.21}$$

ここで

$$N = 2^M, \quad s = 2^r \quad (r = 0, 1, 2, \cdots, M-1),$$

$$h = 0, 1, 2, \cdots, s-1, \quad p = \frac{N}{2^{r+1}}$$

この演算での信号の流れを図にすると**図 5.8** のようになる。この形が蝶が羽を広げた形に似ているという見方によって，この演算を**バタフライ**

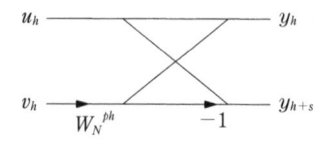

図 5.8 時間領域分割法におけるバタフライ演算

5.3 時間領域分割 2^m 点 FFT

(butterfly) **演算**という。FFT の計算は，このバタフライ演算の変数と係数を次々に取り替えながら進めることになる。コンピュータのプログラムでは，この変数に何を選ぶかを決める方法が問題になる。

ここでは説明を簡単にするため $N=2^3=8$ としているので 3 段のバタフライ演算であるが，これまでと同じ方法を繰り返すことにより，任意の m 値に対する 2^m 点 FFT の演算手順を示す信号流れ図をつくることができる。このようにして演算の手順を整理すると，バタフライ演算の入力に何を選ぶかを決める方法が明らかになり，プログラムを書くことができる。

FFT の演算手順を図 5.7 に従ってつくろうとすると，最初のバタフライ演算の前に，時間領域の入力数列 $x(n)$ を図の左端のように並べ替えなければならない。この順序は，入力数列から一つ置きにデータをとっていくため，0, 4, 2, 6, 1, 5, 3, 7 となっている。これを行うことにより，計算されたスペクトルは図の右端に示すように上側から自然数の順序に並ぶ。

しかし，最初にデータを並べ替えることは，必ずしも必要ではない。最初に並べ替えをしない方法は，図 5.7 に描かれている信号の流れの関係を保ったまま上下の順序を変更することによりつくることができる。そのためには，図 5.7 の一つ一つの水平線上の記号の並び，例えば $x(1)$ に対して F_0, C_0, $X(4)$ の並びをそのまま保ち，ほかの水平線とを結ぶ線の行き先を変えずに，この水平線を上から 2 番目，すなわち $x(0)$ のすぐ下に移す。その次には $x(2)$ の水平線を同じように動かして $x(1)$ のすぐ下に移す。この操作を次々に行って左端の数列の順序を $x(0)$, $x(1)$, $x(2)$, …，とすると，**図 5.9** の信号流れ図になる。この図は演算の方法を変えてつくったわけではなく，線の順序を上下に動かしたためにデータの並べ替えを最後に行うように順序が変わったというだけで，図 5.7 の信号流れ図と同じものである。

このことから，最初に行うべきデータの並べ替えをせずに FFT の計算をしてしまっても，演算結果（周波数領域）に前と同じデータの並べ替えをすれば正しい結果が得られることがわかる。

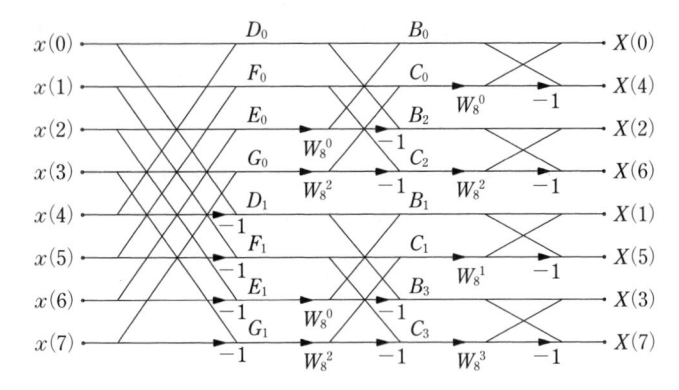

```
                 D₀         B₀
x(0) •─────×─────•─────×────•─────×─────• X(0)
                 F₀         C₀
x(1) •─────×─────•─────×────•──W₈⁰──-1──• X(4)
                 E₀         B₂
x(2) •─────×─────•──W₈⁰──-1─•─────×─────• X(2)
                 G₀         C₂
x(3) •─────×─────•──W₈²──-1─•──W₈²──-1──• X(6)
                 D₁         B₁
x(4) •─────×──-1─•─────×────•─────×─────• X(1)
                 F₁         C₁
x(5) •─────×──-1─•─────×────•──W₈¹──-1──• X(5)
                 E₁         B₃
x(6) •─────×──-1─•──W₈⁰──-1─•─────×─────• X(3)
                 G₁         C₃
x(7) •─────×──-1─•──W₈²──-1─•──W₈³──-1──• X(7)
```

図 5.9 時間領域でのデータ並びの順序が変わらないように，図 5.7 の信号流れ図の上下の順序を変えた信号流れ図

5.4　周波数領域分割 2^m 点 FFT

ここでは，5.3 節と少し違った誘導をしてみよう．簡単にするために $m=3$ すなわち，$N=8$ として進めていくことは前と同じである．$k=0 \sim 7$ の $X(k) = X_k$ を求める式を k の昇順に書くと式 (5.22) のようになる．

$$\left.\begin{aligned}
X_0 &= x_0 W_8^0 + x_1 W_8^0 + x_2 W_8^0 + x_3 W_8^0 + x_4 W_8^0 + x_5 W_8^0 + x_6 W_8^0 + x_7 W_8^0 \\
X_1 &= x_0 W_8^0 + x_1 W_8^1 + x_2 W_8^2 + x_3 W_8^3 + x_4 W_8^4 + x_5 W_8^5 + x_6 W_8^6 + x_7 W_8^7 \\
X_2 &= x_0 W_8^0 + x_1 W_8^2 + x_2 W_8^4 + x_3 W_8^6 + x_4 W_8^8 + x_5 W_8^{10} + x_6 W_8^{12} + x_7 W_8^{14} \\
X_3 &= x_0 W_8^0 + x_1 W_8^3 + x_2 W_8^6 + x_3 W_8^9 + x_4 W_8^{12} + x_5 W_8^{15} + x_6 W_8^{18} + x_7 W_8^{21} \\
X_4 &= x_0 W_8^0 + x_1 W_8^4 + x_2 W_8^8 + x_3 W_8^{12} + x_4 W_8^{16} + x_5 W_8^{20} + x_6 W_8^{24} + x_7 W_8^{28} \\
X_5 &= x_0 W_8^0 + x_1 W_8^5 + x_2 W_8^{10} + x_3 W_8^{15} + x_4 W_8^{20} + x_5 W_8^{25} + x_6 W_8^{30} + x_7 W_8^{35} \\
X_6 &= x_0 W_8^0 + x_1 W_8^6 + x_2 W_8^{12} + x_3 W_8^{18} + x_4 W_8^{24} + x_5 W_8^{30} + x_6 W_8^{36} + x_7 W_8^{42} \\
X_7 &= x_0 W_8^0 + x_1 W_8^7 + x_2 W_8^{14} + x_3 W_8^{21} + x_4 W_8^{28} + x_5 W_8^{35} + x_6 W_8^{42} + x_7 W_8^{49}
\end{aligned}\right\} \quad (5.22)$$

k が偶数（0, 2, 4, 6）の式を拾って，回転因子が周期 8 の周期関数であることに注目してまとめると式 (5.23) の 4 式が得られる．

5.4 周波数領域分割 2^m 点 FFT

$$\left.\begin{aligned}
X_0 &= x_0 W_8^0 + x_1 W_8^0 + x_2 W_8^0 + x_3 W_8^0 + x_4 W_8^0 + x_5 W_8^0 + x_6 W_8^0 + x_7 W_8^0 \\
X_2 &= x_0 W_8^0 + x_1 W_8^2 + x_2 W_8^4 + x_3 W_8^6 + x_4 W_8^0 + x_5 W_8^2 + x_6 W_8^4 + x_7 W_8^6 \\
X_4 &= x_0 W_8^0 + x_1 W_8^4 + x_2 W_8^0 + x_3 W_8^4 + x_4 W_8^0 + x_5 W_8^4 + x_6 W_8^0 + x_7 W_8^4 \\
X_6 &= x_0 W_8^0 + x_1 W_8^6 + x_2 W_8^4 + x_3 W_8^2 + x_4 W_8^0 + x_5 W_8^6 + x_6 W_8^4 + x_7 W_8^2
\end{aligned}\right\} \quad (5.23)$$

この 4 式の回転因子は，最初の 4 項と後の 4 項が同じであるから，回転因子を書き換えて式 (5.24) のようにまとめることができる．

$$\left.\begin{aligned}
X_0 &= (x_0+x_4)\,W_4^0 + (x_1+x_5)\,W_4^0 + (x_2+x_6)\,W_4^0 + (x_3+x_7)\,W_4^0 \\
X_2 &= (x_0+x_4)\,W_4^0 + (x_1+x_5)\,W_4^1 + (x_2+x_6)\,W_4^2 + (x_3+x_7)\,W_4^3 \\
X_4 &= (x_0+x_4)\,W_4^0 + (x_1+x_5)\,W_4^2 + (x_2+x_6)\,W_4^0 + (x_3+x_7)\,W_4^2 \\
X_6 &= (x_0+x_4)\,W_4^0 + (x_1+x_5)\,W_4^3 + (x_2+x_6)\,W_4^2 + (x_3+x_7)\,W_4^1
\end{aligned}\right\} \quad (5.24)$$

ここで

$$b_i = x_i + x_{i+4} \quad (5.25)$$

と書くと

$$\left.\begin{aligned}
X_0 &= b_0 W_4^0 + b_1 W_4^0 + b_2 W_4^0 + b_3 W_4^0 \\
X_2 &= b_0 W_4^0 + b_1 W_4^1 + b_2 W_4^2 + b_3 W_4^3 \\
X_4 &= b_0 W_4^0 + b_1 W_4^2 + b_2 W_4^0 + b_3 W_4^2 \\
X_6 &= b_0 W_4^0 + b_1 W_4^3 + b_2 W_4^2 + b_3 W_4^1
\end{aligned}\right\} \quad (5.26)$$

となり，この 4 式をまとめて書くと

$$X_k = \sum_{p=0}^{\frac{N}{2}-1} (x_p + x_{p+\frac{N}{2}})\, W_{\frac{N}{2}}^{pk} = \sum_{p=0}^{\frac{N}{2}-1} b_p W_{\frac{N}{2}}^{pk} \quad (5.27)$$

となる．ここで，k は $0, 2, 4, \cdots, N-2$ である．これは見てのとおり，$N/2$ 点 DFT である．同じように k が奇数 (1, 3, 5, 7) の式を並べると

$$\left.\begin{aligned}
X_1 &= x_0 W_8^0 + x_1 W_8^1 + x_2 W_8^2 + x_3 W_8^3 + x_4 W_8^4 + x_5 W_8^5 + x_6 W_8^6 + x_7 W_8^7 \\
X_3 &= x_0 W_8^0 + x_1 W_8^3 + x_2 W_8^6 + x_3 W_8^1 + x_4 W_8^4 + x_5 W_8^7 + x_6 W_8^2 + x_7 W_8^5 \\
X_5 &= x_0 W_8^0 + x_1 W_8^5 + x_2 W_8^2 + x_3 W_8^7 + x_4 W_8^4 + x_5 W_8^1 + x_6 W_8^6 + x_7 W_8^3 \\
X_7 &= x_0 W_8^0 + x_1 W_8^7 + x_2 W_8^6 + x_3 W_8^5 + x_4 W_8^4 + x_5 W_8^3 + x_6 W_8^2 + x_7 W_8^1
\end{aligned}\right\} \quad (5.28)$$

となる。これを式 (5.23) 以降と同じ考え方で書き換えると

$$\left.\begin{array}{l}X_1=(x_0+x_4W_8^4)W_8^0+(x_1+x_5W_8^4)W_8^1+(x_2+x_6W_8^4)W_8^2+(x_3+x_7W_8^4)W_8^3\\X_3=(x_0+x_4W_8^4)W_8^0+(x_1+x_5W_8^4)W_8^3+(x_2+x_6W_8^4)W_8^6+(x_3+x_7W_8^4)W_8^1\\X_5=(x_0+x_4W_8^4)W_8^0+(x_1+x_5W_8^4)W_8^5+(x_2+x_6W_8^4)W_8^2+(x_3+x_7W_8^4)W_8^7\\X_7=(x_0+x_4W_8^4)W_8^0+(x_1+x_5W_8^4)W_8^7+(x_2+x_6W_8^4)W_8^6+(x_3+x_7W_8^4)W_8^5\end{array}\right\}$$

のようになる。

$W_8^4=-1$ であることと，W_8^p が周期8の周期関数であることから，上の4式は式 (5.29) のように書き換えられる。

$$\left.\begin{array}{l}X_1=(x_0-x_4)W_4^0+(x_1-x_5)W_8^1W_4^0+(x_2-x_6)W_8^2W_4^0+(x_3-x_7)W_8^3W_4^0\\X_3=(x_0-x_4)W_4^0+(x_1-x_5)W_8^1W_4^1+(x_2-x_6)W_8^2W_4^2+(x_3-x_7)W_8^3W_4^3\\X_5=(x_0-x_4)W_4^0+(x_1-x_5)W_8^1W_4^2+(x_2-x_6)W_8^2W_4^0+(x_3-x_7)W_8^3W_4^2\\X_7=(x_0-x_4)W_4^0+(x_1-x_5)W_8^1W_4^3+(x_2-x_6)W_8^2W_4^2+(x_3-x_7)W_8^3W_4^1\end{array}\right\}$$

(5.29)

ここで

$$c_i=(x_i-x_{i+4})W_8^i \tag{5.30}$$

と書くと

$$\left.\begin{array}{l}X_1=c_0W_4^0+c_1W_4^0+c_2W_4^0+c_3W_4^0\\X_3=c_0W_4^0+c_1W_4^1+c_2W_4^2+c_3W_4^3\\X_5=c_0W_4^0+c_1W_4^2+c_2W_4^0+c_3W_4^2\\X_7=c_0W_4^0+c_1W_4^3+c_2W_4^2+c_3W_4^1\end{array}\right\} \tag{5.31}$$

となる。この4式をまとめて一つの式で書くと式 (5.32) のようになる。

$$X_k=\sum_{p=0}^{\frac{N}{2}-1}(x_p-x_{p+\frac{N}{2}})W_N^pW_{\frac{N}{2}}^{\frac{p(k-1)}{2}}=\sum_{p=0}^{\frac{N}{2}-1}c_pW_{\frac{N}{2}}^{\frac{p(k-1)}{2}} \tag{5.32}$$

ここで，$k=1, 3, 5, \cdots, N-1$ である。

式 (5.24) と式 (5.29) とは，k が偶数と奇数の X_k が $N/2$ 点（4点）DFT で求められることを表しているので，それを信号流れ図にすると**図5.10**のようになる。

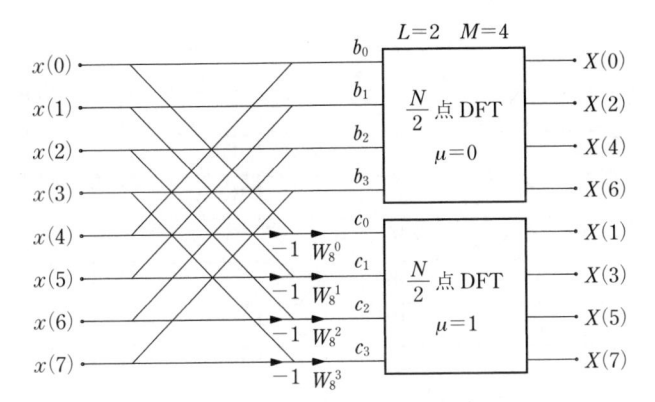

5.4 周波数領域分割 2^m 点 FFT

図 5.10 式 (5.24), (5.29) による 8 点 DFT の分解した演算の信号流れ図 (周波数領域分割 FFT の原理)

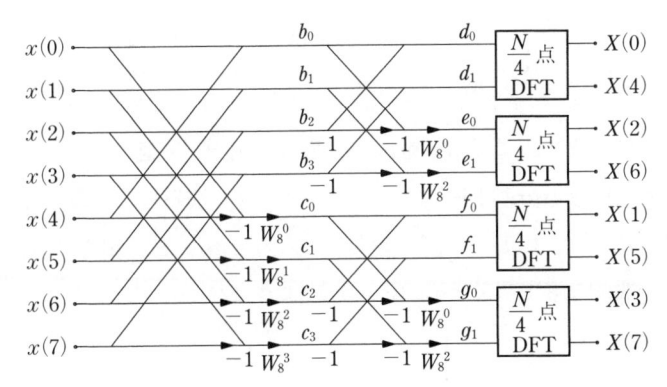

図 5.11 周波数領域分割 8 点 FFT 中に現れる $N/2=4$ 点 DFT をそれぞれのなかの偶数番目のデータと奇数番目のデータの $N/4$ 点 DFT に分解した演算における信号流れ図

　図 5.10 の二つの $N/2$ 点 DFT についても,ここまでと同じように一つおきにとって乗算回数を減らすことができて,その結果は**図 5.11** のようになる。

　さらに図 5.11 中の四つの DFT も,それぞれの入力系列の数を 1/2 にして演算回数を少なくすることができる。この場合は出発点が 8 点 DFT であるため,この段階では回転因子を掛ける必要はなく,単に和と差を求めればよい。その結果を入れた 8 点 FFT の演算の信号流れ図は**図 5.12** のようになる。

　これらの図に共通に現れる演算は,入力側の二つのデータの和と差を計算し

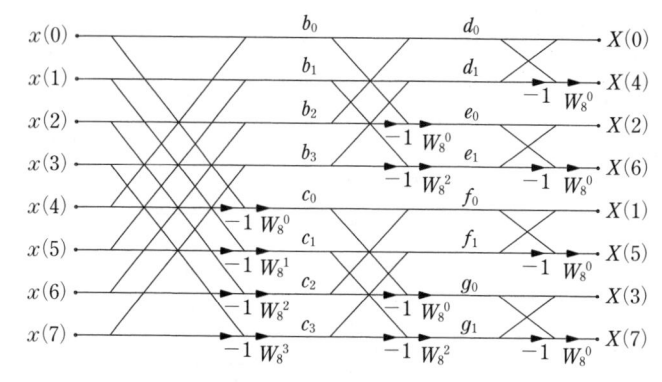

140   5. 高速フーリエ変換（FFT）

図5.12 周波数領域分割8点FFTの演算の信号流れ図

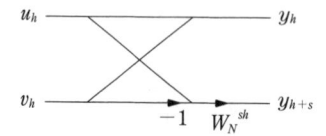

図5.13 周波数領域分割FFTにおけるバタフライ演算

て，和はそのままで，差には回転因子を掛けて出力する**図5.13**の演算である。この演算も時間領域分割FFTにおけるバタフライ演算と，回転因子を掛ける場所が違うだけで，ほとんど同じである。入力を u_h, v_h, 出力を y_h としてこの演算を一般的な形で書くと式（5.33）のようになる。

$$\left.\begin{array}{l} y_h = u_h + v_h \\ y_{h+s} = (u_h - v_h) W_N^{sh} \end{array}\right\} \tag{5.33}$$

ここで

$$N = 2^M, \quad s = 2^r \quad (r = 0, 1, 2, \cdots, M-1),$$
$$h = 0, 1, 2, \cdots, s-1$$

ここまでの周波数領域分割FFTの考え方は，スペクトル（周波数領域の並び）から一つおきにとった数列をDFTの出力とする二つの $N/2$ 点DFTに分割し，その $N/2$ 点DFTをまた一つおきにとってそれを出力とする $N/4$ 点DFTに分割するという操作を繰り返しているので，図5.12に見られるように，スペクトルの順序が次々に変わっている。そのために，最後に得られたスペクトルの並びをビット逆順に並べ替えなければならない。

しかし，この並べ替え作業は時間領域分割 FFT で FFT 演算の前後どちらにでももっていくことができたように，FFT 演算の最初に行ってもよい。そうすれば演算終了後の並べ替えが不要なるのは当然である。

図 5.12 の演算の流れの水平線上の演算と線のつながりを変えないで上下入れ替えることにより，図 5.14 のように，並べ替えを最初に行う演算の信号流れ図を書くことができる。この流れ図に従っても，同じ結果が得られる。

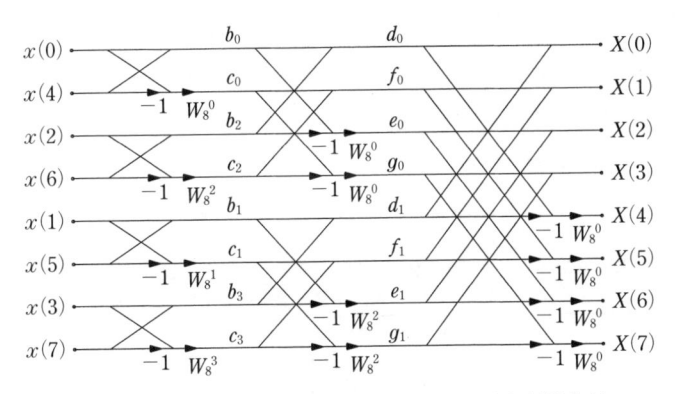

図 5.14 最初にビット逆順並べ替えを行う周波数領域分割
FFT における演算の信号流れ図

5.5 ビット逆順の並べ替え

FFT の信号流れ図を見ると，時間領域データ $x(n)$ のデータ番号の並びと右端のスペクトル $X(k)$ のデータ番号の並びとは，一方が自然数の順ならば他方はそうでなく，一見不規則なように見える。しかしそれは時間領域のデータ，あるいは周波数領域のデータを半分ずつ分けてとった結果であって，次にその理由を示すように，規則的な演算操作によってできた規則的な並びである。この 8 点 FFT の場合の 0, 4, 2, 6, 1, 5, 3, 7 という並びはビット逆順の並びといわれるが，並びの規則性がわかれば，なぜビット逆順というかも明らかになる。そこで，$N=8$ という簡単な場合についてこの並びになる理由を調べることにしよう。

5.4節の最初に，時間領域に時間順に並んでいるデータを二つ目ごとにとった。それがどんな意味をもつかを調べるために時間順に並んでいる0～7のデータ番号を2進数で書くと，**表**5.1のようになる。最初は並べ替える前の時間順の並びである。これを二つ目ごとにとる，すなわち上から順に偶数だけをとり，後で奇数をとるということは，右端，2進数の最下位の桁が0のものを上から順にとり，次にそれが1のものをとるということで，1回目の並べ替えの結果は**表**5.2のようになる。

2回目は，右端の桁が0のグループ内の並びから二つ目ごとにとり，それが終わったらそれが1のグループ内で二つ目ごとにとる。これは2進数の最下位の桁を除いた偶数，すなわち下から2番目の桁が0のものを先にとり，ついで1のもの（奇数）をとるということなので，その結果は**表**5.3のようになる。

表5.1	0回目（時間順の並び）		表5.2	1回目（偶数が先，奇数が後）		表5.3	2回目（下から二つ目の桁に注目）	
0	0 0 0		0	0 0 0		0	0 0 0	
1	0 0 1		2	0 1 0		4	1 0 0	
2	0 1 0		4	1 0 0		2	0 1 0	
3	0 1 1		6	1 1 0		6	1 1 0	
4	1 0 0		1	0 0 1		1	0 0 1	
5	1 0 1		3	0 1 1		5	1 0 1	
6	1 1 0		5	1 0 1		3	0 1 1	
7	1 1 1		7	1 1 1		7	1 1 1	

3回目は，その上の桁で同じ並べ替えを行うが，3桁のこの場合はその余地が残されていなくて，2回の並べ替えで終わる。

この2進数の0と1の並びを並べ替える前の並びと比較すると，最初の並びの右端の桁を左端に，左端の桁を右端に移したものになっていることがわかる。$N=16$，$N=32$というような2進数の桁数が多い場合に同じ並べ替えをしてみても，最後の結果は最初の2進数の並びの左右の順序を逆にしたものになる。これが，ビット逆順の並べ替えという理由である。

ここまでは特殊な例であるから，次に一般の場合を考えてみよう。

$N=2^m$であるから，10進数で$0\sim N-1$の数字を2進数で書くと0と1が

m桁並ぶ式(5.34)のような形になる.

$$\phi(N) = b_{m-1}b_{m-2}b_{m-3}\cdots b_2b_1b_0 \tag{5.34}$$

ここで，b_kは0または1である．この2進数のいちばん小さい数0 0 0 0 … 0 0 0（m桁）からいちばん大きい数1 1 1 1 … 1 1 1（m桁）までを小さいほうから順に並べると，総数は$N=2^m$個であり，最上位（左端）の桁は上半分が0，下半分が1である．次の桁は上半も下半も，それぞれの上半分が0で下半分が1である．左端から3番目の桁は，2番目の桁が0である部分と1である部分の一つ一つのなかで，やはり上半分が0で下半分が1である．最上位から4番目の桁についても，5番目の桁についても，すべて同じ関係がある．

それに対して右端の最下位桁は上から順に0 1 0 1 0 1 …と並んでいる．最初の演算ではその最下位の桁が0のものを上から順にとって，上半分の最下位桁を0にするので，下半分の最下位桁は1になる．次のステップでは上半分と下半分のそれぞれについて，右端から2桁目の数値が0のものを上半分に移す．つぎの演算では右端から3番目の桁について同じことをする．

したがって，並べ替えが終わったときの0，1の並びを

$$\phi(N) = c_{m-1}c_{m-2}c_{m-3}\cdots c_2c_1c_0 \tag{5.35}$$

とすると，最初のステップで$c_0=b_{m-1}$となり，次のステップで$c_1=b_{m-2}$，次のステップで$c_2=b_{m-3}$というように変わっていき，結局，全部の桁で左右が逆になる．

5.6 並列計算による高速化

ここで，以上の高速演算の手法をさらに高速化する一方法を示しておこう．これは，演算高速化のためだけではなく，DFTの性質を考えるうえでも興味ある方法である．

ともに実数列である$x(n)$と$y(n)$のFFTを計算する場合にのみ，この方法を使うことができる．実部に$x(n)$，虚部に$y(n)$を入れてFFTするとどうなるか調べよう．これは，式(5.36)の$z(n)$で表される複素数のFFTを

行うのと同じである．

$$z(n)=x(n)+jy(n) \tag{5.36}$$

このDFTは次の式（5.37）のように計算される．

$$\begin{aligned}Z(k)=\mathrm{DFT}[z(n)]&=\sum_{n=0}^{N-1}\{x(n)+jy(n)\}\exp\left(-j2\pi\frac{nk}{N}\right)\\&=\sum_{n=0}^{N-1}x(n)\exp\left(-j2\pi\frac{nk}{N}\right)+j\sum_{n=0}^{N-1}y(n)\exp\left(-j2\pi\frac{nk}{N}\right)\\&=X(k)+jY(k)\end{aligned} \tag{5.37}$$

ここで，$Z(k)$, $X(k)$, $Y(k)$ の実部を $Z_R(k)$, $X_R(k)$, $Y_R(k)$，虚部を $Z_I(k)$, $X_I(k)$, $Y_I(k)$ とすると

$$Z_R(k)+jZ_I(k)=X_R(k)-Y_I(k)+j\{X_I(k)+Y_R(k)\} \tag{5.38}$$

となる．$X(k)$, $Y(k)$ ともに実部は偶関数，虚部は奇関数であることにより，$Z(k)$ の実部からは

$$Z_R(-k)+Z_R(k)=X_R(-k)-Y_I(-k)+X_R(k)-Y_I(k)=2X_R(k)$$

$$Z_R(-k)-Z_R(k)=X_R(-k)-Y_I(-k)-X_R(k)+Y_I(k)=2Y_I(k)$$

虚部からは

$$Z_I(-k)+Z_I(k)=X_I(-k)+Y_R(-k)+X_I(k)+Y_R(k)=2Y_R(k)$$

$$Z_I(-k)-Z_I(k)=X_I(-k)+Y_R(-k)-X_I(k)-Y_R(k)=2X_I(k)$$

という関係が導かれる．これらの式から，$X_R(k)$, $X_I(k)$, $Y_R(k)$, $Y_I(k)$ が分離して求められることがわかる．DFTでは $k=0 \sim N/2-1$ が正の周波数範囲であって，$k=N/2 \sim N-1$ は負の周波数範囲であるから，上式の $-k$ は $N-k$ に置き換えるべきである．したがって，$x(n)$ と $y(n)$ のDFTの実部と虚部は式（5.39）により計算される．

$$\left.\begin{aligned}X_R(k)&=\frac{Z_R(k)+Z_R(N-k)}{2}, & X_I(k)&=\frac{Z_I(k)-Z_I(N-k)}{2}\\Y_R(k)&=\frac{Z_I(N-k)+Z_I(k)}{2}, & Y_I(k)&=\frac{Z_R(N-k)-Z_R(k)}{2}\end{aligned}\right\} \tag{5.39}$$

ここで，k の変域は $0 \sim N/2-1$ でよい．負の周波数範囲，すなわち $k \geq N/2$ のスペクトルは，実部が偶関数，虚部が奇関数であることから容易に求めら

5.6 並列計算による高速化　　145

れる。

　この方法で計算することにより，実数列ならば2数列のDFTを1回のFFTで計算することができるので，多数の数列のDFTを計算するときにはほぼ2倍の計算速度になる。

　この方法による計算例を**図5.15**に示す。（a）の波形を実部，（b）の波形を虚部としてFFTを行った結果のスペクトルは，実部が（c），虚部が（d）のようになる。図では，時間波形も周波数スペクトルもデータの順に，左端を0，右端をNとして描いてあるので，（c），（d）のスペクトルは左半分の0〜$N/2-1$が正の周波数範囲，右半分$N/2$〜$N-1$が負の周波数範囲である（ここでは$N=512$）。

　（c），（d）のスペクトルがこれまでの計算例と異なるのは，スペクトルの

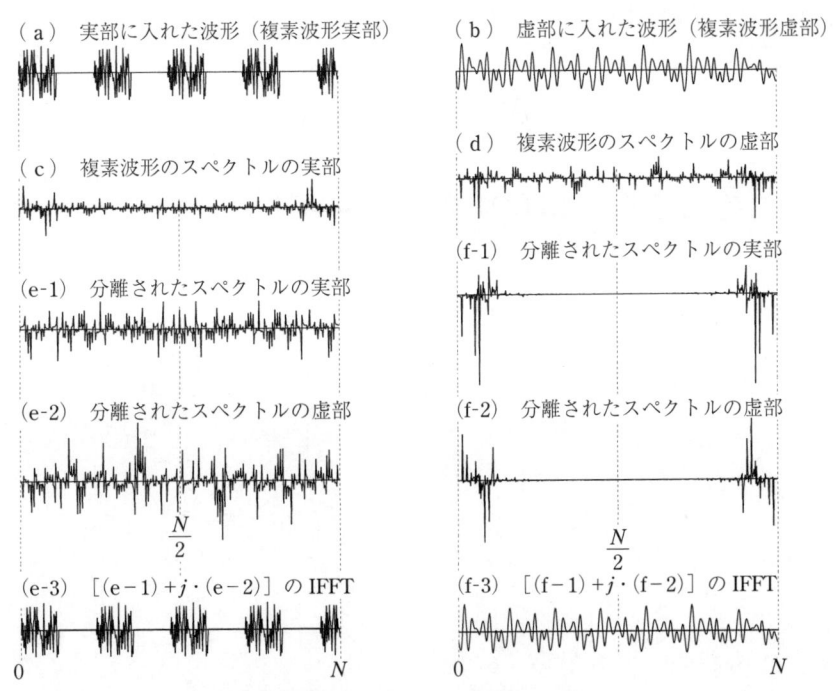

（a）実部に入れた波形（複素波形実部）
（b）虚部に入れた波形（複素波形虚部）
（c）複素波形のスペクトルの実部
（d）複素波形のスペクトルの虚部
（e-1）分離されたスペクトルの実部
（f-1）分離されたスペクトルの実部
（e-2）分離されたスペクトルの虚部
（f-2）分離されたスペクトルの虚部
（e-3）[(e-1)+$j\cdot$(e-2)]のIFFT
（f-3）[(f-1)+$j\cdot$(f-2)]のIFFT

図5.15　二つの実数列を複素数列の実部と虚部に割り当てて二つのスペクトルを一度のFFTで計算した例

実部（c）が左右対称でなく，虚部（d）が反対称ではないことである。これは，複素数列の FFT を行ったので当然のことである。これまでの例はすべて実数の DFT であったために，実部は左右対称，虚部は反対称になっていたが，この図の信号源は実部が（a），虚部が（b）という複素数である。

スペクトルの実部（c）と虚部（d）から式（5.39）によって求めたのが，(a), (b) 両波形のスペクトルの実部（e-1），(f-1)，虚部（e-2），(f-2) である。これらのスペクトルは実数列のスペクトルであるから，当然，実部は偶関数，虚部は奇関数になっている。

こうして得られたスペクトルが，正しく (a), (b) 両波形のスペクトルになっているかどうかを確かめるために，(e), (f) のスペクトルの IFFT を行った結果が (e-3), (f-3) である。これらの波形は，(a), (b) とまったく同じで，方法が正しいことを示している。

演 習 問 題

1. $N = LM$ のとき W_N^{kL} を W_M^b の形で書くと b はどうなるか。ただし，L, M, k, b はすべて整数とする。
2. このとき，b の変域と k の変域はどの範囲にすればよいか。
3. 360 点 DFT を効率よく計算する方法を考えよ。

6 DFT とスペクトル

フーリエ解析の重要な目的の一つは，波形の周波数スペクトルを求めることである。コンピュータまたはそれに類似の高速演算装置を使うことを前提にすると，スペクトルを求めるためには波形を数値列化した波形データの DFT を計算することになる。それを受けて 5 章では，DFT の高速演算の算法である FFT を述べた。ところが，4 章で示したように，永続するサイン波やコサイン波の一部を切り取った波形の DFT には，その波の周波数からずれた多くの周波数成分が現れることがある。

何らかの波形データを有限時間区間だけ観測したとする。観測しなかった外側はどうなっているかわからない。そのときでも，観測データの DFT は観測区間の波形が区間長を周期とする周期波形であるとして，その波形を再現できるスペクトルである。

もとの波形にはない周波数成分が発生することがある理由は，切り取った区間の端に不連続が生じるためである。そのことが，本章の検討で明らかにされる。そこで，不連続を生じさせない方法を検討し，その結果として分析区間の両端の振幅を絞る重み付けが有効なことが示される。

6.1 周期化パワースペクトル（ピリオドグラム）

波形のサンプル列から連続する N 点をとって DFT すると N 点のスペクトルが得られ，そのスペクトルは複素数であって実部 N 点と虚部 N 点からなる，というのがこれまでに得ている知識である。ところが，そのスペクトルに

6. DFT とスペクトル

は波形のどの部分を分析するかによって違いが生じる。

それを,長く継続する定常的な波形から N 点のサンプルをとって計算したスペクトルがどうなるかによって調べてみよう。

まず,$N=64$ 点内に入る波の数が整数の場合を取り上げよう。そのための波形を式 (6.1) で計算したものとする。

$$x(n)=\sin\left(2\pi\frac{5n}{64}\right)+0.7\sin\left(2\pi\frac{10n}{64}\right)+0.2\cos\left(2\pi\frac{16n}{64}\right)$$
$$-0.3\sin\left(2\pi\frac{24n}{64}\right) \tag{6.1}$$

この波形の 512 点分とその 64 点 DFT の結果を**図 6.1** に示す。(a) は $n=$

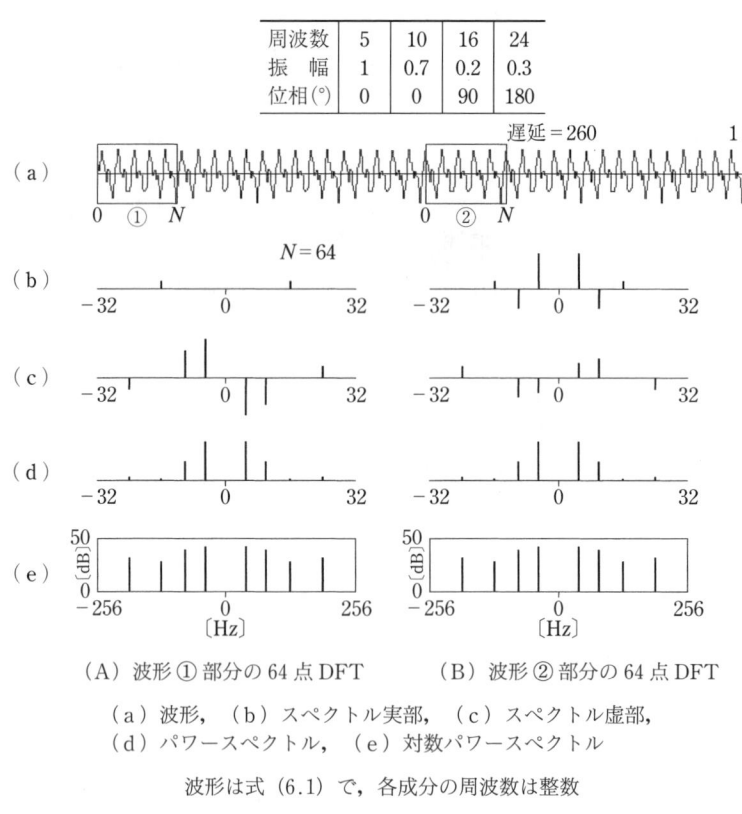

周波数	5	10	16	24
振幅	1	0.7	0.2	0.3
位相(°)	0	0	90	180

(A) 波形①部分の 64 点 DFT (B) 波形②部分の 64 点 DFT

(a) 波形,(b) スペクトル実部,(c) スペクトル虚部,
(d) パワースペクトル,(e) 対数パワースペクトル

波形は式 (6.1) で,各成分の周波数は整数

図 6.1 4 周波数成分からなる波形とその 2 か所の 64 点 DFT

6.1 周期化パワースペクトル（ピリオドグラム）

$0 \sim 511$ について式 (6.1) を計算した波形で，(b) 以下は分析結果である．512 点分の時間を単位時間と考えると，サンプリング周波数 f_s は 512 Hz，分析結果の最高周波数であるナイキスト周波数 f_x は 256 Hz である．(A) は分析区間の始点を波形の $n=0$ から始まる長方形内の部分①，(B) は第 2 の長方形内の部分② の 64 点 DFT である．

分析結果が図 6.1 に示すような線スペクトルになることは，これまでの経験からすれば当然のことである．しかし，スペクトルの実部と虚部は，分析始点のずれによって変化している．これは分析区間内の波の位置が変わることによる位相の変化を表すものである．位相が変わっても，各周波数成分の大きさは違わないので，実部の 2 乗と虚部の 2 乗を加え合わせたパワースペクトルは，波形のどこをとっても変わらない．それを示すのが (d) であり，その対数をとって dB 目盛にしたものが (e) である．これらは左右まったく同じであり，波形のパワースペクトルあるいは対数パワースペクトルといって何の問題もない．

広い振幅範囲の周波数成分を見るためには，(e) のように dB 目盛で表す方法を使えば，スペクトルの大きさに比例するように線形尺度で描いたのでは見えない小さなスペクトル値がよくわかる．そのため，今後この表現を多く用いる．(b)〜(d) のスペクトルの横軸目盛はサンプル数であるが，(e) の対数パワースペクトルの横軸の目盛は実周波数で，最高周波数はサンプリング周波数の 1/2（ナイキスト周波数）の 256 Hz である．

$n=0$（波形の始点）からのデータの分析をすることができれば，スペクトルの実部と虚部から式 (6.1) のとおりの位相も求められる．しかし，実在する波形の分析ではどこを $n=0$ とすべきか決められない場合が多い．そうなると，位相は式 (6.1) のとおりにはなってくれない．実部と虚部に分けることの意味はなくなってしまう．それに比べて，パワースペクトルは，波形のどこからとって分析したかにかかわらず安定していて，波形の性質を一意に表す指標になる．

ところが，N 点内に入る波の数が整数でない場合には，そう簡単ではない．

6. DFT とスペクトル

それを確かめるため，式 (6.2) で計算した非整数周波数のサイン波からなる波形の DFT を調べよう．

$$x(n) = \sin\left(2\pi \frac{5.2}{64}n\right) + 0.7\sin\left(2\pi \frac{10.3n}{64}\right) + 0.2\cos\left(2\pi \frac{16.2n}{64}\right)$$

$$-0.3\sin\left(2\pi \frac{24.4n}{64}\right) \tag{6.2}$$

この波の DFT は**図 6.2** のようになる．スペクトルの実部と虚部が波形を切り取った位置で異なるのは，図 6.1 と同じ理由である．それはよいとして，その 2 乗和である各周波数成分のパワーを表すパワースペクトルも，切り取った時点によって大きく変わっている．パワースペクトル（d）では小さな成分が

周波数	5.2	10.3	16.2	24.4
振　幅	1	0.7	0.2	0.3
位相(°)	0	0	90	180

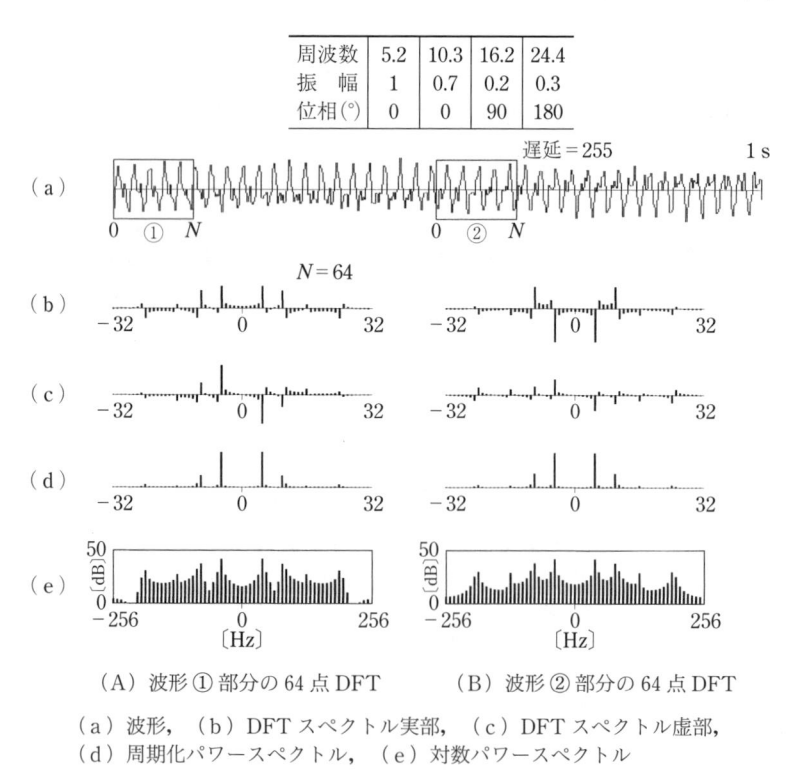

（A）波形①部分の 64 点 DFT　　（B）波形②部分の 64 点 DFT

（a）波形，（b）DFT スペクトル実部，（c）DFT スペクトル虚部，
（d）周期化パワースペクトル，（e）対数パワースペクトル

波形は式 (6.2) で，各成分の周波数は非整数

図 6.2　4 周波数成分からなる波形とその 2 か所の 64 点 DFT

6.1 周期化パワースペクトル（ピリオドグラム）

見えないのでよくわからないが，dB表示の（e）は，これが同じ周波数成分からなる波のスペクトルとは思えないほどに違う。

図6.1では64点DFTの結果すべての調波が1対の線スペクトルで表され，図6.2ではスペクトルが広がってしまう。その違いは，図6.1では64点内の波数がすべて整数，図6.2では非整数というところにある。N点長に入る波数が整数でないときに，DFTではスペクトルに広がりが生じることは，すでに4章でみてきたとおりである。

図6.1（d），（e）は切り取った時点にかかわらず変わらないので，それを波形のパワースペクトルといっても問題はない。ところが，図6.2では切り取るたびに変わってしまう。それが切り取った区間の波形のパワースペクトルであることには違いないが，波形全体のパワースペクトルでないことも確かである。

DFTによって得られるスペクトルは，切り取った波形を無限に繰り返させた，もととは違う波形のスペクトルである。そこで，DFTによって得られるスペクトルを，波形全体のスペクトルと区別して**DFTスペクトル**という。その2乗値はDFTパワースペクトルというべきもので，波形のN点区間が周期Nで無限に繰り返しているとしたときのパワースペクトルである。それを明示するため**周期化パワースペクトル**（英語では**periodgram**：**ピリオドグラム**）という。周期化パワースペクトルは，N点DFTで得られる周波数軸上の関数，すなわち離散周波数kの関数で式（6.3）によって定義される。

$$P_{xx}(k)=|X(k)|^2=X^*(k)X(k) \tag{6.3}$$

あるいは

$$P_{xx}(k)=\frac{1}{N}|X(k)|^2=\frac{1}{N}X^*(k)X(k) \tag{6.4}$$

で定義される。

周期化パワースペクトルは各周波数成分の2乗で，次元は名のとおりパワーである。同じ波形でも式（6.3）のままでは大きさがサンプル数Nに比例するので，式（6.4）ではNで割ってある。それによってDFTの点数に関係のない，パワースペクトル密度というべきものになる。

式 (6.4) の周期化パワースペクトルは，分析区間長にちょうど整数個の波が入るときに全波形のパワースペクトルと同じになる。そうでない場合でも，DFT で求めた結果が分析区間内の波形のスペクトルであることには違いない。そのため，周期化パワースペクトルをそのままパワースペクトルといっても間違いではないとも考えられるが，あいまいな表現では混乱のもとになる可能性があるので，今後必要に応じて周期化パワースペクトル，またはピリオドグラムという用語を使う。

さて，周期化パワースペクトルが切り取った区間のパワースペクトルならば，分析区間の始点をずらして求めた多数の周期化パワースペクトルを平均すれば波形全体のパワースペクトルの推定値になるのではないかという考えが生じてくるであろうが，そうはならないことが理論的に証明される[6]。

しかし，数学的証明でも偏りのある推定値になるとしかいえず，それからの発展性は認められないので，それをここに紹介することはしない。また，これは数学的証明を経るまでもない簡単なことである。

少し別の見方でそれを説明しよう。図 6.2（a）の波形は式 (6.2) によってつくったのであるから，この波形のパワースペクトルは 4 本の線スペクトルでなければならない。ところが，（c），（d）のスペクトルには外に多数の周波数成分がある。しかも，実部と虚部の 2 乗和である周期化パワースペクトルの値が負になることはない。正の値を何回平均しても 0 に近づいていくことはない。0 になるべき周波数成分が正の値しかとらないのでは何回平均してもそれが 0 になることはないので，平均操作によって周期化パワースペクトルがパワースペクトルになることはない。

このように，波形の一部をとって DFT した結果からスペクトルを正しく推定することが不可能となると，何のための DFT かという疑問が浮かんできて先に進みにくくなる。しかし，まったく意味のない結果になるわけではない。また，DFT の結果は分析区間を 1 周期とする周期波形のスペクトルである。そこで，あきらめることなく，少しでもよい結果が得られるような方法を模索していくことにしよう。

今後，図 6.2 と同じような形の図が次々に現れるので，ここで，その表現法について多少の説明をしておこう。(a) の波形の下の (b)，(c) は N 点 DFT の実部と虚部である。実部と虚部はどちらも正負の値をとり得るので，横軸の上下に正負の値のスペクトルが現れる。周波数は，FFT の結果のままでなく，中央を 0 にして右が正，左が負になるように並べ替えてある。(d) は DFT スペクトルの実部の 2 乗値と虚部の 2 乗値の和，すなわち周期化パワースペクトルである。

その平方根を使って振幅スペクトルを図示する場合もある。振幅スペクトルを用いる理由は，パワースペクトルではほとんど見えない振幅の小さな成分が，振幅スペクトルにすれば見えることがあるためである。すなわち，振幅が最大値の 1/10 ならばグラフとして見ることができるが，その 2 乗値 1/100 は線の太さ以下になってしまう。どの程度違うかは，付録のプログラムを走らせれば見ることができる。

その下の (e) は周期化パワースペクトルを dB で表したものであり，dB で表現すれば 2 乗したかどうかに関係なく振幅スペクトルでも同じ値になり，また，小さな振幅の範囲までよく表される (dB については付録 7 参照)。

6.2 不確定性原理

本節では，周波数分解能と分析時間長の関係を改めて考える。波形を構成するサイン波・コサイン波一つ一つの周波数と振幅を正確に求めることが，周波数分析の目標といえよう。しかし，これを波形の一部分の分析で達成することは不可能である。フーリエ級数と DFT の知識によれば，有限の時間長の波形からは，その時間長の逆数の整数倍の周波数成分しかわからない。

3，4 章で明らかになっているように，有限時間区間の波形のフーリエ変換で得られる線スペクトルの間隔，すなわち周波数領域のサンプル間隔は分析区間の時間長の逆数である。したがって，100 Hz の波を 2 波とって分析したのならば，時間長は 0.02 s，その逆数は 50 Hz である。つまり，100 Hz の波 2

波の DFT によって得られるスペクトルの周波数間隔は 50 Hz である。周波数スペクトルが 50 Hz 間隔の線スペクトルになったのでは，100 Hz の波の高調波はすべてとらえられるにしても，260 Hz の波が混ざっていたらどうなるであろうか。あるいは，100 Hz が 90 Hz に変わったらどうなるであろうか。それがわからないようでは周波数分析の意義はなくなってしまう。

　この問題が分析時間長を長くすることによって解決されることは，3 章から明らかである。5 Hz より狭い間隔のスペクトルが必要ならば 0.2 s 以上の時間長にすればよい。そうすると，そのなかに 100 Hz の波は 20 波入る。最高周波数成分が 1 000 Hz であるとすればサンプリング周波数は 2 000 Hz 以上，したがって同じ時間長内のサンプル数は 400 またはそれ以上ということになる。400 点では 2 のべき乗にならず FFT の算法が使いにくい。そこで同じサンプリング周波数で 512 点にすれば 0.256 s のデータの FFT をすることになり，スペクトルの周波数間隔は 3.9 Hz になる。さらにその 2 倍の点数の 1 024 点 FFT をすれば約 1.95 Hz 間隔のスペクトルが得られる。

　分析区間を長くすることによる周波数分析の結果の違いは，このように数値を用いて考えるだけでなく，実際の波形を分析してみることによって，より明瞭になる。それを示す分析例が図 6.3 である。この図では，(a) に示すように始点から 31 サンプル目までの 32 点の DFT を行った結果を（A）に，始点からの 512 点をとって 512 点 DFT を行った結果を（B）に示してある。周期化パワースペクトルを比較しても，（A）では周波数間隔が粗くて，この波形がどんな周波数構造をもっているのか想像しにくい。しかし（B）のように 512 点とれば，4 周波数成分からなることも，各周波数成分の大きさもかなりよく推定することができる。

　（B）の対数パワースペクトルをみると，4 周波数成分の間に小さな周波数成分が多数あるようにみえるが，これは連続波形から切り取った区間内の波数が整数でないためにできるものである。このことは後の議論の対象になる。

　このように分析時間長を長くすれば周波数分解能が上がることは明らかである。そこで周波数分解能をスペクトルの隣接する成分の周波数間隔 Δf で表

6.2 不確定性原理

周波数	2.6	5.15	8.4	12.2
振幅	1	0.7	0.4	0.3
位相(°)	0	0	90	180

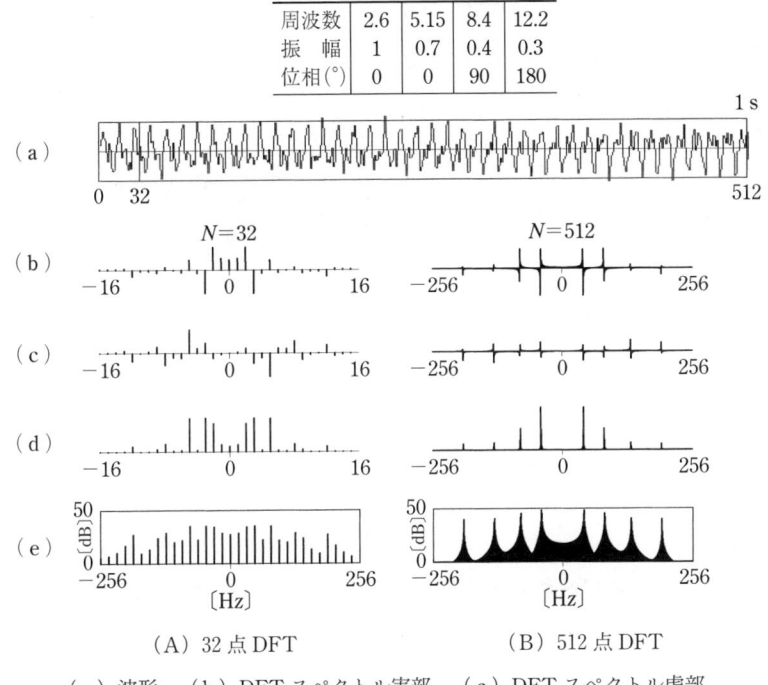

(A) 32点DFT (B) 512点DFT

(a) 波形，(b) DFTスペクトル実部，(c) DFTスペクトル虚部，
(d) 周期化パワースペクトル，(e) 対数パワースペクトル

図6.3 4周波数成分からなる波形の32点DFTと512点DFTの比較

すと，Δf と分析時間長 T との間には式（6.5）の関係が必要である．

$$\Delta f T \geqq 1 \tag{6.5}$$

この関係があることは，2章以来の記述と4章の式（4.4），（4.5）から明らかである．この関係式は，周波数分解能 Δf と分析時間長（時間分解能）T との関係を示している．短い時間区間内の周波数構造を調べようとして分析時間長を短くすると周波数分解能が下がり，周波数分解能を高くしようとすれば長時間にわたる波形が必要で，どの時点のスペクトルかを特定することができなくなる，すなわち時間分解能が低くなるという関係である．

この関係は，電子の位置と運動量の測定誤差の積をある値よりも小さくはできないという量子力学の不確定性原理と同じ形になっている．そのために，式（6.5）の関係は，周波数分析における**不確定性原理**といわれる．

式 (6.5) を書き直すと，周波数分解能を Δf より小さくするために必要な分析時間長 T を与える式 (6.6) になる．

$$T \geqq \frac{1}{\Delta f} \tag{6.6}$$

これで分析時間長を決めればよいのであるが，実際の周波数分析では時間長よりも FFT の点数を決めることが必要になるのが普通である．それを考慮して少し整理することにしよう．

サンプリング周波数は波形を構成する最高周波数成分の 2 倍以上の周波数にしなければならず，また分析区間長は上に述べたようにスペクトルに要求される周波数分解の精度によって決めなければならない．したがって，波形を構成する最高周波数成分の周波数を f_m とすると，サンプリング周期 τ は

$$\tau < \frac{1}{2f_m} \tag{6.7}$$

となり，必要とする周波数分解能を Δf とすると，式 (6.7) と式 (6.6) とから，DFT の点数 N は式 (6.8) を満足するように決めなければならない．

$$N\left(=\frac{T}{\tau}\right) > \frac{2f_m}{\Delta f} \tag{6.8}$$

式 (6.8) で求められた N をデータ長として N 点 DFT を行えばよいのであるが，広く普及している 2 のべき乗の点数の FFT 算法を使うならば，N を式 (6.8) の条件を満足する 2 のべき乗の数値にすべきということになる．

6.3 スペクトルの広がり

6.2 節で周波数分解能とサンプリング周期および DFT の点数の関係は明らかになったが，それですべてが終わったわけではない．図 6.2，図 6.3 に見られるように，分析区間内に入る波の数が整数にならないときにはスペクトルの裾が広がる．これは，周波数分析のために不都合である．裾が広がったのでは，それに埋もれてしまう小さな周波数成分はみつからない．

このスペクトルの裾の広がりは，これまでに示した分析例に見られるように

分析区間長が長ければ小さくなるので，分析では分析区間長を十分に長くすればよいように考えられるが，少々長くしてもまったくなくなるわけではない。分析区間長と裾の広がりの関係を明らかにする必要がある。また，現実には長くすることができない場合もある。

ここで，分析時間長によるスペクトルの変化の例をもう少し見ておこう。そのため 512 Hz サンプリングをした 4 周波数成分からなる波形を取り上げよう。

図 6.4 にその波形と 128 点 DFT の結果を示す。この波形のうち（A）の波形を構成する周波数成分の周波数（512 点内の波数）は図の上の表のようにすべて整数である。しかし，このうちの 128 サンプルを切り取ると，分析時間長

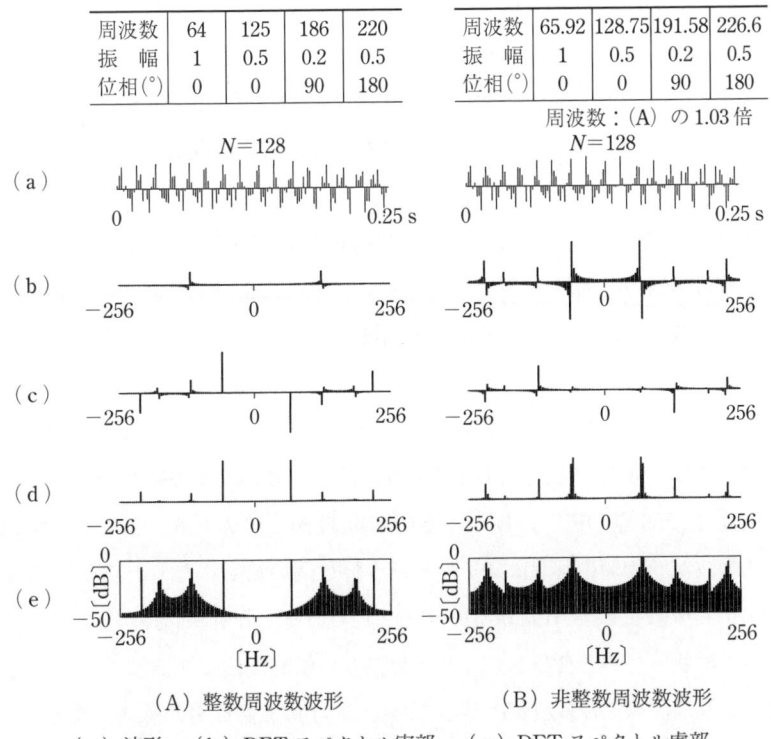

周波数	64	125	186	220
振　幅	1	0.5	0.2	0.5
位相(°)	0	0	90	180

周波数	65.92	128.75	191.58	226.6
振　幅	1	0.5	0.2	0.5
位相(°)	0	0	90	180

周波数：（A）の 1.03 倍

（A）整数周波数波形　　　　（B）非整数周波数波形

（a）波形，（b）DFT スペクトル実部，（c）DFT スペクトル虚部，
（d）周期化パワースペクトル，（e）対数パワースペクトル

図 6.4 128 点 FFT によって求めた二つの波形のスペクトルと周期化パワースペクトル

6. DFTとスペクトル

は0.25 sである。したがって，64 Hzの第1調波と220 Hzの第4調波は0.25 s内の波数が整数になりDFTは線スペクトルになるが，125 Hzの第2波と186 Hzの第3波は整数にならないので広がりが生じる。この様子は(b)以下のスペクトルに現れている。(d)の周期化パワースペクトルまででは裾の広がりの様子がよくみえないが，(e)のようにこの縦軸をdBにすれば，振幅表示かパワー表示かに関係なく同じ値になり，広い振幅範囲をみることができる。

(A)の各調波の周波数が3％高くなったとすると0.25 s内に整数個の波が入る周波数成分がなくなるので，(B)のようにすべての周波数成分が広く裾を広げる。この裾の広がりは分析時間長を長くすれば狭くなっていくが，なくなりはしない。

図6.4と同じ波形の対数周期化パワースペクトルの分析時間長による変化を，**図6.5**に示す。この図では分析時間長すなわちDFTの点数を64点から2倍，2倍，…にして1024点までにしてある。(a)は64点DFTである。512 Hzサンプリングなので，1秒の1/8=0.125 sの波形のDFTとなるが，(A)の第1調波は64 Hz，周期が8サンプルなので0.125 s，64サンプルの区間に8波入り，周波数0から数えて8番目の周波数成分が広がりのない線スペクトルになっている。その他の周波数成分は0.125 s内の波数が整数個にならないので，すべてが広がっている。(b)は128点DFTである。分析時間長が0.25 s，サンプル数は128なので図6.4と同じで，第4調波が1本の線スペクトルになる。(c)は256点DFTである。分析時間長が2倍の0.5 sなので，186 Hzの第3調波がその時間区間に93波という整数個の波数になり，広がりのない線スペクトルになる。(d)は512点DFTである。分析時間長が1 sになるので，最後に残っていた125 Hzの第2調波も分析時間内に125波という整数個の波になり，すべての調波が広がることなく，4周波数成分が線スペクトルとして求められる。(e)のように分析時間長をその2倍にして1024点DFTにしても，結果は同じである。

ところが(B)の波形は(A)の1.03倍の周波数なので，どの調波も同じ

6.4 短い波の分析　　159

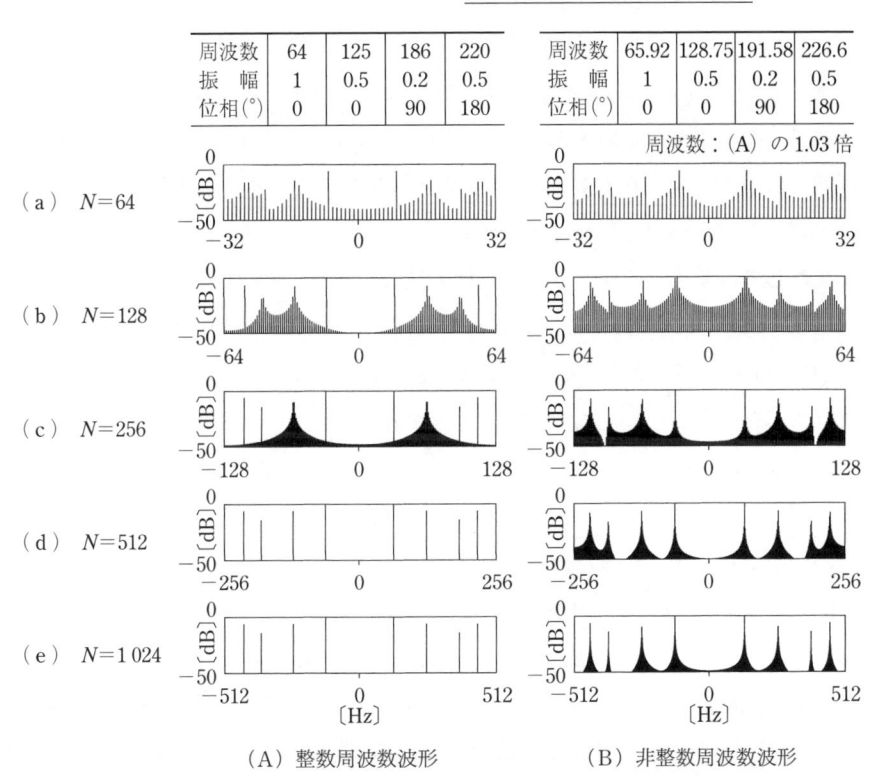

周波数	64	125	186	220	周波数	65.92	128.75	191.58	226.6
振　幅	1	0.5	0.2	0.5	振　幅	1	0.5	0.2	0.5
位相(°)	0	0	90	180	位相(°)	0	0	90	180

周波数：(A) の 1.03 倍

(a) $N=64$

(b) $N=128$

(c) $N=256$

(d) $N=512$

(e) $N=1\,024$

(A) 整数周波数波形　　　　　(B) 非整数周波数波形

図 6.5　図 6.4 と同じ波形の対数周期化パワースペクトルの分析時間長による変化

時間内に整数個の波にはならない。そのため，完全な線スペクトルという結果になることはないが，分析時間長を長くするにつれてスペクトルの広がり幅が狭くなり，各周波数成分がよく分離されるようになることは同じである。

6.4　短い波の分析

これまでに，分析する波形の時間長を長くすれば周波数分解能が上がることは明らかになっているが，それは永続する波という仮定のもとでのことである。もともとが継続時間長の短い波であったり，時間的な変動の激しい波であったりして同じ波形が長く続かなければ，分析時間長を長くすることはできな

い。それでも，注目する区間の波形の外に0のデータを接続して全体の時間長を長くしてFFTの点数を増やせば，周波数軸上のサンプル数が多くなり，周波数成分のわずかな違いを調べるのに有利ではなかろうかと考えられる。0の区間はスペクトルも0であるから，0の区間を加えたために波形のスペクトルに本質的な変化は起きないはずである。

果たしてうまくいくかどうか，同様の波形を使って検討してみよう。

まず，32サンプル長の波形の後に0のデータを224点続かせて256点にしてDFTを求めてみよう。その結果は，図6.6のようになる。なお，この図はこれまでと少々異なり，周波数成分を表す縦棒（線スペクトル）の集まりとしてではなく，スペクトルのピークを連ねる曲線で周波数スペクトルを表してある。図上での線スペクトル密度が高いために，こうしたほうがスペクトルの変化の様子が見やすくなるためである。

図6.6（A）は基本波の周波数が16（＝256/周期）で（a）の波形のように32サンプルでちょうど2波になる。高調波はすべて基本波の整数倍の周波数なので，波形区間の32点FFTにより（e）のように正しい結果が得られる。ところが（B）は基本波の周波数が16.5なので，32点の区間に入る波数（＝256/16.5）が整数でない。そのため波形区間の32点DFTで求めた周期化パワースペクトルは（e）のようになり，この波形が4周波数成分からなるものの一部とは考えにくい。

そこで波形区間の外に0の区間を継ぎ足し256点のデータにして256点FFTをすると，（b）～（d）に示してあるような結果が得られる。これらは全部で256本のスペクトルからなるが，その頂点を結ぶ曲線で表してあるため，連続スペクトルのように見える。振幅が大きい第1，第2，第4調波は0データを継ぎ足した256点DFTでも幅の広いピークになっているが，振幅の最も小さい第3調波は中心部が凹んだピークになり，その外にもいくつものピークができている。

さらに興味がもたれるのは，32点スペクトルの（e）では（A），（B）が似た周波数成分からなるとは思えないほど違うのに，0を継ぎ足して256点長

6.4 短い波の分析　　161

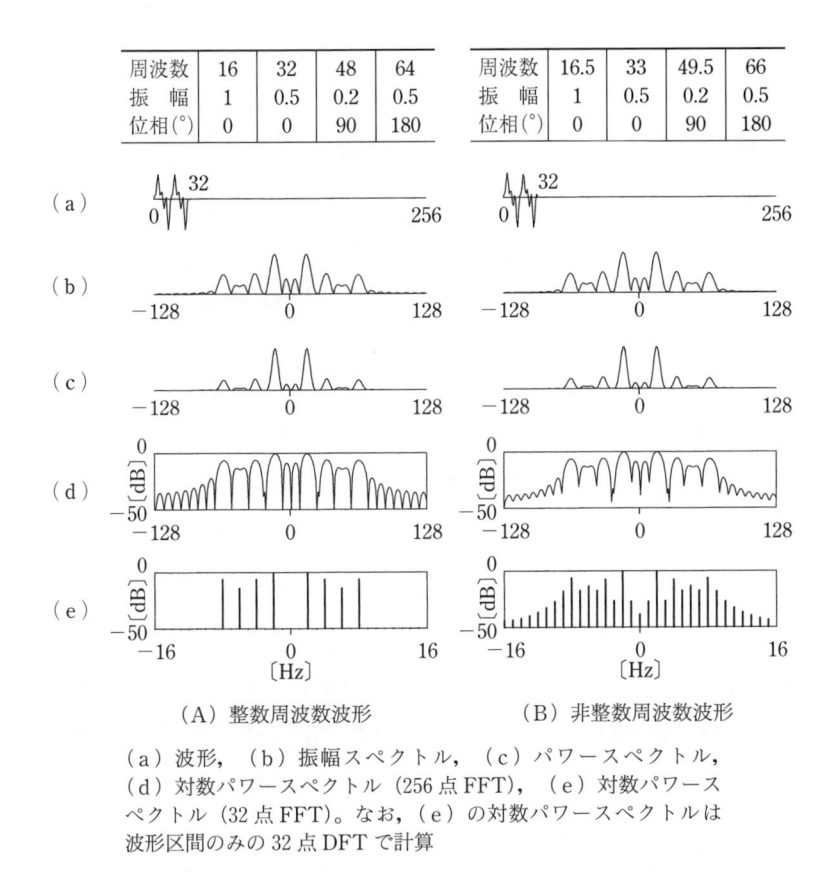

周波数	16	32	48	64
振幅	1	0.5	0.2	0.5
位相(°)	0	0	90	180

周波数	16.5	33	49.5	66
振幅	1	0.5	0.2	0.5
位相(°)	0	0	90	180

（a）〜（e）　波形および各種スペクトル図

（A）整数周波数波形　　　　　　（B）非整数周波数波形

（a）波形，（b）振幅スペクトル，（c）パワースペクトル，
（d）対数パワースペクトル（256点FFT），（e）対数パワースペクトル（32点FFT）。なお，（e）の対数パワースペクトルは波形区間のみの32点DFTで計算

図 6.6 4周波数成分からなる32サンプル長の波形に0のデータを224点接続した波形とその256点DFTの結果〔（b）〜（d）〕

にして計算することにより，（c）のように（A），（B）両者がほぼ同じ周波数成分からなることが表されることである。

このように0のデータ区間を継ぎ足してデータ長を長くしてFFTの点数を増やすことには，何らかの価値がありそうである。そこで，0のデータの区間を継ぎ足すことによるスペクトルの変化を調べてみよう。

図6.6（B）の波形の32点のサンプル列に0のデータ区間を継ぎ足して，64，128，256および512点にしたものをそれぞれの点数でFFTすると**図6.7**

162 6. DFT とスペクトル

周波数	16.5	33	49.5	66
振幅	1	0.5	0.2	0.5
位相(°)	0	0	90	180

（A）波　　形 （B）対数周期化パワースペクトル

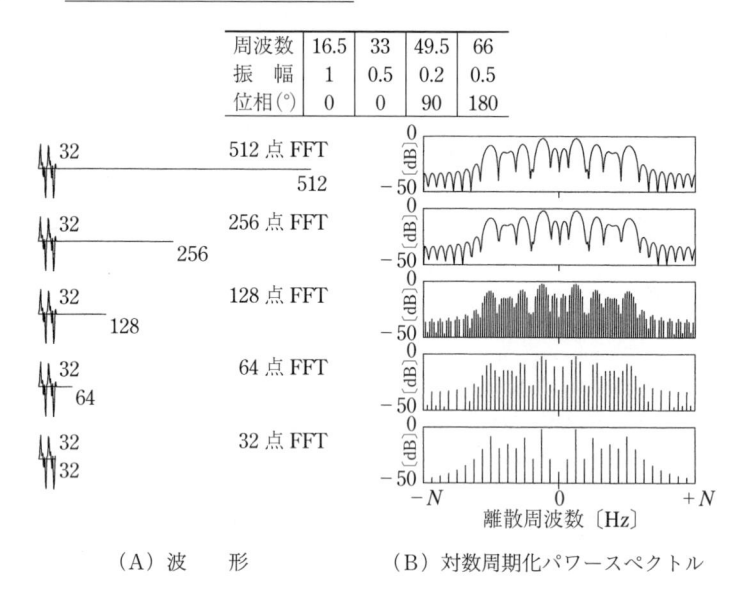

図 6.7　4 周波数成分からなる周期 256/16.5 の波形の 32 点のサンプル列に 0 のデータ区間を継ぎ足して 512, 256, 128, 64, 32 点 FFT により求めた対数周期化パワースペクトルの比較

のようになる。0 データを継ぎ足さない 32 点 DFT による対数周期化パワースペクトルは図 6.6（B）の（e）と同じである。継ぎ足す 0 のデータ区間を長くするとしだいにスペクトルの形が図 6.6（A）の対数周期化パワースペクトルに似てくる。このスペクトルからは，太い盛り上がりの中心付近に周波数成分があると考えられるが，この波形が基本波と第 2，第 3，第 4 高調波からなる波であると決めるのは無理であるし，各調波の周波数や振幅も正確には求められない。32 点，64 点の FFT よりはましな結果になるにしても，2 波しか使わないでそこまでいうことには無理がある。

短区間波形の DFT 分析だから周波数分解能が劣るので，0 のデータでも付け加えて多数点の DFT を行えばよいのではないかという考えには，一利はあるにしてもそうすぐれたものではないようである。DFT の点数をさらに多くしても，これ以上のことはなさそうである。

そこでつぎに，0 のデータを継ぎ足す前の波形の長さによるスペクトルの変

化を調べることにしよう．その一例が図 6.8 である．この図では図 6.6 と同じ波形のサンプル値を 128 点とり，それに 0 のデータを加えて 256 点 FFT をしている．今度はデータ長が長くなったためにスペクトルは 4 周波数成分をかなり忠実に表している．もちろん，もとの波形にはないはずの周波数成分も見られるが，前の図と比べれば，好ましい方向になっている．

分析する波の長さが短いとほとんどわからない周波数構造が，波数を多くすると明瞭になるので，0 のデータを加えた全データ長を一定にして，そのなかでの波の長さを変えたときのスペクトルの変化をつぎに調べることにしよう．

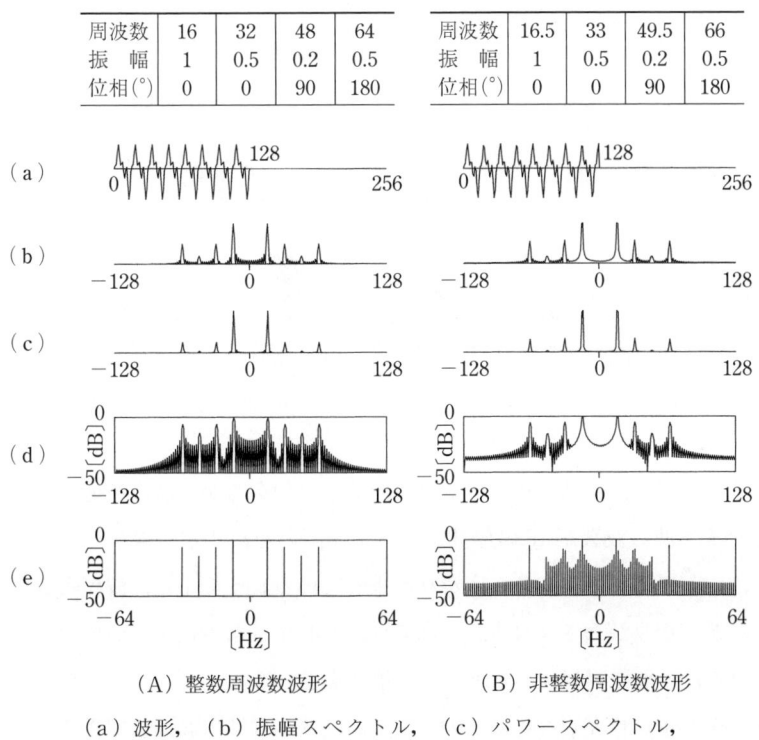

周波数	16	32	48	64
振幅	1	0.5	0.2	0.5
位相(°)	0	0	90	180

周波数	16.5	33	49.5	66
振幅	1	0.5	0.2	0.5
位相(°)	0	0	90	180

(A) 整数周波数波形　　　　(B) 非整数周波数波形

(a) 波形，(b) 振幅スペクトル，(c) パワースペクトル，(d) 対数パワースペクトル (256 点 FFT)，(e) 対数パワースペクトル (128 点 FFT)．なお，(e) の対数周期化パワースペクトルは波形区間のみで 128 点 DFT で計算

図 6.8　4 周波数成分からなる 128 サンプル長の波形に 0 のデータを 128 点接続した波形とその 256 点 FFT の結果

6. DFT とスペクトル

これまでと同じ波形を1波（16点），2波，4波，8波，16波（256点）と増やしていき，それぞれに0のデータを継ぎ足して256点データにしたうえでDFTするとどうなるか計算した結果が**図6.9**である。ただし，基本周波数を16よりも1％高くしてある。

周波数	16.15	32.31	48.47	64.63
振幅	1	0.5	0.2	0.5
位相(°)	0	0	90	180

(A) 波　形　　　　　(B) 周期化パワースペクトル

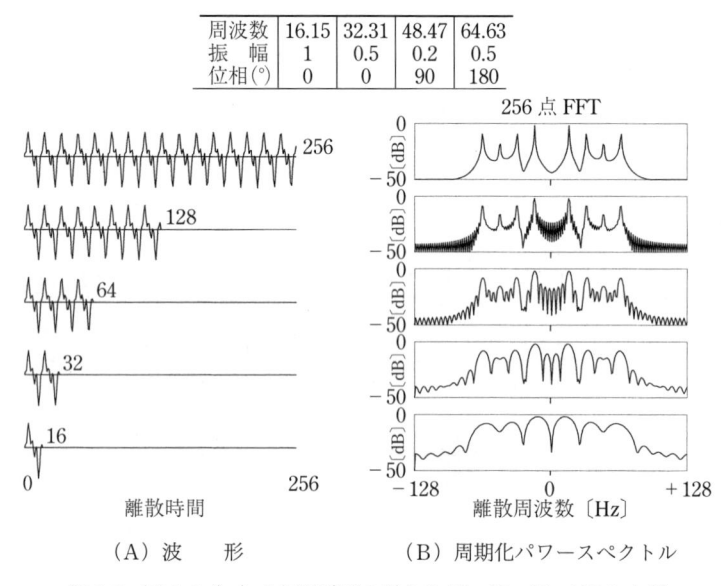

図6.9 図6.6（a）と同じ波形の長さを16，32，64，128および256点にし，残りを0とした波形と，その256点DFT

図6.9の最上段は256点すべてが波形データであるが，波形を構成するすべてのサイン波の波数が16の倍数よりも1％高いため4本の線スペクトルにならず，すべての周波数成分に広がりが生じている。その下は，波の長さが短くなるほど広がりが大きくなる。これでは，もし小さな振幅の波が重なっていたとしたら，それを発見することは不可能である。

スペクトルが存在しないはずのピークの間や高周波の範囲にできるスペクトル成分が小さくなって，小さな周波数成分でも検出できる方法が望まれる。6.5節から，それを検討する方向に進んでいこう。

6.5 サイン波形の DFT

6.4 節最後の要求に応える方法を考えるため，ここでサイン波のサンプル列の DFT を求めてみよう．その第 1 の例が，**図 6.10** である．(A) にはちょうど 5 波のサイン波と，それを 32 等分したサンプル列を (a) に示し，その 32 点 DFT の実部を (b)，虚部を (c) に，また振幅スペクトルを (d) に示してある．(e) はそれを dB 目盛で表した対数周期化パワースペクトルである．(B) は N サンプル時間内の波数が 5.6 になっているだけで，あとは同じである．

すでに 5 章で述べたことの繰返しになるが，図 6.10 について少し説明しよう．(A) は 5 波のサイン波で，5 波の時間区間を 32 等分した点がサンプル点

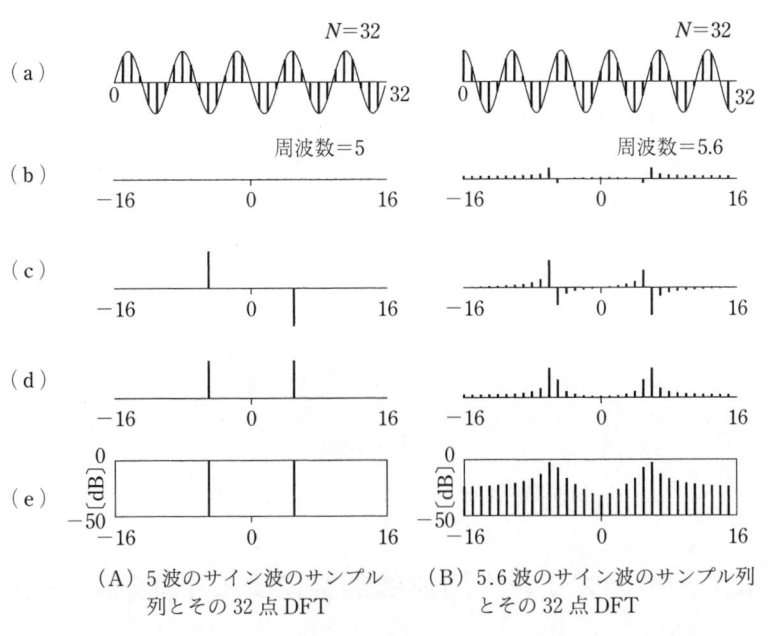

(A) 5 波のサイン波のサンプル列とその 32 点 DFT　　(B) 5.6 波のサイン波のサンプル列とその 32 点 DFT

(a) 波形，(b) DFT スペクトル実部，(c) DFT スペクトル虚部，
(d) 振幅スペクトル，(e) 対数周期化パワースペクトル

図 6.10 サイン波のサンプル列とその DFT

である。その DFT は，実部はすべて 0 で，虚部は正負の離散周波数 5 に線スペクトルが現れ，その他の離散周波数ではすべて 0 である。これは 5 波のサイン波のスペクトルとして当然の結果である。

ところが，少し周波数が高くなり，32 サンプルの時間区間内に 5.6 波入る場合に 32 点 DFT を計算すると，（B）のようになる。このスペクトルからは，この波がサイン波であるとは考えにくい。$k=5.6$ の近くの整数の周波数成分がいくつもあると見るのが自然であろう。

前にも述べたが，このようになる理由は FFT が DFT 計算の算法であり，DFT で得られるものが DFT の点数とサンプル間隔の積の時間 T を周期とする周期波形のフーリエ係数と同じということにある。図 6.10（A）の波形は T の区間を両側に繰り返して描くと**図 6.11（a）**のような連続する長いサイン波になるが，図 6.10（B）の波形は T の区間を 1 周期として並べると N サンプルごとの周期の境目に図 6.11（b）のように段差が生じる。段差による不連続が存在する波形を合成するためには，図 6.10（B）のスペクトルのように多くの周波数成分が必要である。また，サイン波ならばスペクトルは虚部にしかないはずであるが，5.6 波ごとに繰り返す波形はサイン波と異なる波形になっているので，実部にも虚部にもスペクトルが存在する。

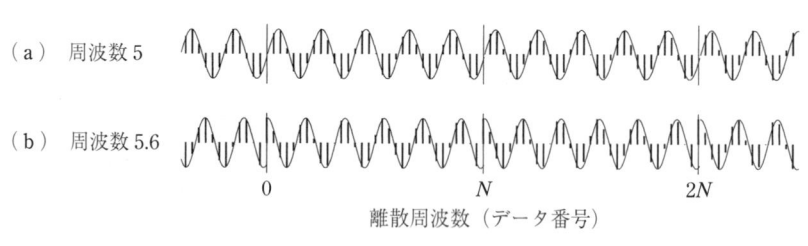

(a) 周波数 5

(b) 周波数 5.6

離散周波数（データ番号）

図 6.11 N サンプル長を周期とする周期波形

6.6 サンプリング周波数調整による不連続の解消

これまでに見てきたように，分析時間区間内の波数が整数ならば線スペクトルになる。それならば，FFT のための点数でちょうど整数個の波になるよう

6.6 サンプリング周波数調整による不連続の解消

にサンプリング周期を変えれば,線スペクトル構造のスペクトルが得られるはずである.正しくそのとおりで,サンプリング周波数を微調整して分析区間長があらゆる周波数成分の周期の整数倍になるようにすればよい.とはいっても,どんな周波数成分があるかわからないので周波数分析をして調べようというのに,波の周期に合わせたサンプリング周波数を選ぶというのは無理なことであるし,周波数の異なるいくつかの波の重なりの場合には,それができるとは限らない.

しかし,楽器音のように高調波の周波数が基本波の整数倍であることが期待される波形ならば,それができそうに思われる.一挙に最適なサンプリング周波数を決定できなくても,何回も FFT してよさそうな結果を得るというのは,一つの方法であろう.そういったことを念頭に入れて検討してみよう.

図 6.12 は,基本波 2 周期の時間を 32 等分して 32 点 DFT で周波数分析をした例である.(A) はサンプリング周期の 32 倍の時間長に基本波がちょうど 2 波が入っている.各高調波の周波数,振幅および位相が図の上の表に示してあるように,基本波に 2 倍,3 倍および 4 倍の周波数の高調波が加わっている.したがって,$n=0$ という最初の時点のサンプル値と,$n=16$ および 32 の点の波形の値が同じである.この図では $n=32$ の点は右端で,有効なデータは $n=0 \sim 31$ の 32 個の値である.(A) の場合はちょうど 2 周期を 32 等分したサンプル点を 32 点とって 32 点 FFT しているので,高調波が正確に求められている.

(B) も (A) とまったく同じ調波構造の波形についての結果である.これはアナログ波形のちょうど 2 周期をとり,両端のサンプルを含めて 32 サンプルになるようにサンプル点をとっている.データ数は 32 であり,波形を図に描いてサンプル点を見ると最初と最後の値が同じになる.それでちょうど 1 周期と見れば,それでよいように思える.しかしそのため,2 周期分の長さを 31 等分したことになる.31 等分になっているために基本波の周期が (a) の 16 に対して 15.5 になり,サンプリング周期は基本波の 2 周期の 1/32 にはならず,1/31 になる.それによって分析時間長に入る波の数は,サンプル数が 32

6. DFT とスペクトル

周波数	2	4	6	8
振　幅	1	0.5	0.2	0.5
位相(°)	0	0	90	180

周波数	2.064 5	4.129	6.194	8.258
振　幅	1	0.5	0.2	0.5
位相(°)	0	0	90	180

(a) 波形

(b), (c), (d), (e) スペクトル表示（$N=32$）

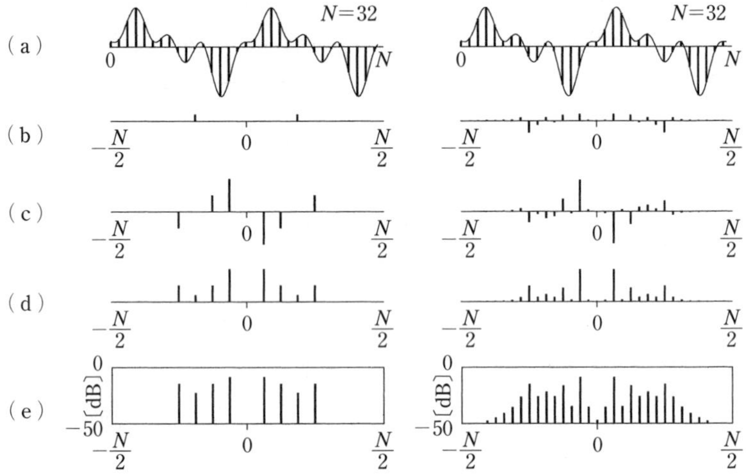

(A) 基本波の周波数が 2（基本波周期が 16）

(B) 基本波の周波数が 2.064 5（基本波周期が 15.5）

(a) 波形，(b) スペクトル実部，(c) スペクトル虚部，
(d) 振幅スペクトル，(e) 対数パワースペクトル

図 6.12 第 2〜第 4 高調波をもつ波の波形とその 32 点 DFT

ということから，32/15.5＝2.064 5 という整数ではない値になる。

サンプリング周期の違いがわずかでもその影響はきわめて大きく，FFT によって求めたスペクトルには図に見られるように大きな違いが生じる。この場合の周期の誤差は約 3.2 ％にすぎないのに，スペクトルはまったく違う。高調波を正確に求めようとして注意深く 1 周期のデータをとったとしても，サンプル点の選び方を誤ればほとんど意味のない結果になる。これには，十分な注意が必要である。

高調波の周波数が基本波の整数倍からわずかにずれているときにどうなるかを調べることにしよう。楽器音では，高調波の周波数が基本波の周波数の整数倍からわずかにずれて特有の音色をつくることがある。そのようなときに，基本波に合わせてサンプルしたらどうなるであろうかということでもある。

6.6 サンプリング周波数調整による不連続の解消

その検討の例を図 **6.13** に示す．ここで用いた波形はこれまでとほぼ同じである．2 倍長（4 周期）の波形の 64 点 DFT をしているので，図 6.12 と比べてサンプル密度が 2 倍になっている．（A）は第 2 高調波以上の周波数が 1 % 高いのでスペクトルが広がっている．（B）は基本波の 0.5 倍の振幅の第 4 高調波の周波数が基本波の周波数の 4 倍よりも 1 % 高くなっているだけであるが，そのため第 4 高調波のスペクトルが広がっている．この広がりのなかに入る小さな周波数成分があれば，それは隠れてしまう．

以上の検討により，基本波に合わせてサンプルする際には，サンプリング周波数にわずかな誤差があっても，高調波の周波数や振幅を正確に求めることができなくなることが明らかになった．また，基本波を対象としてのサンプリン

周波数	2	4.04	6.06	8.08
振幅	1	0.5	0.2	0.5
位相(°)	0	0	90	180

周波数	2	4	6	8.08
振幅	1	0.5	0.2	0.5
位相(°)	0	0	90	180

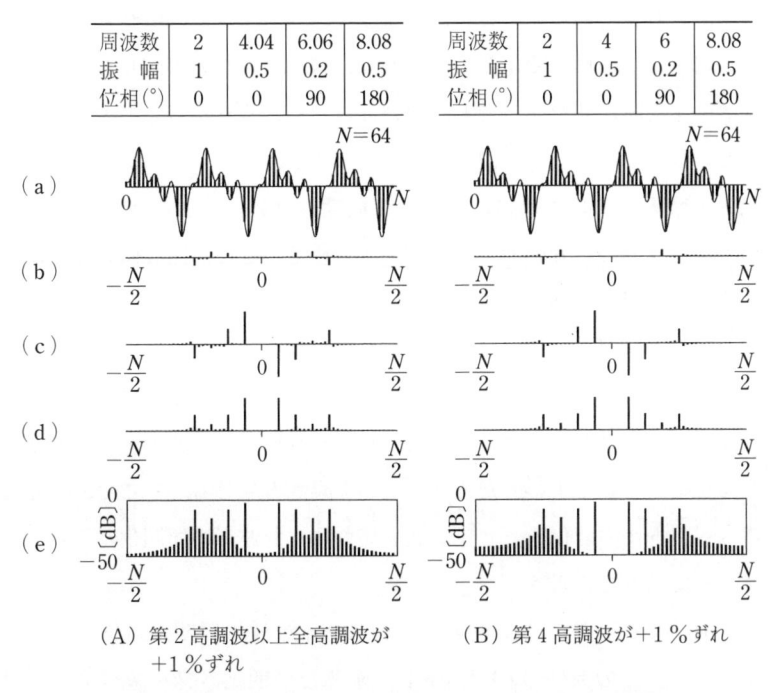

(A) 第 2 高調波以上全高調波が +1 % ずれ　　(B) 第 4 高調波が +1 % ずれ

(a) 波形，(b) スペクトル実部，(c) スペクトル虚部，
(d) 振幅スペクトル，(e) 対数パワースペクトル

図 **6.13** 基本波にその 2，4，6，8 倍の周波数の高調波が重なった波形の 64 点 DFT における高調波の周波数ずれによる変化

グ周波数にまったく誤差がなくても，高調波のなかに基本周波数の整数倍でない周波数のものがあれば，その成分のスペクトルの裾が広がり，高調波の次数，振幅が正確には求められなくなることがあることもわかった。これは，楽器音などの波形分析では重大な問題になる可能性がある。

6.7 重み付けによる波形の不連続解消

波形データを N 点とったものの DFT は，N 点の波形が周期 N で繰り返す周期波形のフーリエ変換である。したがって，1周期の終わりと次の周期の始めの接続点で波形が変化するとき，波形の急激な変化によって生じるスペクトル成分が，これまでの多くの分析例のように，スペクトルの広がりになっている。そこで生じる波形の変化が大きければ，スペクトルの広がりも大きい。波形に 0 データを続かせた場合でも，急に 0 になったり 0 から急に大きな値になったりというようなサンプル値の跳躍が生じると，スペクトルが広がる。

以上の考察をもとにすれば，波形の1周期を終わって次の周期に移るときに，あるいは波形の区間の前後で 0 データに移るときに急激な値の変化が生じないようにすれば，スペクトルの広がりを少なくすることができるはずである。急な変化の解消の方法としては，波形の分析区間の両端を徐々に小さくすることが考えられる。振幅が徐々に 0 になり，次も 0 から徐々に大きくなるならば，急激な変化はないわけである。しかしそれによって波形全体の形が変わる。そんなことをしてよいのだろうかという疑問も生じる。そこで，絞ることによるスペクトルの変化を，サイン波を切り取った波形の周期化パワースペクトルによって調べてみよう。

まず，64サンプル内に 5.5 波入っているサイン波の周期化パワースペクトルを調べよう。この数列の 64 点 FFT で求めた周期化パワースペクトルは図 6.14（a）にサンプル列とともに示すように，広い周波数範囲に広がる。そこで，同じ波形の両端を絞ってみる。もとの波形からの変化をあまり大きくしないように，中央部の 80 ％を平たんにし，両端を直線的に絞ることにしよう。

(a) 両端絞らず

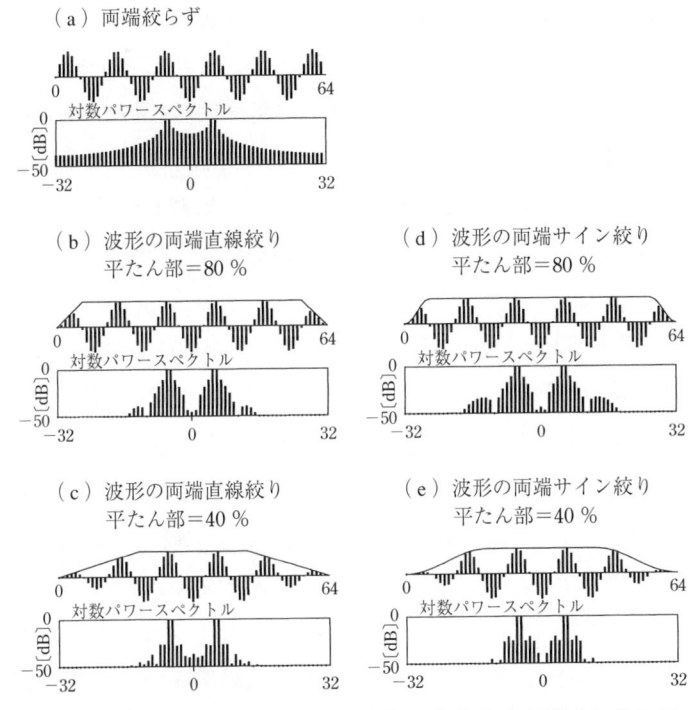

(b) 波形の両端直線絞り
平たん部＝80 %

(d) 波形の両端サイン絞り
平たん部＝80 %

(c) 波形の両端直線絞り
平たん部＝40 %

(e) 波形の両端サイン絞り
平たん部＝40 %

(a) 波形のサンプル列をそのまま FFT，(b),(c) 両端それぞれ 10 %，30 % を直線的に絞って FFT， (d),(e) 両端それぞれ 10 %，30 % をサイン曲線で絞って FFT

図 6.14 5.5 波のサイン波の始端・終端の絞り方による 64 点周期化パワースペクトルの変化

その波形のサンプル列とそれを FFT した結果が（b）である。その結果は線スペクトルにはほど遠いにしても，(a) に比べればスペクトルの広がりが非常に狭くなっている。(b) のスペクトルの頂点は 5.5 という，そうあってほしい周波数のようであるが，これが整数でないために 5 と 6 がほぼ同じ大きさで最大になっている。この方法には期待がもてそうである。

両端の傾斜を緩やかにするため，平たん部を 40 % に狭くして同じように両端を絞ればどうなるであろうか。その結果が（c）である。これは（b）よりも望ましい方向に変わっているように見える。

両端の絞り方が直線的というのは少々乱暴で，もう少し滑らかに絞るほうが

よいのではないかとも考えられる。そこで，波形の振幅変化を緩やかな曲線にするため，中央部の80％および40％を平たんにし，〔$0.5-0.5\cos(\pi n/\tau)$, $\tau=0.1N$, $0.3N$, N はデータ長，n はデータ番号〕を左端に，右端には同じ関数の n を右から数えたデータ番号としたものを掛けて絞った波形と，それをFFTした結果を（d），（e）に示す。しかし，これを直線絞りの（b），（c）と比べてみると，特によくなったとはいえない。苦労の割りには効果が少ないようである。

　図6.14 は基本波だけの分析であるが，周波数分解能を必要とするのはいくつかの周波数成分が混在しているときである。そこで，同じ方法で振幅が基本波の0.5倍の第2高調波が入っている波形の分析をしてみよう。ただし，前の例では平たん部の長さが全体の80％のときよりも40％のときのほうがよさそうなので，今度はさらに短くして20％と0％にして比較することにしよう。

　その結果は図6.15に示すとおりである。両端を絞らなくても（a）のように第2高調波は明瞭である。この場合は分析区間内の第2高調波の波数が11という整数になるので，基本波のスペクトルの広がりの上に突き出た線スペクトルという形になる。しかし，基本波のスペクトルが全体に広がっているために，そのほかに振幅の小さい周波数成分があったとしてもそれは検出されないであろう。

　（b）以下に見られるように，両端を絞るとその恐れが減少することは確かである。しかも，平たん部分が20％残る（b），（d）よりも，まったくなくなる（c）と（e）のほうが好ましい結果になっているように見える。（e）では第2高調波の幅が非常に狭い。これには大いに興味をそそられるが，0％という平たん部分がまったくない重みのかけ方でよいものであろうか。波形はずいぶん変わってしまうので，その検討が必要である。

　いずれにしても，両端での急激な変化の影響を小さくするためにそこを絞るという考えはよさそうである。しかしまだこの段階では，平たん部分がまったくなくなるような絞り方がよさそうだというだけで，絞ることがどんな意味をもつかは計算結果を観察したという程度にしかわかってない。絞ることに理論

(a) 両端絞らず

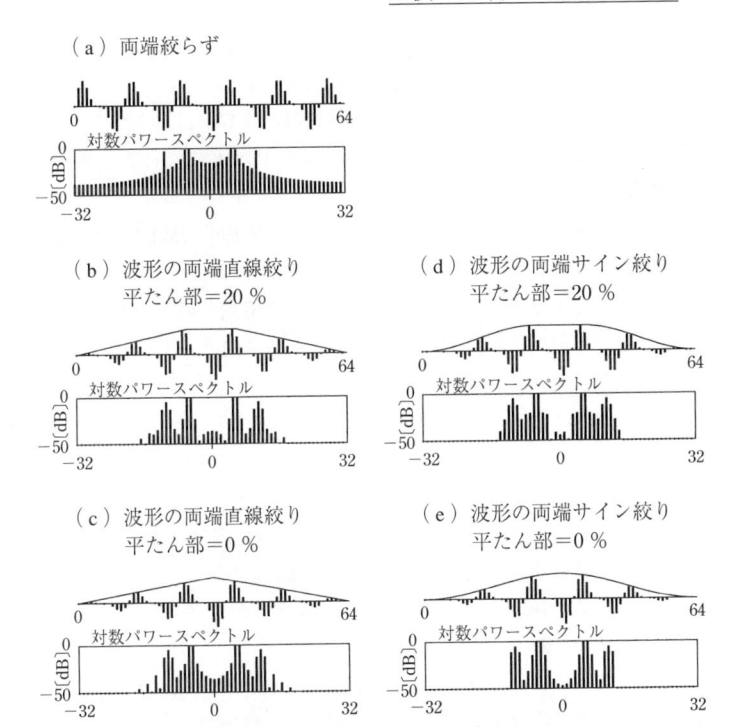

(b) 波形の両端直線絞り
平たん部=20 %

(d) 波形の両端サイン絞り
平たん部=20 %

(c) 波形の両端直線絞り
平たん部=0 %

(e) 波形の両端サイン絞り
平たん部=0 %

(a) 波形のサンプル値をそのまま FFT, (b) 両端それぞれ 40 % を直線的に絞って FFT, (c) 中央から両端までを直線的に絞って FFT, (d) 両端それぞれ 40 % をサイン曲線で絞って FFT, (e) 中央から両端までをサイン曲線で絞って FFT

図 6.15 5.5 波のサイン波に振幅 1/2 の第 2 高調波を加えた波形の始端・終端の絞り方による 64 点周期化パワースペクトルの変化

的な意味付けを与えることにより,どんな絞り方がよいかを明らかにすべきである。本章ではまだ,その結論には至らない。それを検討しようというのが次章である。

演 習 問 題

1. 波形のサンプル列の N 点 DFT が,離散周波数 m と $N-m$ で 1, ほかではすべて 0 になった。もとの波形はどんな波形か。

2. 波形のサンプル列の N 点 DFT が，離散周波数 m で j，$N-m$ で $-j$，ほかではすべて 0 になった．もとの波形はどんな波形か．
3. 波形のサンプル列の N 点 DFT が，離散周波数 m で -1，k で $+0.5$ となり，また，$N-m$ で -1，$N-k$ で -0.5，ほかではすべて 0 になった．もとの波形はどんな波形か．
4. 波形のサンプル列の N 点 DFT が数本の線スペクトルの周囲に多数の成分をもっているとき，この波形はどんな性質の波形か．
5. サイン波・コサイン波の周期が N サンプル長の整数分の 1 にならないとき，その波形のサンプル列の DFT はどうなるか．その理由とともに答えよ．
6. 周期化パワースペクトルとは何か．
7. 周期化パワースペクトルが全波形のパワースペクトルと一致するのはどんなときか．
8. 波形の一時点の値だけから，その波形の周波数を知ることができるか．
9. T 秒間の波形から知ることができる波形の周波数精度はいくらか．
10. 周波数分析における不確定性原理とは何のことか．
11. N サンプル長の時間に 11 波のサイン波と 13.5 波のコサイン波が入っているとき，N 点 DFT でそれを知ることができるか．
12. 周期化パワースペクトルに孤立した周波数成分ができる場合と，広がりのある周波数成分ができる場合とがある．それぞれどんな場合か．
13. サイン波の N 点 DFT の虚部が 0 になるのはどんな場合か．
14. サイン波の N 点 DFT なのに実部も虚部も存在するのはどんな場合か．

7 時間窓

波形の両端を絞ることにより分析区間長に入る波数が整数でなくても波の周波数や振幅がかなりよく求められることが，6章の最後に示された。しかし，6章ではどんな絞り方をすればよいかという検討は不十分である。本章の目的は，絞ることの意味を明らかにして，どんな絞り方がよいかの明確な指針を得ることである。

両端を絞る重み関数を**時間窓**（time window）という。時間窓の性質は，FFTの算法が発表された後しばらくの間精力的に調べられ，窓形ごとにいろいろな名前がつけられている。

7.1 時間関数の積のフーリエ変換

6章で波形の両端を絞ったのは，分析対象波形に，両端を絞る**時間窓関数**を掛けたということである。したがって，その結果のスペクトルは，二つの時間関数の積のスペクトルがどうなるかを調べることで予測される。

二つの時間関数を分析対象波形 $x(t)$ とそれに掛ける時間窓関数 $w(t)$ とし，それぞれのフーリエ変換を $X(f)$ と $W(f)$ とする。$w(t)$ はしばしば**窓関数**ともいわれる。$x(t)$ と $X(f)$ および $w(t)$ と $W(f)$ の関係は，式(7.1)〜(7.4) のようにフーリエ変換対で表される。

$$X(f) = \int_{-\infty}^{+\infty} x(t) \exp(-j2\pi ft)\, dt \tag{7.1}$$

7. 時間窓

$$x(t) = \int_{-\infty}^{+\infty} X(f) \exp(j2\pi ft) \, df \tag{7.2}$$

$$W(f) = \int_{-\infty}^{+\infty} w(t) \exp(-j2\pi ft) \, dt \tag{7.3}$$

$$w(t) = \int_{-\infty}^{+\infty} W(f) \exp(j2\pi ft) \, df \tag{7.4}$$

問題は，$x(t)$ と $w(t)$ の積のフーリエ変換がどうなるかであるが，本章の目的はフーリエ解析の対象とする波形に時間窓関数を掛けるとスペクトルがどう変わるかを調べることである。

波形は，一つのサイン波の場合を含めて，いくつかのサイン波の和で表される。したがって，波形に時間窓を掛けることによるスペクトルの変化を知るためには，まず，一つのサイン波に時間窓を掛けたときスペクトルがどうなるかを明らかにすることが必要である。

これは AM ラジオに代表される通信における振幅変調と同じである。

まず，$x(t)$ を周波数 f_0 のサイン波とし，それに窓関数 $w(t)$ を掛けた波形のフーリエ変換を計算することにしよう。窓関数 $w(t)$ を，時間区間 $-T/2 \sim +T/2$ 内にだけあって，その外では 0 の波形とすると，積分区間はその時間区間だけでよい。

$$\text{FT}[x(t)w(t)] = \int_{-\frac{T}{2}}^{+\frac{T}{2}} \sin(2\pi f_0 t) \, w(t) \exp(-j2\pi ft) \, dt \tag{7.5}$$

サイン関数をオイラーの公式によって複素指数関数で表すと，式 (7.5) は式 (7.6) のように書き換えられる。

$$\begin{aligned}
\text{FT}[x(t)w(t)] &= \int_{-\frac{T}{2}}^{+\frac{T}{2}} \frac{\exp(j2\pi f_0 t) - \exp(-j2\pi f_0 t)}{j2} w(t) \exp(-j2\pi ft) \, dt \\
&= \frac{1}{j2} \int_{-\frac{T}{2}}^{+\frac{T}{2}} w(t) \exp\{-j2\pi (f-f_0)t\} \, dt \\
&\quad - \frac{1}{j2} \int_{-\frac{T}{2}}^{+\frac{T}{2}} w(t) \exp\{-j2\pi (f+f_0)t\} \, dt
\end{aligned} \tag{7.6}$$

窓関数 $w(t)$ が $-T/2 \sim +T/2$ の外の時間帯では 0 であることから，そのフーリエ変換 $W(f)$ は式 (7.3) の積分区間をこの区間に変えた式 (7.7) に

なる。

$$W(f) = \int_{-\infty}^{+\infty} w(t) \exp(-j2\pi ft)\, dt = \int_{-\frac{T}{2}}^{+\frac{T}{2}} w(t) \exp(-j2\pi ft)\, dt \quad (7.7)$$

式 (7.7) と式 (7.6) を比べてみると，式 (7.6) の積分は式 (7.7) の f が $f-f_0$ あるいは $f+f_0$ になっただけであるから，式 (7.6) は式 (7.8) のように書き換えられる。

$$\mathrm{FT}[w(t)\sin(2\pi f_0 t)] = \frac{1}{j2}[W(f-f_0) - W(f+f_0)] \quad (7.8)$$

窓関数をコサイン波に掛けたときにはそのスペクトルが式 (7.9) のようになることが，式 (7.8) と同じようにして導かれる。

$$\mathrm{FT}[w(t)\cos(2\pi f_0 t)] = \frac{1}{2}[W(f-f_0) + W(f+f_0)] \quad (7.9)$$

分析対象とする波形が式 (7.10) のように L 個のコサインおよびサイン関数の和で表されるものとしよう。

$$x(t) = \sum_{i=0}^{L-1} A_i \cos(2\pi f_i t) + \sum_{i=0}^{L-1} B_i \sin(2\pi f_i t) \quad (7.10)$$

この波形に窓関数 $w(t)$ を掛けてフーリエ変換すると，式 (7.11) のように，式 (7.8) および式 (7.9) にフーリエ係数を掛けたものの和になる。

$$\mathrm{FT}[w(t)x(t)] = \frac{1}{2}\sum_{i=0}^{L-1} A_i[W(f-f_i) + W(f+f_i)]$$

$$+ \frac{1}{j2}\sum_{i=0}^{L-1} B_i[W(f-f_i) - W(f+f_i)] \quad (7.11)$$

式 (7.11) では，窓関数 $w(t)$ のスペクトル $W(f)$ が $x(t)$ を構成するサイン波・コサイン波の周波数 f_i を中心とした $W(f-f_i)$，$W(f+f_i)$ に変わって入っている。したがって，窓関数の検討のためには波形に窓関数を掛けたもののスペクトルという波形次第で変化するものよりも，窓関数そのもののスペクトルを調べるほうがよいことがわかる。

これを根拠として，この後は窓関数のスペクトルを検討することになる。

7.2 両端絞り関数のスペクトル

ここで，6章最後の図6.14および図6.15に示した結果を，時間窓のスペクトルという観点で見直してみよう。

これらの図で両端を絞るのに使った重み関数のスペクトルを計算すると，図7.1のようになる。（a）は絞らない場合で，（b），（c）は直線絞り，（d），

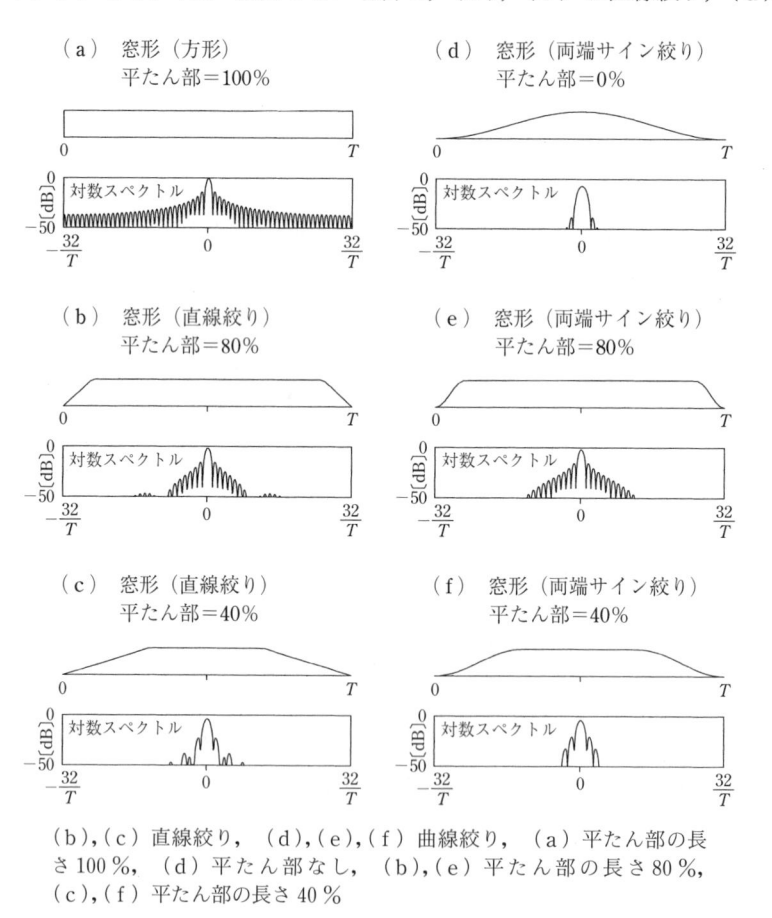

（a）窓形（方形）
　　　平たん部＝100％

（d）窓形（両端サイン絞り）
　　　平たん部＝0％

（b）窓形（直線絞り）
　　　平たん部＝80％

（e）窓形（両端サイン絞り）
　　　平たん部＝80％

（c）窓形（直線絞り）
　　　平たん部＝40％

（f）窓形（両端サイン絞り）
　　　平たん部＝40％

（b），（c）直線絞り，（d），（e），（f）曲線絞り，（a）平たん部の長さ100％，（d）平たん部なし，（b），（e）平たん部の長さ80％，（c），（f）平たん部の長さ40％

図7.1　6章で用いた両端を絞る重み関数のスペクトルの比較

(e),(f)はサイン関数で丸みを付けた曲線絞りで，それぞれの上側が重み関数すなわち時間窓の波形，下側がそのスペクトルである．時間窓の長さは T であり，(a)は平たん部分が100%，(d)は0，(b)，(e)は平たん部が80%，(c)，(f)は40%である．この図のスペクトルは周波数0を中心にして $\pm 32/T$ までを描いてある．縦軸はdB目盛であり，50dBの範囲を描いてあるので，非常に小さい成分（振幅約3/1000）まで表されている．

時間窓の始点 $t=0$ で0から急に1になり，終点 $t=T$ までその値を保ち，急に0になる方形波のスペクトルは(a)のように非常に広く広がる．7.1節で導いた式(7.8)などにより，このスペクトルがサイン波の周波数を中心にして広がることによって6章の図6.14，図6.15のスペクトルができると理解される．図6.14(a)ではサイン波の周波数 f_0 が5.5なので，図7.1(a)のスペクトルの中心を $k=f_0$ においたものと $k=-f_0$ においたものとが重なり合って，周波数0でも大きなスペクトル値になるわけである．図6.15(a)のスペクトルは，これに ± 11 に中心をもつ第2高調波のスペクトルが重なってできている．

図6.14(b)は両端の各10%を斜めに削った時間窓のスペクトルが，その中心を ± 5.5 において重なり合ったものとなっている．図6.14(c)は両端各30%を斜めに削ってあるため傾斜が緩やかで窓関数のスペクトルが狭い周波数範囲に収まっている．その窓関数のスペクトルが図7.1(b)である．そのため図6.14では(a)よりは(b)のほうが，(b)よりは(c)のほうが $\pm f_0$ に中心を置くスペクトルがよく分離されている．

ここまでは両端を直線的に絞った時間窓の効果であるが，曲線絞り時間窓のサイン関数による重み付けは，始点 $t=0$ から $t=\tau$ までは

$$w(t)=0.5-0.5\cos\left(\pi\frac{t}{\tau}\right) \tag{7.12}$$

終点の右端 $t=T$ から中央に向けて $t=T-\tau$ までは

$$w(t)=0.5-0.5\cos\left(\pi\frac{T-t}{\tau}\right) \tag{7.13}$$

という関数にしてある。ここで，τ は曲線部分の時間長で，平たん部分が 0 ならば $0.5T$，40 % ならば $0.3T$，80 % ならば $0.1T$ である。

時間窓両端の絞り方を式 (7.12) および式 (7.13) のように滑らかにすることの効果を図 7.1 (d)，(e)，(f) のスペクトルと図 6.14 および図 6.15 の (d)，(e) によって見ることができる。

図 6.14 を見て，せっかくサイン関数を使ったのに効果が少ないと書いたが，図 7.1 でその理由を考えよう。この図 7.1 (b) と (e) を比べてみると，$-40\,\mathrm{dB}$ 以下の小さな成分を無視すれば，スペクトルの広がりは (b) のほうが少ない。これだけを見れば直線絞りのほうが中央にまとまったスペクトルになってすぐれているといえそうである。ところが，(c) と (f) を比べると (f) のほうが，またすべてを通じて平たん部分のない曲線絞りの (d) がすぐれている。そのほかの条件についても，図のプログラムで確かめることができる。

この検討により，平たん部分がない曲線絞りが最もすぐれていることが明らかになった。式 (7.12)，(7.13) で $\tau = T/2$ として計算される重み関数はハニング重み，またその重み付けを行う時間窓はハニング窓と名づけられ，周波数分析のために広く使われている。その詳しい性質は，ほかの窓関数と一緒に後で述べることにする。

時間窓内に整数個のサイン波があるとき，正負の周波数に各 1 本の孤立した線スペクトルが現れるのは両端を絞らない方形窓の場合だけである。ところが図 7.1 (a) を見ると方形窓のスペクトルは非常に広く広がっている。矛盾するのではなかろうかという疑問がわいても当然であろう。

DFT によって得られるスペクトルは窓長 T の逆数の整数倍の周波数にのみ存在する。一方，長さ T の方形窓のスペクトルは $1/T$ の整数倍の周波数で必ず 0 になる。0 にならないのは 0 倍の周波数だけであるというのがこの理由である。

これはすでに 4 章の図 4.6，図 4.7 で見てきたことであるが，もう少していねいに説明しなければならないであろう。

7.2 両端絞り関数のスペクトル

$t=-T/2\sim+T/2$ が 1 でその他の時間では完全に 0 という方形窓関数のスペクトルは，2 章のフーリエ変換の式（2.37）によって式（7.14）のように計算される．

$$W(f) = \int_{-\frac{T}{2}}^{+\frac{T}{2}} \exp(-j2\pi ft)\,dt$$

$$= j\frac{1}{2\pi f}\exp(-j2\pi ft)\Big|_{-\frac{T}{2}}^{+\frac{T}{2}} = j\frac{\exp(-j\pi fT)-\exp(j\pi fT)}{2\pi f}$$

$$= T\frac{\sin(\pi fT)}{\pi fT} \tag{7.14}$$

これは前にも出てきた sinc 関数の T 倍である．sinc 関数は $fT=0$ で 1，fT が 0 から離れるにつれて波を打ちながら小さくなっていく．値が 0 になるのは fT が整数になる周波数すなわち，周波数 f が $1/T$ の整数倍になる周波数であり，式（7.14）の値は図 7.2（a）のようになる．この左側は長さ T の時間窓関数，右側はそのスペクトルである．スペクトル値が 0 になる周波数，すなわち曲線が横軸を切る周波数は k を正負の整数として k/T である．

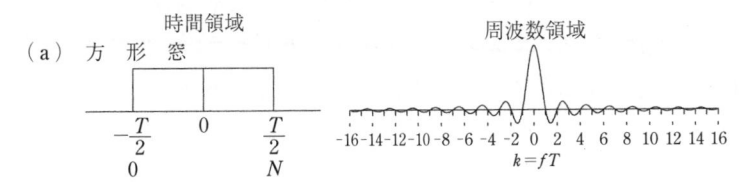

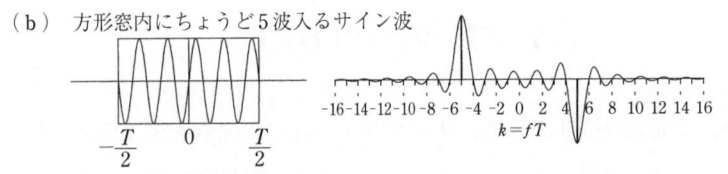

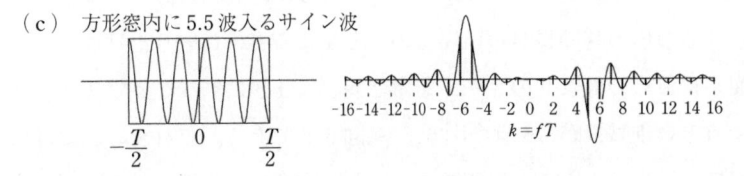

図7.2 方形窓とそれで切り取ったサイン波形およびそれらのスペクトル

時間窓でサイン波を切り取った波形のスペクトルは式 (7.8)，コサイン波を切り取った波形のスペクトルは式 (7.9) で与えられる．図 7.2 はサイン波を切り取った場合である．

図 7.2（b）は $t=-T/2 \sim +T/2$ の間にちょうど 5 個のサイン波が入っている場合であり，$fT=+5$ と $fT=-5$ を中心とする (a) の連続スペクトルが下向きと上向きで加え合わされた形になる．DFT の周波数成分が存在するのは fT の値が整数の周波数だけなので，ちょうど 5 個のサイン波を切り取った波形の DFT スペクトルは $fT=+5$ と $fT=-5$ の周波数成分を除いてすべて 0 になる．

ところが，(c) のように T の長さに 5.5 波のコサイン波が入っているときは，スペクトルは $k=fT=5.5$ および -5.5 を中心とする方形波のスペクトルの和になり，スペクトルが 0 になる周波数は整数の k の周波数ではなくなる．$k=fT$ の値が整数になる周波数ではスペクトル値が図に太い縦線で表すように 0 でない値になり，多くの周波数成分があるように見える．

6 章の図 6.14（a）もこの図と同じく $\pm T/2$ の区間に 5.5 波のサイン波またはコサイン波が入っている波形のパワースペクトルであるが，スペクトルを対数値（dB）で示してあるので，振幅の小さなスペクトル値が大きく見える．縦軸を線形尺度にすれば図 7.2 と同じである．

7.3 短い波形の DFT

7.2 節では時間窓内全部の区間にサイン波が存在する場合を考えたが，短い時間長の波形しかとることができなかったり，波形が時間的に激しく変化したりして分析する波形の時間長が短い場合のことをここで再び取り上げよう．このような場合に波形の外に 0 のデータを継ぎ足して FFT することでスペクトルを求めようという試みが，6 章の図 6.6 ～ 図 6.9 である．これらの図ではスペクトルが広がってしまうことが問題であった．本章に入ってからの考察を取り入れると，この短い波形の両端を絞れば改善されるのではないかと考えられ

る。調べてみよう。

そのために，これらの図と同じ波形に図7.1で最もよさそうな（d）の重み関数（これがハニング窓であるが，窓名などの詳細は次節で述べる）を掛ければどうなるかを調べた結果が図7.3および図7.4である。

6章の図6.7の検討と，ハニング窓で両端が絞られると実効的な窓長が方形窓のほぼ1/2になることを踏まえて，窓長を64にしたときのパワースペクトル[†]と対数パワースペクトルを図7.3に示す。

図7.3（A）はすべての周波数成分の周波数（256点内の波数）が整数で，図7.3（B）は基本波と第3次成分の周波数が非整数である。ところがこの図では四つの周波数成分のピークが主で，周波数が非整数であってもそのほかの目立ったピークは生じず，時間窓内の波数が整数であるか否かにかかわらずほ

周波数	16	32	48	64
振幅	1	0.5	0.2	0.5
位相(°)	0	0	90	180

ハニング窓使用

周波数	16.5	33	49.5	66
振幅	1	0.5	0.2	0.5
位相(°)	0	0	90	180

（a）窓掛け波形

（b）パワースペクトル

（c）対数パワースペクトル

（A）整数周波数波形　　　（B）非整数周波数波形

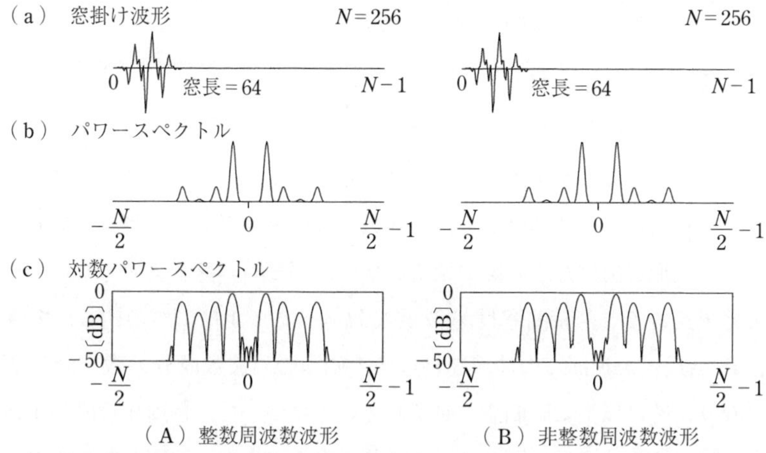

図 7.3　図6.8の分析例と同じ波形の64サンプル分の長さにハニング窓を掛けて256点DFTした結果

[†] DFTの結果の2乗値であるから周期化パワースペクトルといいたくなるが，波形の一部に0のデータを継ぎ足した図7.3（a）の波形のパワースペクトルであるから，周期化パワースペクトルではない。

ハニング窓使用	周波数	16	32	48	64
	振幅	1	0.5	0.2	0.5
	位相(°)	0	0	90	180

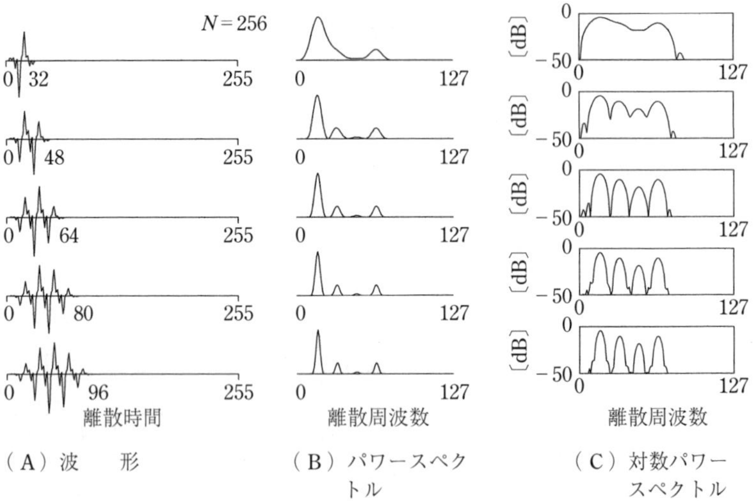

（A）波　形　　　　　（B）パワースペクトル　　　　　（C）対数パワースペクトル

図 7.4 図 6.9 の分析例と同じ波形に 32 ないし 96 サンプル長のハニング窓を掛けて 256 点 DFT した結果

ぼ同じスペクトルになっている。

　そこで，同じ波形を切り取る時間窓の長さを 32 点～96 点まで 16 点ずつ長くしていくとどうなるかを調べたのが図 7.4 である。この図では左側に波形を描き，その右にパワースペクトルと，対数パワースペクトルとが並べてある。切り取った波形に掛けた重み関数はこれまでと同じハニング窓である。

　この結果をみると，時間窓長が 32 点ではスペクトルに二つの山しかできないが，48 点長にすればこの波形を構成する四つの周波数成分の数と同じ四つの山になり，それ以上に時間窓を長くしていくにつれて，各周波数成分がはっきり分かれてくる。また，図 7.3 から予想されるように，波数が整数でなくてもほぼ同じ結果になるが，その図はここでは省略する。付録のプログラムを走らせれば確かめることができる。これを図 6.6～図 6.9 と比べれば，短い波形に 0 のデータを継ぎ足して FFT するときにも，時間窓内のデータの両端を

絞る重み関数を掛けて波形の急激な変化をなくすのが有効なことがわかる。

　これ以上長い時間窓を使えば周波数分解能がもっと高くなると考えられるが，まさしくそのとおりである。そのことは，図7.3, 図7.4のプログラムで，時間窓を任意に選んでスペクトルの変化をみることで確かめることができる。

　本節の検討により，短い波形を切り取り，その外に0のデータを継ぎ足して全体の時間長を長くして周波数分解能を高くするときにも，ハニング窓のような時間窓を使うべきであることがわかった。ただし，時間窓によって実効的な波形の長さが短くなるので，時間窓内の波数をあまり少なくしないことが必要である。

7.4　時間窓のいろいろ

　時間窓という用語は，分析対象とする波形または数列からある時間区間を切り取るというだけの意味で使われることもあるが，一般には切り取ると同時に重み関数を掛けるのが時間窓であるとされ，重み関数によって種々の名前がつけられている。

　時間窓の役割は，波形から必要な区間を切り出してFFTによりスペクトルを求める場合に，その波形がもつスペクトル情報をできるだけ正確に抽出し，また本来ならば含まれていない周波数成分の発生を抑制することである。しかし，時間窓を掛けてFFTによりパワースペクトルを推定しようとしても，前に述べたように，得られるものは周期化パワースペクトルであって，それを何回平均しても，連続するもとの波形のパワースペクトルそのものにはならない。その理由は，すでに6章で述べたとおりである。

　また，時間窓を掛けることにより，スペクトルのみならず，波のパワーも変化する。これらのことに注意しながら先に進んでいこう。

7.4.1 方　形　窓

時間軸上の重みを一様にして波形を切り取ることを，時間窓を掛けないで波形を切り取るとも，また**方形窓**（rectangular window）を掛けるともいう。すでに6章で示したように，方形窓内の波数が整数であれば正確なスペクトルが得られるが，そうでなければスペクトルは広い範囲に広がる。しかし，方形窓は波形を歪ませることがなく，最も基本的で重要な時間窓である。

方形窓のスペクトルと，それを使って切り取ったサイン波のスペクトルについては，すでに図7.2を使って説明してある。それを式で定量的に表すためには，式（7.8）の $W(f)$ に方形窓のスペクトルを代入すればよい。切り取る波がコサイン波ならば式（7.9），一般の波ならば式（7.11）を使えばよいことになるが，そのためには，方形窓のスペクトルを定式化しなければならない。

長さ T の方形窓は $t=-T/2 \sim +T/2$ が1で，ほかは0という関数として表される。それを連続系の形で式（7.15）に $w_r(t)$ として示す。そのスペクトルの計算はすでに済んでいるが，改めて式（7.16）に示す。

$$w_r(t) = \begin{cases} 1 & \left(-\dfrac{T}{2} \leq t < \dfrac{T}{2}\right) \\ 0 & （上記のほか） \end{cases} \tag{7.15}$$

$$W_r(f) = T\frac{\sin(\pi fT)}{\pi fT} \tag{7.16}$$

離散系では，窓長 T が N サンプル分の長さであるとすると

$$w_r(n) = 1 \quad (0 \leq n < N-1) \tag{7.17}$$

によって窓関数が表される。この窓関数の N 点DFTは式（7.18）のようになる。

$$W_r(k) = \begin{cases} N & (k=0) \\ 0 & (k \neq 0) \end{cases} \tag{7.18}$$

しかし，式（7.18）は，式（7.17）で与えられる全長 N のデータが周期 N で無限に繰り返している波形のスペクトルを示しているのであって，$t=-\infty \sim -T/2$ が0で，$-T/2 \sim +T/2$ が1，$+T/2 \sim +\infty$ が0という波形のスペク

トルではない．式（7.18）は無限の時間にわたって 1 の値をとり続ける直流から N サンプルをとって DFT の公式で計算した，すなわちすべてのデータを 1 として N 点 DFT の公式を計算した結果にすぎない．

時間窓で切り取った波形のスペクトルを計算するには式（7.11）などに見られるように時間領域でも周波数領域でも連続関数としての窓関数のスペクトルが必要である．時間窓を窓長を周期として無限に繰り返す波形と見なし，その周期の逆数の整数倍という離散周波数での値しか与えない式（7.18）は，それとは無縁のものである．したがって，これから後窓関数の離散スペクトルの式は示さない．

図 7.5 はこの方形窓の窓形とスペクトルである．

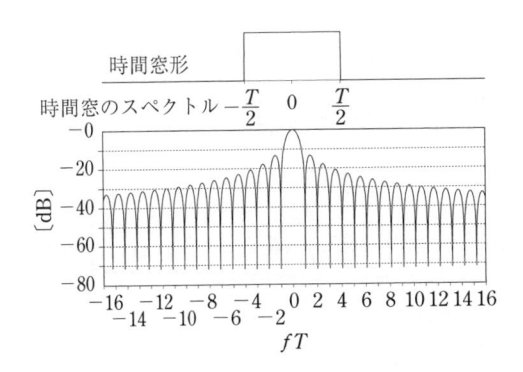

図 7.5　方形窓の窓形とスペクトル

このスペクトルは周波数 0 の最大の盛り上がりを中心にして，両側に次々に盛り上がりができている．この形は時間窓のスペクトルすべてに共通するものであり，中心の盛り上がりを**主丘**（main lobe）両側の盛り上がりを**側丘**（side lobe）という[†]．

図 7.5 のスペクトルは fT の値が正負の整数のとき 0 を切って $-\infty$ になっているが，特に $fT=\pm 1$ で 0 を切ることにより外の時間窓と比べて主丘の幅が最も狭い．中心から離れても側丘があまり小さくならないために，時間窓内にちょうど整数個のサイン波が入る場合を除いて，周波数分析に不都合が生じることはすでに見てきたとおりである．

[†] 英語で lobe は耳たぶまたは建築物の丸い突起．

しかし，時間窓内に入る波数が整数のときには，方形窓によって正確なスペクトルを求めることができる。これはほかの時間窓では期待できないことである。

7.4.2 ハニング窓

ハニング窓（Hanning window, Von Hann window）[†]とは，コサイン関数によって緩やかに両端を絞る窓のうちで平たん部分を0にした6章の図6.15（e）および図7.1（d）の時間窓である。

連続系でのハニング窓の窓関数 $w_n(t)$ とスペクトル $W_n(f)$ と離散系での窓関数 $w_n(n)$ は式 (7.19)～(7.21) のように与えられる。

$$w_n(t) = w_r(t)\left\{0.5 + 0.5\cos\left(2\pi\frac{t}{T}\right)\right\} = w_r(t)\cos^2\left(\frac{\pi t}{T}\right) \qquad (7.19)$$

$$W_n(f) = 0.5T\frac{\sin(\pi fT)}{\pi fT} + 0.25T\left[\frac{\sin\{\pi(fT-1)\}}{\pi(fT-1)} + \frac{\sin\{\pi(fT+1)\}}{\pi(fT+1)}\right] \qquad (7.20)$$

$$w_n(n) = 0.5 - 0.5\cos\left(\frac{2\pi n}{N}\right) = \sin^2\left(\frac{\pi n}{N}\right) \quad (0 \leq n \leq N-1) \qquad (7.21)$$

パワー減少率は式 (7.22) のように計算される。

$$\text{パワー減少率} = 4.26\,\text{dB} \qquad (7.22)$$

ハニング窓の窓形とスペクトルは**図7.6**に示すようになる。

図7.5とこの図を比べると，ハニング窓のスペクトルは中心から離れるにつれ側丘の大きさが急激に小さくなるが，主丘の周波数幅は2倍になっていることがわかる。

この時間窓のスペクトルは，両端を絞った時間窓のなかでは広がりが少なく，周波数0を中心とする主丘は窓長の逆数を単位として2になる値（$fT = \pm 2$）までの幅，すなわち，方形窓のスペクトルの主丘の幅の2倍になる。スペクトルが0になるのは $fT = \pm m$（m は整数で $m \geq 2$）の周波数である。

[†] この窓形は Julius von Hann の創案であるが，7.4.3項の Hamming window に合わせて Hanning window になったといわれる。

7.4 時間窓のいろいろ

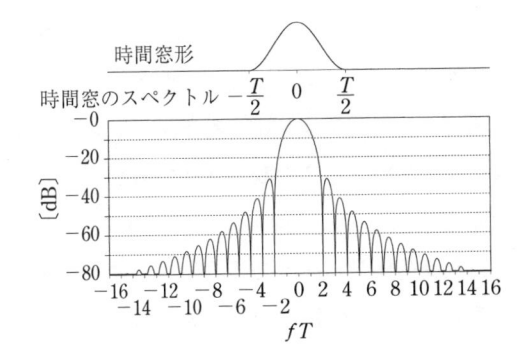

図7.6 長さ T のハニング窓の窓形とスペクトル

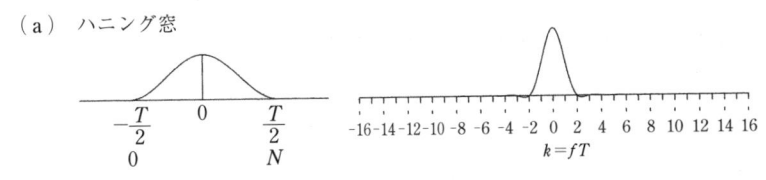

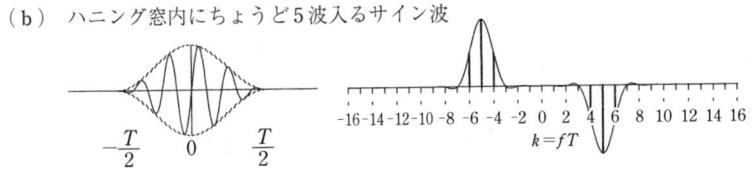

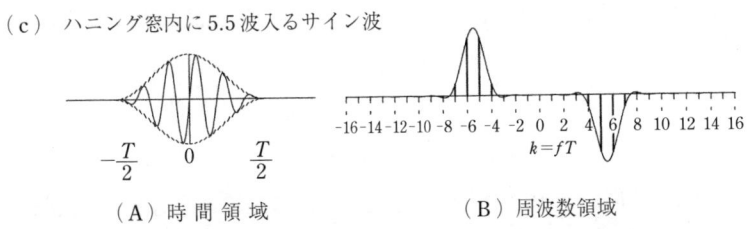

（a）ハニング窓

（b）ハニング窓内にちょうど5波入るサイン波

（c）ハニング窓内に5.5波入るサイン波

（A）時間領域　　　　（B）周波数領域

図7.7 ハニング窓のスペクトルとその時間窓で切り取ったサイン波のスペクトル

　この時間窓で切り取ったサイン波のスペクトルを図7.7（b），（c）に示す。

　（a）は窓関数のスペクトルであり，（b），（c）は（a）がその頂点をサイン波の周波数の正負の位置に置いた形になっている。窓内の波数が整数のときは（b）のように波の周波数の位置に最大成分ができ，その両側の $fT=\pm 1$ にその1/2の大きさの成分が一つずつできる。最も条件の悪い窓内波数が半奇

数の場合（この場合は5.5）には，（c）のようにほぼ同じ大きさの二つの成分の外に小さな成分が現れるが，その外側のスペクトル成分は小さい。これを方形窓で切り取ったコサイン波のスペクトル図7.2と比べると，サイン波の周波数から離れた周波数成分が小さくなるという意味で改善されている。

窓形を表す連続系の式（7.19）は窓の性質をみるのに便利なように $t=0$ を窓の中心とし，窓を $t=-T/2 \sim +T/2$ の関数にしてある。それに対して離散系の式（7.21）はサンプル列として表した波形の任意の時点から窓を掛け，そのままDFTの公式で計算できるように，$n=0$ を窓の始点とする関数にしてある。このように両者の時間の原点が異なるために式の形が少々異なっている。

連続系の時間窓の始点を $t=0$ とすると，時間窓のスペクトルにその分だけの位相回転が生じ，スペクトルが複素数になって見通しが悪くなる。また，離散系で $n=-N/2 \sim +N/2$ の時間窓とすると，$n=0 \sim N-1$ の N 点FFTを行うのが普通である実際の応用との違いが生じて不便である。これが，連続系と離散系の時間の原点を変えた理由である。

ハニング窓で切り取ったサイン波のスペクトルを**図7.8**に示す。この図は窓の全長 N を64とし，（A）は8波，（B）は8.5波を窓の全長に入れた波形と，それから求めたスペクトルである。（A）はスペクトルが虚部だけ，（B）は実部だけになっている。そうなる理由は（A）が奇関数，（B）が偶関数になったためである。すでに述べたように離散時間の $N-n$ が $-n$ にあたるとすれば，図の波形の横軸の中央に書き込んである破線を中心とする反対称形と対称形によっても，奇関数・偶関数を判断することができる。

8波の（A）では，波の周波数を中心として両側 $k=\pm 8$ に1本ずつの線スペクトルができ，またその両側に小さなスペクトルができているが，8.5波の（B）では絶対値が等しい正負の線スペクトルが $k=\pm 8$ と ± 9 にあり，その外に小さな成分が広がっている。これは一見すると図7.7と違うが，離散系では時間の原点を時間窓の始点においているために起きる位相回転によるもので，それを考慮に入れれば図7.7と一致する結果である。

ハニング窓のように窓の中心から離れると小さくなる重みを掛けた波形は，

7.4 時間窓のいろいろ　　*191*

周波数	8	0	0	0
振幅	1	0	0	0
位相(°)	0	0	0	0

ハニング窓
使用

周波数	8.5	0	0	0
振幅	1	0	0	0
位相(°)	0	0	0	0

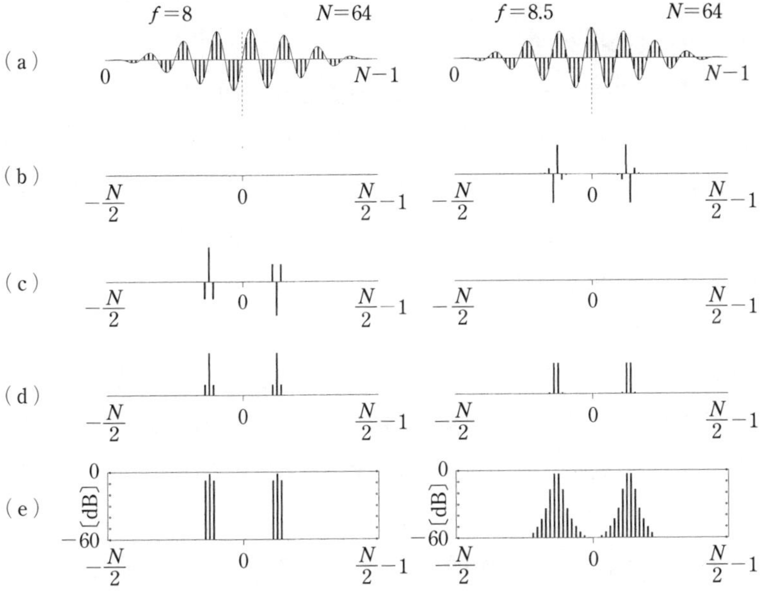

（A）ハニング窓内の波数＝8波　　（B）ハニング窓内の波数＝8.5波

（a）波形，（b）スペクトル実部，（c）スペクトル虚部，
（d）パワースペクトル，（e）対数パワースペクトル

図7.8　64点FFTにより求めたサイン波のスペクトル

時間窓によって波形の振幅が圧縮されてパワーが減少している。ハニング窓を掛けた波形のパワーと方形窓で切り出した波形のパワーとの比は式（7.23）のように計算される。

$$P_{RN}=\frac{1}{T}\int_{-\frac{T}{2}}^{+\frac{T}{2}}\left\{0.5+0.5\cos\left(2\pi\frac{t}{T}\right)\right\}^2 dt=0.375 \tag{7.23}$$

これをdBで表すと $10\log(0.375)=-4.26$ dB となる。式（7.22）の数値はこの値である。以降に示す時間窓についても同じ計算をし，パワー減少率として時間窓形とスペクトルを表す式の後に書き込むことにする。

ハニング窓を掛けることにより，最も条件がよい場合でもサイン波のスペク

トルが3本になる。このことからも，6.1節に述べたとおりDFTでは正確なパワースペクトルが得られないことがわかる。

7.4.3 ハミング窓

ハニング窓は時間窓としてかなりよい性質をもっているが，スペクトルをみると，主丘に最も近い側丘のレベルが少々気になる。これは，ある大きな周波数成分に近い周波数に小さな周波数成分があるとき，それを大きな周波数成分の側丘に埋もれさせてしまう原因になりかねない。主丘のそばの側丘のレベルを何らかの方法で引き下げることはできないものであろうか。

そう考えてハニング窓と方形窓のスペクトルを比べてみると，ハニング窓の $fT=2$ から3までの側丘の符号が負であるのに対して，方形窓の同じ側丘の符号が正である。すると，方形窓の振幅を小さくしてその fT の範囲の側丘の大きさがハニング窓のそれと同じになるようにして両者を加え合わせると，側丘のこの範囲のレベルが下がるはずである。

その考えでつくられたのが**図7.9**に窓形とスペクトルを示す**ハミング窓**（Hamming window）である。この窓はレベルを下げたにしても方形窓が加わっているので，主丘から離れた周波数範囲では，側丘の振幅が主丘の1/100（-40 dB）に近い値よりあまり小さくならず広がっている。

ハミング窓の窓関数 $w_m(t)$ とそのスペクトル $W_m(f)$，および離散系での窓関数 $w_m(n)$ ならびにパワー減少率は式（7.24）～（7.27）のように与えら

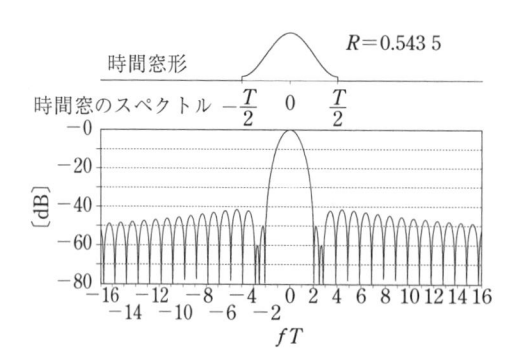

図7.9 長さ T のハミング窓の窓形とスペクトル

7.4 時間窓のいろいろ

れる。

$$w_m(t) = w_r(t)\left\{R + (1-R)\cos\left(2\pi\frac{t}{T}\right)\right\} \tag{7.24}$$

$$W_m(f) = RT\frac{\sin(\pi fT)}{\pi fT} + \frac{1-R}{2}T\left[\frac{\sin\{\pi(fT-1)\}}{\pi(fT-1)} + \frac{\sin\{\pi(fT+1)\}}{\pi(fT+1)}\right] \tag{7.25}$$

$$w_m(n) = R - (1-R)\cos\left(\frac{2\pi n}{N}\right)$$

$$= 2R - 1 + 2(1-R)\sin^2\left(\frac{\pi n}{N}\right) \quad (0 \leq n \leq N-1) \tag{7.26}$$

ただし，$R = 0.5435$

$$\text{パワー減少率} = 4.0\,\text{dB} \tag{7.27}$$

ハミング窓のスペクトルは図7.9に示すように，主丘はハニング窓とあまり変わらないが，その両側の側丘が$-40\,\text{dB}$以下になっている。そのかわりに，離れた周波数でも側丘のレベルが$-50\,\text{dB}$より下にはなかなか下がらない。したがって，それ以上小さな周波数成分の検出はできないが，$-40\,\text{dB}$以下の成分は問題でなく比較的近い周波数の2成分の分離が重要なときによく用いられる。一般のアナログ機器ではダイナミックレンジが$40\,\text{dB}$程度しかない場合が多いので，音声などの処理にはハミング窓が適している。

スペクトルの側丘の広がりは窓内の波数が半奇数のとき最大で，そうでなければ図7.9から予想されるよりも小さくなる。**図7.10**（A）は窓内の波数が8.5で振幅が1のサイン波で最大の広がりを見せるときである。（B）は（A）と同じサイン波に，波数が4，13.5および18.8で，それぞれの振幅が0.5，0.1，0.01というサイン波を加えた波形のDFTの例である。この場合には最大値の1/100という小さな周波数成分までも検出されているが，それよりも小さいと，検出は困難または不可能になる。

以下の各種の時間窓でサイン波を切り取ったときのスペクトルの図のプログラムでも，同様なことが調べられるようになっている。

194   7. 時間窓

周波数	8.5	0	0	0
振 幅	1	0	0	0
位相(°)	0	0	0	0

ハミング窓
使用

周波数	8.5	4	13.5	18.8
振 幅	1	0.5	0.1	0.01
位相(°)	0	0	0	0

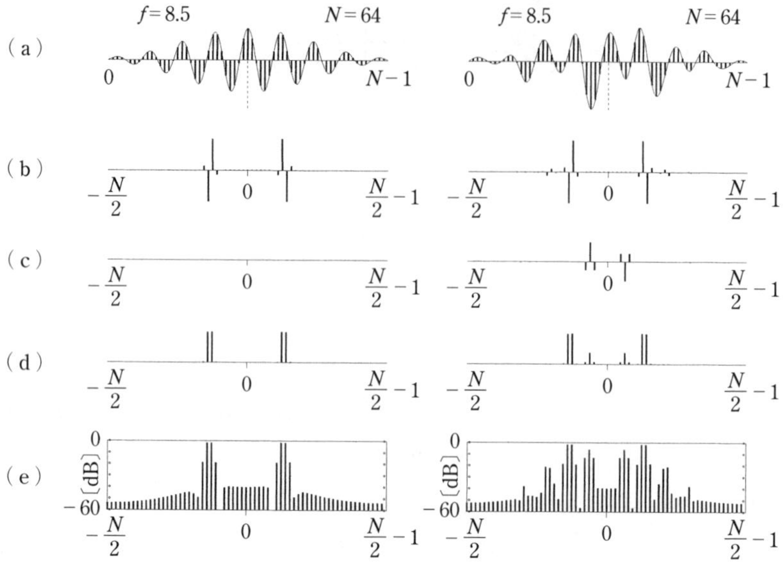

（A）周波数 8.5 のサイン波　　　（B）4 周波数成分からなる波
　　（a）波形，（b）スペクトル実部，（c）スペクトル虚部，
　　（d）パワースペクトル，（e）対数パワースペクトル

図 7.10　ハミング窓を使った周波数分析の例

7.4.4　ブラックマン-ハリス窓

ハミング窓を使ったのでは検出ができない小さな周波数成分でも検出できるようにするためには，時間軸上での傾斜をさらに緩やかにすればよさそうである。それとともに，主丘の近くの側丘のレベルを引き下げる方法も講じなければならない。そのような考えでつくられたのが，**図 7.11** に窓形とスペクトルを示す**ブラックマン-ハリス窓**（Blackman-Harris window）である。

ブラックマン-ハリス窓の窓関数 $w_B(t)$ とそのスペクトル $W_B(f)$，および離散系での窓関数 $w_B(n)$ ならびにパワー減少率は式（7.28）〜（7.31）のように与えられる。

7.4 時間窓のいろいろ

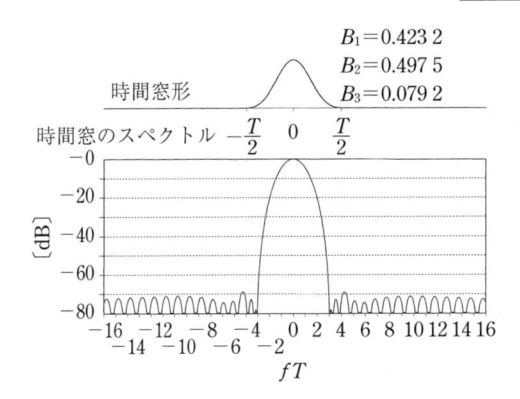

図7.11 長さ T のブラックマン-ハリス窓の窓形とスペクトル

$B_1 = 0.423\,2$
$B_2 = 0.497\,5$
$B_3 = 0.079\,2$

$$w_B(t) = w_r(t)\left\{B_1 + B_2\cos\left(2\pi\frac{t}{T}\right) + B_3\cos\left(4\pi\frac{t}{T}\right)\right\} \qquad (7.28)$$

$$W_B(f) = B_1 T\frac{\sin(\pi fT)}{\pi fT} + \frac{B_2}{2}T\left[\frac{\sin\{\pi(fT-1)\}}{\pi(fT-1)} + \frac{\sin\{\pi(fT+1)\}}{\pi(fT+1)}\right]$$

$$+ \frac{B_3}{2}T\left[\frac{\sin\{\pi(fT-2)\}}{\pi(fT-2)} + \frac{\sin\{\pi(fT+2)\}}{\pi(fT+2)}\right] \qquad (7.29)$$

$$w_B(n) = B_1 - B_2\cos\left(\frac{2\pi n}{N}\right) + B_3\cos\left(\frac{4\pi n}{N}\right) \quad (0 \leqq n \leqq N-1) \qquad (7.30)$$

ただし，$B_1 = 0.423\,2$，$B_2 = 0.497\,5$，$B_3 = 0.079\,2$

$$\text{パワー減少率} = 5.14\,\text{dB} \qquad (7.31)$$

ブラックマン-ハリス窓といわれる時間窓に属するものには，このほか，係数の値を変えて，よりなだらかな曲線にして側丘のレベルを下げたものがある．周波数分析の目的によってはそのようなものが望まれることもないではなかろうが，次の問題にも注意しなければならない．

ブラックマン-ハリス窓は主丘から離れた周波数でのスペクトル値が小さいが，主丘の周波数幅は方形窓の3倍である．これを方形窓，ハニング窓，ハミング窓と比べると，主丘から離れた周波数でのスペクトル値を小さくすると主丘の周波数幅が広くなるという関係があることがわかる．それは時間窓の始端と終端を滑らかにし，かつ中央部の重みの大きな部分の時間幅を狭くしたためであり，これによりパワー減少率が大きくなっている．また当然，この種の時

間窓は周波数分解能が重要な場合には向いていない。

7.4.5 サイン半波窓とリース窓

これまでの3種類の時間窓は両端を滑らかに0に近づけるために重みの大きな中央部の時間幅が狭くなり，実効的な時間窓の長さが短くなっている。それは，長い時間区間を切り取ったのに，そのなかの短い時間の区間しか見ていないということでもある。

これと反対の方向で，時間窓内のデータを有効に使おうという考えからサイン波の半波を時間窓として使うのが**図7.12**の**サイン半波窓** (halfsine window)である。この時間窓のスペクトルは主丘の周波数幅がハニング窓のほぼ3/4，方形窓のほぼ1.5倍というように比較的狭いにもかかわらず，両側に広がるスペクトルのレベルがそれほど高くなく，かつ中心から離れると急速に小さくなるという特徴をもっている。

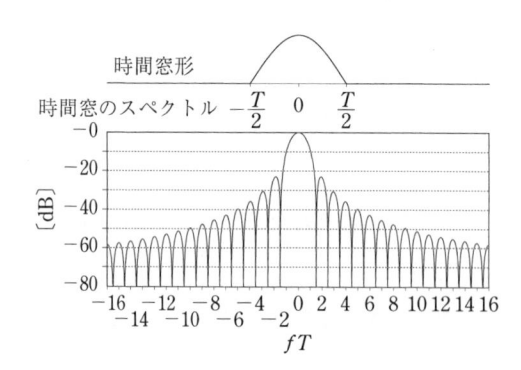

図7.12 長さ T のサイン半波窓の窓形とスペクトル

サイン半波窓の窓関数 $w_s(t)$ とそのスペクトル $W_s(f)$，および離散系で使うときの窓関数 $w_s(n)$ ならびにパワー減少率は式 (7.32)～(7.35) のように与えられる。

$$w_s(t) = w_r(t)\cos\left(2\pi\frac{t}{T}\right) \tag{7.32}$$

$$W_s(f) = 0.5\,T\left[\frac{\sin\{\pi(0.5-fT)\}}{\pi(0.5-fT)} + \frac{\sin\{\pi(0.5+fT)\}}{\pi(0.5+fT)}\right] \tag{7.33}$$

$$w_s(n) = \cos\left(\frac{\pi n}{N} - \frac{\pi}{2}\right) = \sin\left(\frac{\pi n}{N}\right) \quad (0 \leq n \leq N-1) \tag{7.34}$$

$$パワー減少率 = 3 \text{ dB} \tag{7.35}$$

　サイン半波窓のスペクトルにも $1/T$ 間隔に多数の零点が並ぶが，方形窓，ハニング窓などと違い，零点は $1/T$ の整数倍の周波数ではなく，±1.5 から始まって外側に半奇数倍の周波数に並ぶ。整数倍の周波数は側丘の頂点になる。そのため，この窓のなかに入るサイン波，コサイン波の波数が整数のときには，スペクトルがかなり大きく広がる。また，その波数が半奇数のときには，+0.5 と -0.5 にそれぞれ 1 本のスペクトルが立つだけで，その外側にはまったく出てこない。これは，ハニング窓やハミング窓とは逆である。

　そのことを窓長が 8 波および 8.5 波のときについて**図 7.13** に示す。(A) のように，窓長が波の周期の整数倍（ここでは 8 倍）のときにはスペクトルが広がる。それに対して波数が半奇数 (8.5) の (B) では，スペクトル主丘の中心が半奇数になるため連続スペクトルの零点（ft が整数値となる）が離散スペクトルの周波数に合致して，サイン波のスペクトルは正負の周波数それぞれの 2 本の線だけになる。

　このように図 7.13 がハニング窓の図 7.8 と左右が反対のように見えるのは，興味をそそられることである。

　こうなる理由は，時間窓のスペクトルを見なくても，振幅が同じで周波数が近接する二つのサイン波を重ね合わせるとビートを生じることからも説明できる。そのビートの 1 周期が時間窓の長さになっているわけである。

　ほとんどの窓関数はサイン関数を使って記述されるが，サイン半波窓とほとんど同じ窓形が，サイン関数を使わない式 (7.36) によっても実現できる。

$$w_z(t) = w_r(t)\left\{1 - \left(\frac{2t}{T}\right)^2\right\} \tag{7.36}$$

　式 (7.36) で表される時間窓とそのスペクトルは**図 7.14** のような形で**リース窓**（Riesz window）といわれる。窓形が酷似しているならば当然のことであるが，スペクトルもサイン半波窓のスペクトルとほとんど同じである。しか

198   7. 時　　間　　窓

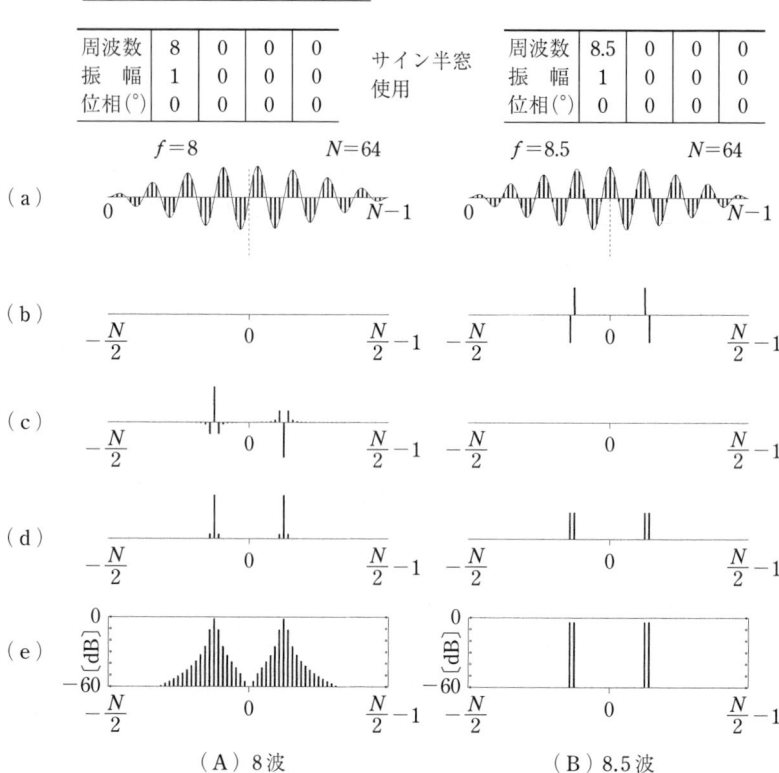

周波数	8	0	0	0
振　幅	1	0	0	0
位相(°)	0	0	0	0

サイン半窓
使用

周波数	8.5	0	0	0
振　幅	1	0	0	0
位相(°)	0	0	0	0

(A) 8波　　　　　　　　　(B) 8.5波

(a) 波形，(b) スペクトル実部，(c) スペクトル虚部，
(d) ピリオドグラム，(e) 対数パワースペクトル

図 7.13　サイン半波窓に 8 波および 8.5 波のサイン波を取り込んだときの波形とスペクトル

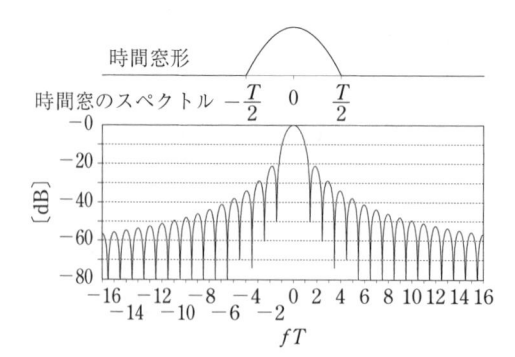

図 7.14　長さ T のリース窓の窓形とスペクトル

し三角関数を用いないために，式の形はまったく異なる。また，サイン半波窓よりもパワー減少率が 0.27 dB 少ないことも特徴といえよう。さらに，スペクトルの零点の周波数が厳密には半奇数でないために，リース窓に半奇数個の波が入るサイン波のスペクトルは，図 7.13（b）のように 2 本にはならず，わずかに広がりができる。

リース窓関数〔式（7.36）〕のスペクトル，窓形の離散表現およびパワー減少率はそれぞれ式（7.37）～（7.39）のようになる。

$$W_z(f) = 2T \frac{\sin(\pi fT) - \pi fT \cos(\pi fT)}{\pi^3 f^3 T^3} \tag{7.37}$$

$$w_z(n) = 1 - \frac{2}{N}\left(n - \frac{N}{2}\right)^2 \tag{7.38}$$

$$\text{パワー減少率} = 2.73 \text{ dB} \tag{7.39}$$

7.4.6 折返し窓

これまでに述べた時間窓のほかにも種々の時間窓が提案されているが，すべて，スペクトルの頂上が平たんではない。そのため，これらの時間窓を使って線スペクトル構造をもつ波形の周波数分析をすると，時間窓内に入る波数が整数のときと非整数のときの周波数成分の大きさに，無視し得ない差が生じる。それを防ぐために考えられたのが折返し窓である。窓関数が両端で折り返されていることからの名称が**折返し窓**であるが，周波数スペクトルの主丘の頂上が平たんなことから，時間窓の頂点が平たんでないにもかかわらず**フラットトップ窓**（flat top window）という名称が用いられることが多い（**図 7.15**）。

この時間窓は，次の考え方でつくられる。

① 時間窓の周波数スペクトルを振幅 $1/f_b$，周波数幅 $\pm f_b/2$ の方形波にするためには，そのフーリエ逆変換である〔$\sin(\pi f_b t)/(\pi f_b t)$〕を時間窓とすればよい。

② しかし，それでは無限の長さの時間窓になるので，$t = \pm 2/f_b$ の区間の外を 0 にして時間窓長 T を $4/f_b$ にする。この窓形は $t = 0$ で振幅が 1 で

7. 時間窓

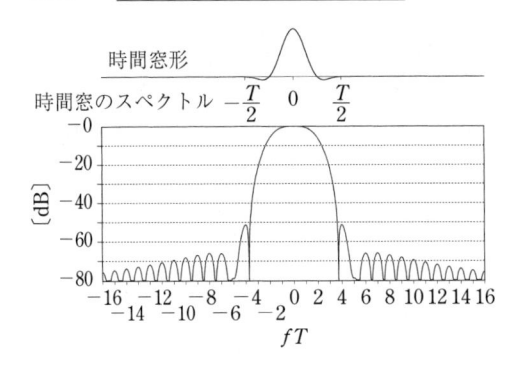

図7.15 長さ T の折返し窓の窓形とスペクトル

両側が急速に小さくなり $t=-1/f_b \sim +1/f_b$ の区間では正の値をとるが，その外側 $t=-2/f_b \sim -1/f_b$ および $t=1/f_b \sim 2/f_b$ の区間で負の値をとる。

③ $\pm 2/f_b$ の外は 0 であるが，急に 0 にすることによるスペクトルの広がりを防ぐため，これにハミング窓を掛けることによって滑らかに 0 に近づける。

この考えで窓関数を設計すると，連続系での折返し窓の窓関数 $w_F(t)$ とそのスペクトル $W_F(f)$，および離散系での窓関数形 $w_F(n)$ ならびにパワー減少率は式 (7.40)〜(7.43) のように与えられる。

$$w_F(t) = w_r(t)\left\{0.54 + 0.46\cos\left(2\pi\frac{t}{T}\right)\right\}\frac{\sin(4\pi t/T)}{4\pi t/T} \tag{7.40}$$

$$W_F(f) = W_m(f) * W_{\frac{2}{T}}(f) = \int_{-\infty}^{\infty} W_m(g)\, W_{\frac{2}{T}}(f-g)\, dg \tag{7.41}$$

ここで

$$W_{\frac{2}{T}}(f) = \begin{cases} 1 & \left(-\dfrac{2}{T} \leq f \leq \dfrac{2}{T}\right) \\ 0 & \left(f < -\dfrac{2}{T},\ \dfrac{2}{T} < f\right) \end{cases}$$

$$w_F(n) = \left\{0.54 - 0.45\cos\left(\frac{2\pi n}{N}\right)\right\}\frac{\sin\{2\pi(1-2n/N)\}}{2\pi(1-2n/N)} \tag{7.42}$$

パワー減少率 $= 7.0$ dB \hfill (7.43)

この時間窓は図 7.15 のように始点と終点の近くの 1/4 ずつが負の値になる。

また，時間窓の実効長はこれまでの時間窓のどれよりも短く，パワー減少率は最大である．周波数軸上で接近した二つの線スペクトル成分を分離するためには，時間窓長 T を周波数差の逆数の5倍以上にしなければならない．このような問題はあっても，線スペクトル構造をもつ各周波数成分の大きさを正確に求めるためには，この時間窓は有用である．

時間窓長 T 内に入る波数が 5〜6 の間で，波数により FFT で求めたスペクトル値がどう変わるかを，方形窓およびハミング窓と比べて図 7.16 に示す．(A) には得られるスペクトル成分の最大値と真値との比率の数値を示し，(B) には各窓を用いたときの同じ窓での最大値との比を dB で示してある．窓内に入る波数を 5〜6 でないほかの値，例えば 10 から 11 にしても，結果はほとんど変わらない．

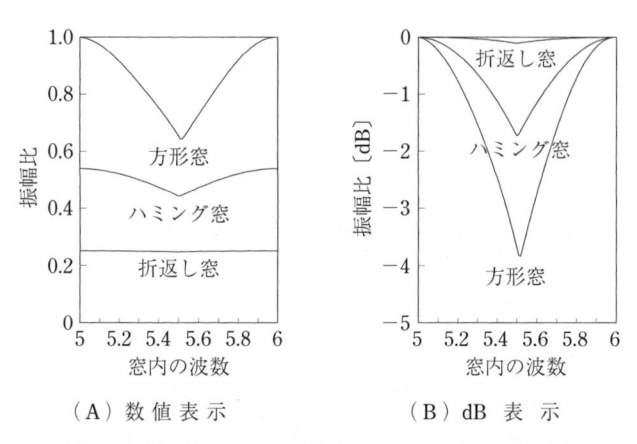

(A) 数 値 表 示　　　(B) dB 表 示

図 7.16　FFT で求めた周波数成分の大きさの時間窓内の波数による変化

(A) には時間窓による振幅推定値の変化がそのまま現れている．これにより折返し窓を使って分析した各周波数成分を 4 倍するともとの波形と同じ振幅になることがわかる．このように振幅の減少は大きいが，窓内の波数による振幅の変化はきわめて小さい．それをほかの窓と比べると，時間窓内のサイン波の波数が半奇数の時最大変化となり，その値は方形窓で $-3.9\,\mathrm{dB}$，ハミング窓で $-1.75\,\mathrm{dB}$ であるのに対して折返し窓では $-0.1\,\mathrm{dB}$ にすぎない．

7.4.7 バートレット窓

6章の最後にサンプル列の両端を絞る方法の一つとして出てきた直線絞りの内で，傾斜が最も緩やかで平たん部分のない重み付け関数の時間窓を**バートレット窓**（Bartlett window, **三角窓**）という。

この時間窓が形の簡単さから予想されるよりもよい特性をもっていることは，図6.15（c）で経験したことである。そこで，この時間窓のスペクトルはどうなっているのであろうかという興味がわいてくる。

三角窓の波形は $t \leq -T/2$ の区間で 0，$t=-T/2$ から直線的に上がり $t=0$ で1になり，そこで折れ曲がって $t=T/2$ で0になる2等辺三角形の波である。したがって，連続系での窓関数 $w_{\it \Delta}(t)$ とそのスペクトル $W_{\it \Delta}(f)$，窓関数の離散表現 $w_{\it \Delta}(n)$ ならびにパワー減少率は式（7.44）～（7.47）のように与えられる。

$$w_{\it \Delta}(t) = \begin{cases} 0 & \left(|t| > \dfrac{T}{2}\right) \\ 1+\dfrac{2t}{T} & \left(-\dfrac{T}{2} \leq t \leq 0\right) \\ 1-\dfrac{2t}{T} & \left(0 \leq t \leq \dfrac{T}{2}\right) \end{cases} \tag{7.44}$$

$$W_{\it \Delta}(f) = \frac{T}{4} \frac{\sin^2(\pi f T/2)}{(\pi f T/2)^2} \tag{7.45}$$

$$w_{\it \Delta}(n) = \begin{cases} \dfrac{2t}{N} & \left(0 \leq n < \dfrac{N}{2}\right) \\ 2\left(1-\dfrac{n}{N}\right) & \left(\dfrac{N}{2} \leq n < N\right) \end{cases} \tag{7.46}$$

$$\text{パワー減少率} = 4.77 \, \text{dB} \tag{7.47}$$

三角窓の窓形とスペクトルは，**図7.17**のようになる。一見してほかと違うのは，側丘の周波数幅が2倍に広くなっていることである。主丘の周波数幅はハミング窓やハニング窓などと同じであり，ハニング窓と比較すると，主丘に最も近い側丘の大きさは多少小さいが，主丘から離れることによる側丘の大きさの減少は少し劣る。パワー減少率はかなり大きい。フーリエ解析においてこ

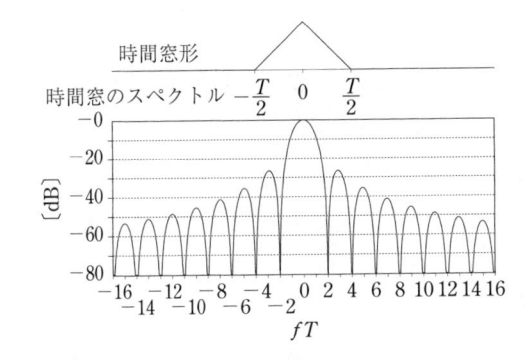

図 7.17 長さ T のバートレット窓（三角窓）の窓形とスペクトル

の時間窓が使われることはほとんどないが，有限長数列の自己相関関数の計算では自然にこの重みが付くことになる。

7.4.8 ガウス窓

確率密度関数（ガウス関数または誤差関数ともいわれる）は，そのフーリエ変換も同じ関数型になるという特別の性質をもっている。そのことは付録9に述べることにして，ここではそれを時間窓として使うことを考えよう。

正規確率密度関数は式（7.48）で与えられる。

$$p(t) = \frac{1}{\sqrt{2\pi}\,\sigma} \exp\left(-\frac{t^2}{2\sigma^2}\right) \tag{7.48}$$

ここで，σ は標準偏差である。

このフーリエ変換は式（7.49）のようになる（付録9参照）。

$$P(j\omega) = \exp\left(-\frac{\sigma^2}{2}\omega^2\right) \tag{7.49}$$

したがって，この関数を時間窓として使えば，時間領域関数と周波数領域関数とが同じ関数形になり，きわめて良好な双対性が成り立つものと考えられる。ところが，上のフーリエ変換対は無限の時間にわたる積分で得られる関係式であり，有限長の時間区間を切り取る時間窓とは少々異なるので，その影響を検討しておかなければならない。

この場合も時間窓長を T とする。ガウス関数の形は $T/2$ をガウス関数の標

準偏差 σ の m 倍ということにして，m の値によって決めることにしよう。すると，時間窓関数とスペクトルは式 (7.50)～(7.52) のようになる。

$$w_G(t) = w_r(t) \frac{2m}{\sqrt{2\pi}\,T} \exp\left(-\frac{2m^2}{T^2}t^2\right) \tag{7.50}$$

$$W_G(2\pi f) = \exp\left(-\frac{\pi^2 T^2}{2m^2}f^2\right) \tag{7.51}$$

$$w_G(n) = \exp\left\{-\frac{2m^2}{N^2}\left(n-\frac{N}{2}\right)^2\right\} \quad (0 \leq n \leq N-1) \tag{7.52}$$

パワー減少率は m の関数なので，ここに一つの数値で与えることができず，数値計算の結果を**図 7.18** に示す。この図の横軸は $m=T/(2\sigma)$，$m=1～3$ の間のパワー減衰率を dB 尺度で示してある。

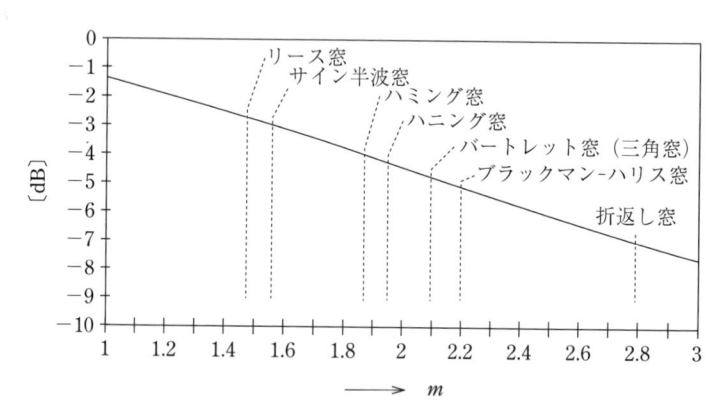

図 7.18 ガウス窓の関数形とパワー減少率の関係，および他の時間窓との比較

ここまでに示した時間窓のパワー減少率は最小でリース窓の 2.73 dB，最大で折返し窓の 7 dB で，すべてこの範囲に入る。図にはほかの時間窓と比較しやすいように，パワー減少率に注目したとき各時間窓がどの程度の m 値の**ガウス窓**（Gaussian window）に相当するかを書き込んである。それによれば，ハニング窓のパワー減少率は $m=1.95$ のガウス窓のそれに等しい。

ガウス窓のスペクトルも当然 m の値によって異なる。**図 7.19** に示してあるのは $m=1.95$ のときである。これを図 7.6 のハニング窓のスペクトルと比べ

てみると，明らかにこのほうが主丘の幅が狭く，すぐれた性質をもつということができる。この図のプログラムを走らせることにより，ほかの m の値についても調べることができる。

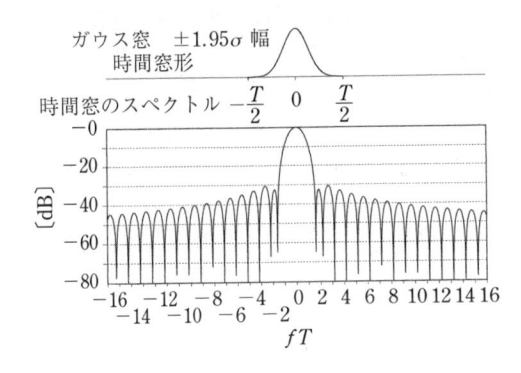

図 7.19　長さ T のガウス窓（$\pm 1.95\sigma$ 幅）の窓形とスペクトル

ガウス窓のスペクトルがやはりガウス関数になることは，この図のプログラムで線形表示のスペクトルを窓形に重ねるように指定することによって確かめることができる。特に $m=2.5$ にすると，この図の窓形とスペクトルとは完全に重なってみえる。

7.5　波形分析による時間窓の比較

7.4 節で種々の時間窓の性質を説明した。それぞれに何らかの特徴をもつわけであるが，ここまでの記述ではどの時間窓を使うべきかの判断に迷うことになりそうである。判断のための一助として，これらの時間窓を使って多数の周波数成分を有する波形を分析したときにどうなるかを，合成波形の周波数分析によって検討しよう。

多くの線スペクトル成分をもつ雑音的信号を想定して大小 30 の周波数成分からなる波を合成し，7.4 節で述べた方形窓，ハニング窓，ハミング窓，ブラックマン-ハリス窓，コサイン半波窓，リース窓，フラットトップ窓およびバートレット窓で切り取って FFT により周波数分析をした結果を，図 7.20 に示す。図中の黒点は各周波数成分の周波数と大きさを示すものである。したが

206   7. 時 間 窓

波形

(a) 方形窓 (b) ハニング窓

(c) ハミング窓 (d) ブラックマン−ハリス窓

(e) リース窓 (f) サイン半波窓

(g) 折返し窓 (h) バートレット窓

合成波形を構成する周波数成分の周波数と大きさは図に黒点で示してある

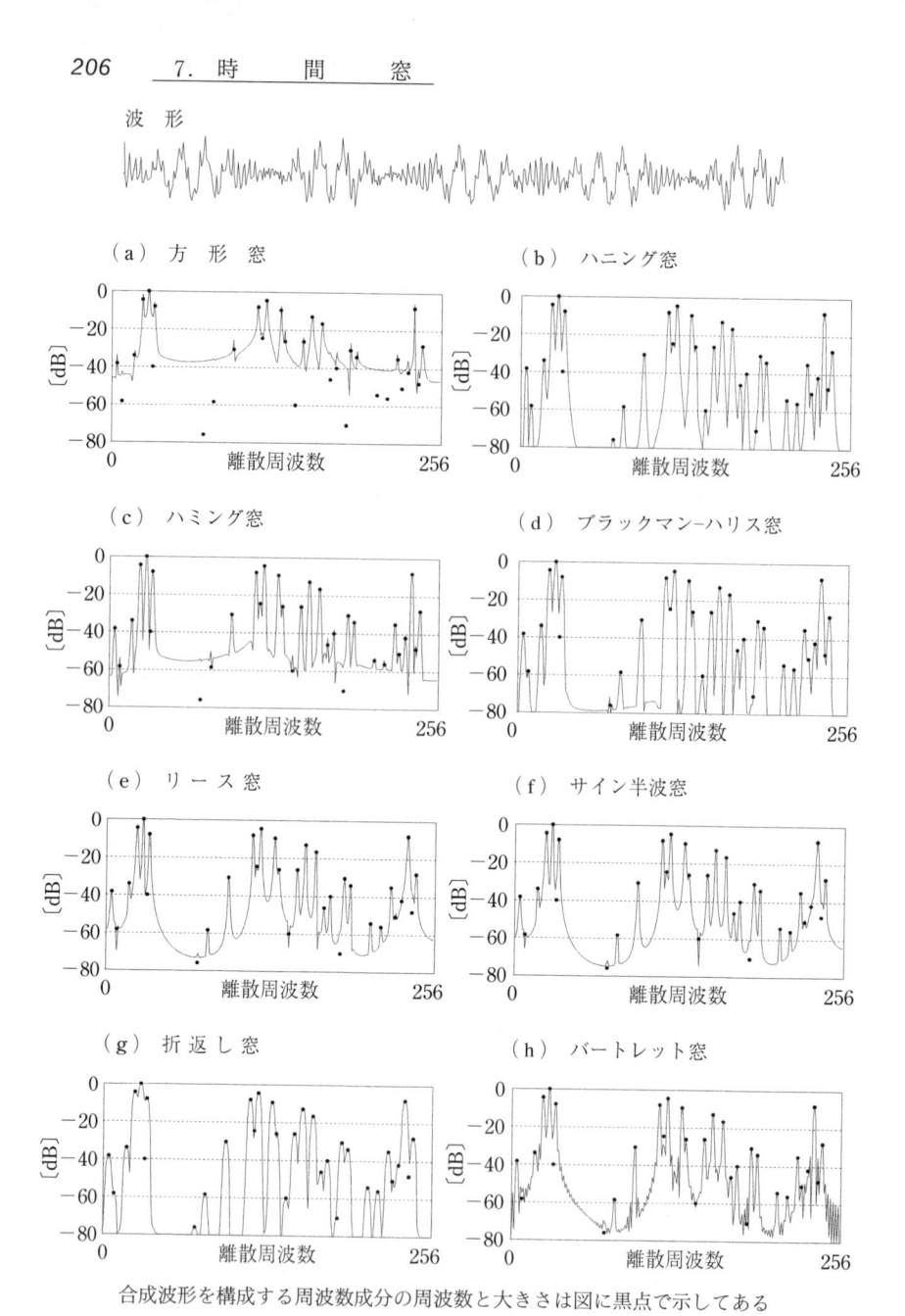

図7.20 8種の時間窓を用いて多くの周波数成分からなる合成波の分析結果の比較

って，この黒点の図中の位置のすべてを知ることが，この雑音的信号の周波数分析の目的であるといえる。

この結果から，信号をそのまま FFT したのでは，すなわち方形窓を使ったのでは最大値よりも 20 dB 以上小さい（振幅が 1/10 以下の）周波数成分の検出ができない可能性が大きいことがわかる。

一般には，最大周波数成分の振幅の 1/100 以下，すなわち −40 dB 以下の周波数成分の検出が必要な場合は少ない。そう考えて図を見ると，（b）〜（f）と最後の（h）とはほとんど合格である。周波数成分がない周波数領域でのレベルの下がり方と，大きな周波数成分に近接する小さい成分が検出できるかという2点からは（c）のハミング窓が最もすぐれるはずである。この図でも −40 dB より上では（b）のハニング窓よりもわずかにすぐれているように見える。

判定基準を −50 dB までの周波数成分の検出と変えると，ハミング窓には条件次第で問題が生じる可能性がある。さらに −60 dB までとすると，ハミング窓は脱落し，ハニング窓が優位に立つが，（d）ブラックマン-ハリス窓のほうが優れているとする見方もできる。しかし，最大成分よりも 70 dB 以上小さい周波数成分を見落とさないようにしなければならない場合でも，それが大きな周波数成分のごく近くの周波数にある場合を除き，ブラックマン-ハリス窓でなければならないとは言い切れない。

さらに，実際の信号を分析するときには，センサの線形性に限界があり，かつ，雑音の混入が避けられないことから，最大値と比べて −60 dB 以下の成分の正確な検出は困難である。それを目的とする場合には別の工夫が必要である。

以上の考察から，一般的なスペクトルの推定が目的ならば，実用的にはハニング窓で十分と考えられる。

しかし，後で述べる伝達関数の推定などでは，ハニング窓を使うことによって正しくない結果になる場合もあるので，無条件にハニング窓を掛ければよいというものではない。

これまでに図示した分析例のほか，種々の波形の分析例を見ることにより，波形の性質と時間窓の関係などに啓発されることが多いと考えられる。しかし，そのような例を収録して貴重なページ数を消費するのも問題である。そこで興味をもたれる読者のために，付録のCD-ROMのプログラムでサイン波・コサイン波，パルス列および音声波の分析ができるようにしてある。それを使って検討されたい。

演 習 問 題

1. 本文の式（7.9）を導き出せ。
2. 短い波形に0のデータを継ぎ足してFFTしてスペクトルを推定する場合でもハニング窓のような時間窓を掛けることが望ましい理由を述べよ。
3. 短い波形の周波数分析では少なくとも3波程度の基本波が窓内にあることが望まれる。その理由を述べよ。
4. 方形窓内に整数個のサイン波があるときには，そのDFTが正負各1本の線スペクトルになるのに，非整数個だと多数のスペクトル成分になる理由を述べよ。
5. ハニング窓やハミング窓の中に整数個のサイン波があるとき，そのDFTが2または3本の正負のスペクトル成分になる理由を述べよ。
6. ブラックマン-ハリス窓の中に整数個のサイン波があるとき，そのDFTには正負何本のスペクトル成分が現れるか。

付　　　　録

1. 階段関数のフーリエ変換（2章）

$t<0$ では 0，$t>0$ では 1 という単位階段関数のフーリエ変換は，公式のとおりの演算をしようとすると積分が収束せず，結果を得ることができない。しかしこれは，単位階段関数を振幅 1/2 の sgn 関数と振幅 1/2 の直流との和とすることにより演算可能になる。

振幅 1/2 の sgn 関数のフーリエ変換は次の式の $\sigma \to 0$ の極限である。

$$\frac{1}{2}\int_{-\infty}^{0}\exp(\sigma t)\exp(-j2\pi ft)\,dt + \frac{1}{2}\int_{0}^{+\infty}\exp(-\sigma t)\exp(-j2\pi ft)\,dt$$

$$= \frac{1}{2}\frac{1}{\sigma-j2\pi f}\exp\{(\sigma-j2\pi f)t\}\Big|_{-\infty}^{0} + \frac{1}{2}\frac{1}{-\sigma-j2\pi f}\exp\{(-\sigma-j2\pi f)t\}\Big|_{0}^{+\infty}$$

$$= \frac{1}{2}\frac{1}{\sigma-j2\pi f} - \frac{1}{2}\frac{1}{\sigma+j2\pi f} = \frac{-j2\pi f}{\sigma^2+(2\pi f)^2} \qquad (\text{付}1.1)$$

この結果の $\sigma \to 0$ の極限は $\dfrac{1}{j2\pi f}$ になる。

直流のフーリエ変換は

$$\int_{-\infty}^{+\infty}\exp(-j2\pi ft)\,dt = \delta(f) \qquad (\text{付}1.2)$$

である。したがって，単位階段関数のフーリエ変換は次のようになる。

$$U(f) = \frac{1}{2}\delta(f) + \frac{1}{j2\pi f} \qquad (\text{付}1.3)$$

2. サイン関数のフーリエ変換（2章）

ここで，$t = -\infty \sim \infty$ の継続するサイン波形 $\sin(2\pi f_0 t)$ という，フーリエ積分が収束しないためフーリエ変換不能とされる関数のスペクトルを計算してみよう。

無限に続くサイン関数・コサイン関数のフーリエ変換は，公式のとおりでは積分が収束しないので計算できない。しかし，計算可能な有限長のサイン関数のフーリエ変

換を計算して，継続時間を長くした極限として求めれば，それに応じた結果が得られる．

まず，$t=-T/2 \sim T/2$ のサイン波のフーリエ変換を計算する．

$$F\{\sin(2\pi f_0 t)\} = \int_{-\frac{T}{2}}^{+\frac{T}{2}} \sin(2\pi f_0 t) \exp\{-j2\pi f t\} dt$$

$$= \frac{1}{j2} \int_{-\frac{T}{2}}^{+\frac{T}{2}} \{\exp(j2\pi f_0 t) - \exp(-j2\pi f_0 t)\} \exp\{-j2\pi f t\} dt$$

$$= \frac{1}{j2} \int_{-\frac{T}{2}}^{+\frac{T}{2}} \exp\{j2\pi(f_0-f)t\} dt$$

$$- \frac{1}{j2} \int_{-\frac{T}{2}}^{+\frac{T}{2}} \exp\{-j2\pi(f_0+f)t\} dt$$

$$= \frac{1}{j2} \frac{\exp\{j2\pi(f_0-f)t\}\Big|_{-\frac{T}{2}}^{+\frac{T}{2}}}{j2\pi(f_0-f)} - \frac{1}{j2} \frac{\exp\{-j2\pi(f_0+f)t\}\Big|_{-\frac{T}{2}}^{+\frac{T}{2}}}{-j2\pi(f_0+f)}$$

$$= \frac{\sin\{2\pi(f_0-f)T/2\}}{j2\pi(f_0-f)} - \frac{\sin\{2\pi(f_0+f)T/2\}}{j2\pi(f_0+f)}$$

$$= j\frac{T}{2}\left[\frac{\sin\{2\pi(f_0+f)T/2\}}{2\pi(f_0+f)T/2} - \frac{\sin\{2\pi(f_0-f)T/2\}}{2\pi(f_0-f)T/2}\right]$$

(付 2.1)

これは，付図 2.1 に示すような $f=-f_0$ と $f=+f_0$ に集中するスペクトルであり，

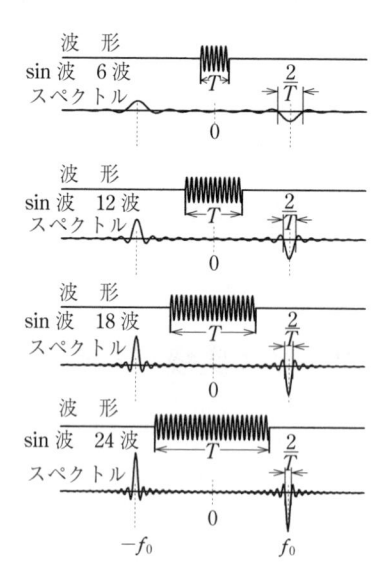

付図 2.1 サイン波の長さとスペクトルの関係

その中心になる周波数から$1/T$とその整数倍離れた周波数で0になり，その外側では周波数差の絶対値に反比例して小さくなっていく。スペクトルのピーク値は$f=-f_0$でほぼ$jT/2$に，$f=+f_0$でほぼ$-jT/2$になる。ほぼという理由は，$f=-f_0$にピークをもつ項が$f=+f_0$で必ずしも0にはならないが絶対値は小さく，その逆の場合もそうであるためである。$t=-T/2 \sim T/2$の間に入る波の数が整数ならば，そのようなことはなく正確に$jT/2$および$-jT/2$になる。

これはTが有限の場合である。Tが無限に長くなった極限を考えると，スペクトルは$f=-f_0$と$f=+f_0$のみに存在し，その大きさ$T/2$は無限大になる。それは，波のエネルギーが無限大になるためということで理解できるが，それぞれのピークの幅（$1/T$）は無限小になる。

式(付2.1)では，有限のTの範囲でピークの高さは$+T/2$と$-T/2$になり，ピークの幅はどちらも$2/T$である。したがって，Tの増加とともにピークの高さは高くなりピークの幅は狭くなるが，高さと幅の積は$1/2$で変わらない。

このことから，フーリエ変換の対象を永続するサイン波形・コサイン波形まで広げた式(付2.2)，(付2.3)を書くことができる。

$$F\{\sin(2\pi f_0 t)\} = j\delta(f+f_0) - j\delta(f-f_0)/2 \qquad \text{(付2.2)}$$
$$F\{\cos(2\pi f_0 t)\} = \delta(f+f_0) + \delta(f-f_0)/2 \qquad \text{(付2.3)}$$

3. フーリエ変換とフーリエ逆変換（2章）

フーリエ変換とその逆変換とは，2章の式(2.37)と式(2.38)のように，同じ形の式で定義されている。それに従って$X(f)$の変数fをtに置き換えたもののフーリエ変換を計算してみよう。それは式(2.37)の$x(t)$を$X(f)$に，その変数fをtに置き換えた式(付3.1)になる。

$$\int_{-\infty}^{+\infty} X(t) \exp(-j2\pi ft)\, dt \qquad \text{(付3.1)}$$

そのうえでfの符号を変えると式(2.38)のfをtに置き換えたものと同じ積分の式になる。したがってfの符号を変えたため$x(f)$が$x(-f)$になった式(付3.2)が得られる。

$$\int_{-\infty}^{+\infty} X(t) \exp(-j2\pi ft)\, dt \Rightarrow \int_{-\infty}^{+\infty} X(t) \exp(j2\pi ft)\, dt = x(-f) \qquad \text{(付3.2)}$$

このことから，$x(t)$のフーリエ変換が$X(f)$であることがわかっているならば，$X(t)$のフーリエ変換は$x(f)$のfの符号を変えた$x(-f)$になることがわかる。これを，$X(f)$のfについてのフーリエ変換は$x(t)$のtの符号を変えた$x(-t)$になると言い換えることもできる。

4. スペクトルのフーリエ変換の計算 (3章)

$-T/2 \leq t < +T/2$ の区間の波形 $x(t)$ のスペクトル $X(f)$ は

$$X(f) = \int_{-\frac{T}{2}}^{+\frac{T}{2}} x(t) \exp(-j2\pi ft) \, dt \tag{付4.1}$$

で計算される。この $X(f)$ の周波数スペクトルが $\pm F_x$ の外では0であるというときに，スペクトルのフーリエ変換を行ってみよう。

$$\tilde{x}(t) = \int_{-F_x}^{+F_x} X(f) \exp(-j2\pi ft) \, df \tag{付4.2}$$

$X(f)$ に式（付4.1）を代入すると

$$\tilde{x}(t) = \int_{-F_x}^{+F_x} \int_{-\frac{T}{2}}^{+\frac{T}{2}} x(\tau) \exp(-j2\pi f\tau) \, d\tau \exp(-j2\pi ft) \, df$$

積分の順序を逆にすると

$$= \int_{-\frac{T}{2}}^{+\frac{T}{2}} x(\tau) \int_{-F_x}^{+F_x} \exp\{-j2\pi f(\tau+t)\} \, df d\tau$$

となる。最後の式の f による積分は $\tau+t=0$ のとき $2F_x$ になり，その他のときは0になる。したがって，この式の値が0にならないのは $\tau=-t$ のときだけであって，この式の演算は式（付4.3）のように進められる。

$$\tilde{x}(t) = 2F_x \int_{-\frac{T}{2}}^{+\frac{T}{2}} x(-t) \, d\tau = 2F_x T x(-t) \tag{付4.3}$$

これでは時間軸の方向が逆になってしまう。式（付4.2）で $\exp(j2\pi ft)$ を掛ければ，時間軸の逆転は起こらず，有限時間長，有限周波数範囲のフーリエ逆変換になる。フーリエ変換とフーリエ逆変換を2章の式（2.37）と式（2.38）のように定義している限り，時間領域から周波数領域への変換では $\exp(-j2\pi ft)$ を掛け，周波数領域から時間領域への変換では $\exp(j2\pi ft)$ を掛けなければならないのである。

5. パーセバルの関係 (4章)

DFTでも，時間領域数列のエネルギーが，その数列のDFTによって変換されて周波数領域数列になったからといって変わるはずはない。式（2.43）のパーセバルの公式が数列のフーリエ変換，すなわちDFTでも成り立つと考えたいところである。しかし，DFT対の定義式（4.7），（4.8）をもとにしてこれを計算すると次の計算で示すようになる。

$$\sum_{n=0}^{N-1}|x_n|^2 = \sum_{n=0}^{N-1} x_n x_n^* = \sum_{n=0}^{N-1} x_n \frac{1}{N}\sum_{k=0}^{N-1} X_k^* \exp(-j2\pi kn) \qquad (\text{付}5.1)$$

積和の順序を取り替えると

$$\sum_{n=0}^{N-1}|x_n|^2 = \frac{1}{N}\sum_{k=0}^{N-1} X_k^* \sum_{n=0}^{N-1} x_n \exp(-j2\pi kn) = \frac{1}{N}\sum_{k=0}^{N-1} X_k^* X_k = \frac{1}{N}\sum_{k=0}^{N-1}|X_k|^2$$

すなわち

$$\sum_{n=0}^{N-1}|x_n|^2 = \frac{1}{N}\sum_{k=0}^{N-1}|X_k|^2 \qquad (\text{付}5.2)$$

となる。式(付5.2)には，連続系のパーセバルの公式(2.43)にはなかった$1/N$が入っている。これは式(4.7)のDFTでは周波数領域のエネルギーがN倍になることを示すものである。これは，式(4.7)を簡単にして式(4.8)との対称性を崩しているためであって，式(4.9)，(4.10)という完全に対称な変換対を使えばこのようなことはなく，期待のとおりになる。その演算は簡単なので，読者に4章の演習問題で検証していただくことにしよう。

6. DFTによるサンプリング周波数の逓倍 (4章)

N点DFTでは最初の$N/2$が正の，後半の$N/2$が負の周波数範囲であるから，$2N$点スペクトルの$k=0 \sim N/2-1$をN点スペクトルの前半，すなわち$k=0 \sim N/2-1$と同じに，負の周波数範囲の$k=3N/2 \sim 2N-1$をN点スペクトルの後半，すなわち$k=N/2 \sim N-1$と同じにしたうえで，さらに$k=N/2 \sim 3N/2-1$を0にして$2N$点IDFTを行えば，その結果はサンプリング周波数が2倍になった$2N$点のサンプル列になる。

文章だけではわかりにくいので，データの対応関係を**付図6.1**に示すことにする。ここに示したのは2倍にする場合であるが，同じ手法で3倍にも4倍にもできること

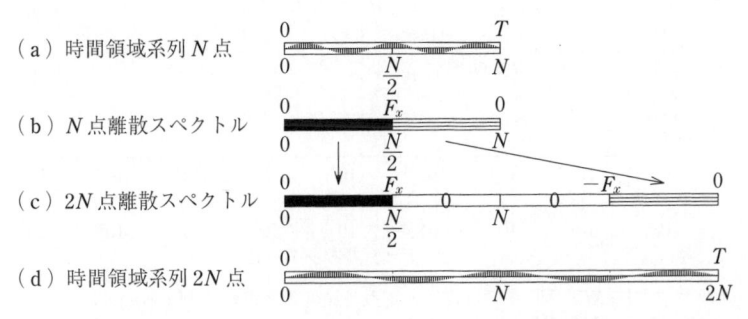

付図6.1 時間長Tの波形のN点系列（サンプリング周波数$=N/T$）から 2倍のサンプリング周波数の$2N$点系列をつくる手順

を，くどくどと説明する必要はないであろう．

7． dB（6章）

dB は deci Bell（デシベル）の略記号で，電圧，音圧，パワーなどの比率を表すために使われる単位として次式で定義される．

$$\mathrm{dB} = 20 \log\left(\frac{x}{x_0}\right) = 10 \log\left(\frac{E}{E_0}\right)$$

ここで

　　x：電圧・電流・速度など
　　x_0：基準とする電圧など
　　$E = x^2$：パワー，エネルギーなど
　　$E_0 = x_0^2$：基準パワー，基準エネルギーなど

である．したがって，電圧が基準電圧の 10 倍ならば 20 dB，電力が基準電力の 10 倍ならば 10 dB である．また，基準量と同じならば 0 dB である．ここで倍率と dB の関係を**付図 7.1** に示しておこう．

Bell は電話の発明者として知られる Abraham Bell の名をとったものであるが，電圧比などを Bell で表記すると 2 倍で 0.6 Bell，10 倍で 2 Bell となり数値が小さすぎるので，その 1/10 を単位とする dB を使うようになった．

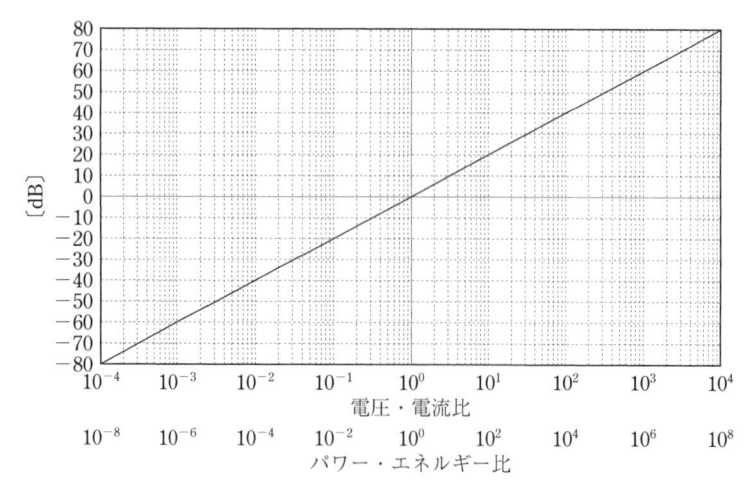

パワーやエネルギーは電圧・電流や速度の 2 乗に比例するので，それらを区別して示してある．

付図 7.1　基準値との倍率と dB の関係

8. 二つの時間関数の積のフーリエ変換（7章）

$x(t)$ と $w(t)$ の積のフーリエ変換がどうなるか計算しよう。

$$Y(f) = \int_{-\infty}^{+\infty} x(t) w(t) \exp(-j2\pi ft) \, dt \qquad (付 8.1)$$

この $x(t)$ に式 (7.2) の f を ϕ に置き換えたものを代入する。

$$\begin{aligned} Y(f) &= \int_{-\infty}^{+\infty} \int_{-\infty}^{+\infty} X(\phi) \exp(j2\pi\phi t) \, d\phi \, w(t) \exp(-j2\pi ft) \, dt \\ &= \int_{-\infty}^{+\infty} X(\phi) \int_{-\infty}^{+\infty} w(t) \exp\{-j2\pi(f-\phi) t\} \, dt \, d\phi \\ &= \int_{-\infty}^{+\infty} X(\phi) W(f-\phi) \, d\phi \qquad (付 8.2) \end{aligned}$$

式（付 8.1）の $w(t)$ に 7 章の式 (7.4) の f を ϕ に置き換えたものを代入すると

$$\begin{aligned} Y(f) &= \int_{-\infty}^{+\infty} \int_{-\infty}^{+\infty} W(\phi) \exp(j2\pi\phi t) \, d\phi \, x(t) \exp(-j2\pi ft) \, dt \\ &= \int_{-\infty}^{+\infty} W(\phi) \int_{-\infty}^{+\infty} x(t) \exp\{-j2\pi(f-\phi) t\} \, dt \, d\phi \\ &= \int_{-\infty}^{+\infty} W(\phi) X(f-\phi) \, d\phi \qquad (付 8.3) \end{aligned}$$

以上により，二つの時間関数の積のフーリエ変換が，各時間関数のフーリエ変換の周波数領域における畳込み〔(II) 上級編の 8 章で説明〕になることがわかった。

9. 正規確率密度関数のフーリエ変換（7章）

正規確率密度関数は 7 章の式 (7.48) で与えられている。それを式（付 9.1）に再掲する。

$$p(t) = \frac{1}{\sqrt{2\pi}\sigma} \exp\left(-\frac{t^2}{2\sigma^2}\right) \qquad 〔式 (7.48)〕 \, (付 9.1)$$

ここで，σ は標準偏差である。

この関数を t について $t = -\infty \sim +\infty$ で積分すると式（付 9.2）のように 1 になることが知られている。

$$\int_{-\infty}^{+\infty} p(t) \, dt = \frac{1}{\sqrt{\pi}} \Gamma\left(\frac{1}{2}\right) = 1 \qquad (付 9.2)$$

ここで，$\Gamma(x)$ はガンマ関数である。

このフーリエ変換は式（付 9.3）のように計算される。

$$P(j\omega) = \frac{1}{\sqrt{2\pi}\sigma} \int_{-\infty}^{+\infty} \exp\left(-\frac{t^2}{2\sigma^2}\right) \exp(-j\omega t) \, dt$$

$$= \frac{1}{\sqrt{2\pi}\,\sigma} \exp\left(-\frac{\sigma^2\omega^2}{2}\right) \int_{-\infty}^{+\infty} \exp\left\{-\left(\frac{t}{\sqrt{2}\,\sigma}+j\frac{\sigma\omega}{\sqrt{2}}\right)^2\right\} dt \qquad (付9.3)$$

ここで

$$z = t + j\sigma^2\omega$$

によって t を複素変数 z に変換すると，$t=-\infty\sim+\infty$ の t についての積分は z 平面上で $-\infty+j\sigma^2\omega\sim+\infty+j\sigma^2\omega$ の実軸に平行な直線を積分路とする複素積分になる．ところがこの積分の被積分関数 $\exp[-\{1/(2\sigma^2)\}z^2]$ は z 軸と積分路の間で正則であるから，コーシーの定理によって積分路を実軸にずらしても積分値は変わらない．したがって

$$P(j\omega) = \frac{1}{\sqrt{2\pi}\,\sigma} \exp\left(-\frac{\sigma^2\omega^2}{2}\right) \int_{-\infty}^{+\infty} \exp\left(-\frac{z^2}{2\sigma^2}\right) dz \qquad (付9.4)$$

となる．

この積分は z の偶関数の積分であるから積分区間を $0\sim\infty$ にした積分の2倍になる．さらに $\xi=z^2$ とすると $dz=d\xi/(2z)=d\xi/(2\sqrt{\xi})$ により

$$2\int_0^\infty \exp\left(-\frac{z^2}{2\sigma^2}\right) dz = \int_0^\infty \frac{1}{\sqrt{\xi}} \exp\left(-\frac{\xi}{2\sigma^2}\right) d\xi \qquad (付9.5)$$

という $1/\sqrt{t}$ のラプラス変換と同じ形になることから

$$\int_0^\infty \frac{1}{\sqrt{\xi}} \exp\left(-\frac{\xi}{2\sigma^2}\right) d\xi = \sqrt{2\pi}\,\sigma \qquad (付9.6)$$

のように計算され，式（付9.7）が得られる．

$$P(j\omega) = \exp\left(-\frac{\sigma^2}{2}\omega^2\right) \qquad (付9.7)$$

参 考 文 献

1) John Makhoul：A Fast Cosine Transform in One and Two Dimensions, IEEE Trans. Acoust, Speech and Sig. Proc., Vol.**28**, No.1, pp.27〜34（1980）
2) 貴家仁志，村松正吾：マルチメディア技術の基礎DCT入門，CQ出版社（1997）
3) J. W. Cooley and J. W. Tukey：An Algorithm for the Machine Calculation of Complex Fourier Series, Math. Computation, Vol.**19**, pp.297〜301（1965）
4) J. W. Cooley, P. A. W. Lewis and P. D. Welch：Historical Notes on the Fast Fourier Transform, IEEE Transactions on Audio and Electroacoustics, AU-**15**, No.2, pp.76〜79（1967）
5) Y. Suzuki, T. Sone and K. Kido：A new FFT Algorithm of Radix 3, 6, and 12, IEEE Transactions on Acoustics, Speech and Signal Processing, ASSP-**34**, No.2, pp.380〜383（1986）
6) G. Zelniker and F. J. Taylor：Advanced Digital Signal Processing, Marcel Dekker Inc., pp.592〜597（1994）

以下は全般的な参考文献である。

7) A. Papoulis：Signal Analysis, McGraw-Hill Book Co., New York（1977）
8) 日野幹雄：スペクトル解析，朝倉書店（1957）
9) 有本 卓：信号・画像のディジタル処理，産業図書（1980）
10) A. V. Oppenheim and R. W. Schafer：Digital Signal Processing, Prentice-Hall, Inc.（1975）
    伊達 玄 訳：ディジタル信号処理（上・下），コロナ社（1978）
11) A. V. Oppenheim, A. S. Willsky and I. T. Young：Signals and Systems, Prentice-Hall, Inc.（1983）
    伊達 玄 訳：信号とシステム（1）〜（4），コロナ社（1985）
12) 谷萩隆嗣：ディジタル信号処理の理論（Ⅰ）基礎・システム・制御，（Ⅱ）フィルタ・通信・画像，（Ⅲ）推定・適応信号処理，コロナ社（1985〜1986）
13) M. Tohyama, H. Suzuki and Y. Ando：Acoustic Space, Academic Press（1995）
14) 金井 浩：音・振動のスペクトル解析，コロナ社（1999）

演習問題解答

【1 章】

1. 同じ周波数のコサイン波
2. 同じ周波数で上下逆（負）のコサイン波
3. 同じ周波数で上下逆（負）のサイン波
4. 同じ周波数のサイン波
5. 同じ周波数で位相が45°（$\pi/4$）進んだサイン波
6. 同じ周波数で振幅が$1/\sqrt{3}$のコサイン波を加える。
7. 時間の原点（$t=0$）の左右に対称な波形
8. 時間の原点（$t=0$）の左右に反対称な波形
9. 図1.17参照
10. 形を変えず時間軸に沿って遅れる。
11. 図（b），（c），（g），（i）
12. 図（a），（d），（e），（j），（k），（m），（n）
13. 図（f），（h），（l），（o），（p）
14. サイン項だけならば図（i）の波形の振幅を1/2にした波形。コサイン項だけならば図（i）の波形の振幅を1/2にし，正の時間帯の符号を正にした波形。
15. 問題14.の解答の図（i）を図（c）に置き換える。

【2 章】

1. 2.1節参照
2. 式(2.7)を導くために$\cos(2\pi kt/T)$を式(2.1)の各項に掛けて行ったと同じ計算を，$\sin(2\pi kt/T)$を掛けて行えばよい。
3. $x_e(0)=x(0)$, $x_e(t)=\dfrac{1}{2}\{x(t)+x(-t)\}$, $x_o(t)=\dfrac{1}{2}\{x(t)-x(-t)\}$
4. $x_e(t)$のスペクトルは偶関数（実部だけ）
   $x_o(t)$のスペクトルは奇関数（虚部だけ）
5. kを整数としてk/T
6. 1.7節参照
7. 実部が偶関数，虚部が奇関数
8. $\exp(j2\pi ft+j\pi/4)$ または $(1/\sqrt{2})(1+j)\exp(j2\pi ft)$
   ともに実部がコサイン関数。$\sqrt{2}$で割るのは振幅を1にするため。

演 習 問 題 解 答   219

9. $\exp(j2\pi ft+j\theta)=(\cos\theta+j\sin\theta)\exp(j2\pi ft)$ の実部
10. k 次の項の係数は $X(k/T)$
11. $n=1$ のとき：k 次の項の係数は $X[k/(2T)]$，任意の n のとき：k 次の項の係数は $X[k/(2nT)]$，$n\to\infty$ の極限：$X(f)$
12. (a),(b),(h) は t_1 で 0, t_2 で 1 の上昇三角波の係数と，t_1 で 1, t_2 で 0 の下降三角波の係数の t_1, t_2 に適切な値を与えたものの和になる．

$\tau_1\sim\tau_2$ の上昇三角波の係数：

$A_0=\dfrac{\tau_2-\tau_1}{2T}$：$\tau_1\sim\tau_2$ の三角波（上昇も下降も同じ）

$A_k=\dfrac{2T}{\tau_2-\tau_1}\dfrac{1}{4k^2\pi^2}\left\{\cos\left(2k\pi\dfrac{\tau_2}{T}\right)-\cos\left(2k\pi\dfrac{\tau_1}{T}\right)\right\}+\dfrac{1}{\pi k}\sin\left(2k\pi\dfrac{\tau_2}{T}\right)$

$B_k=\dfrac{2T}{\tau_2-\tau_1}\dfrac{1}{4k^2\pi^2}\left\{\sin\left(2k\pi\dfrac{\tau_2}{T}\right)-\sin\left(2k\pi\dfrac{\tau_1}{T}\right)\right\}-\dfrac{1}{\pi k}\cos\left(2k\pi\dfrac{\tau_2}{T}\right)$

$\tau_1\sim\tau_2$ の下降三角波の係数：

$A_k=\dfrac{2T}{\tau_2-\tau_1}\dfrac{1}{4k^2\pi^2}\left[\cos\left(2k\pi\dfrac{\tau_2}{T}\right)-\cos\left(2k\pi\dfrac{\tau_1}{T}\right)\right]-\dfrac{1}{\pi k}\sin\left(2k\pi\dfrac{\tau_1}{T}\right)$

$B_k=\dfrac{2T}{\tau_2-\tau_1}\dfrac{1}{4k^2\pi^2}\left[\sin\left(2k\pi\dfrac{\tau_2}{T}\right)-\sin\left(2k\pi\dfrac{\tau_1}{T}\right)\right]+\dfrac{1}{\pi k}\cos\left(2k\pi\dfrac{\tau_1}{T}\right)$

(c) $A_0=\dfrac{t_1+t_2}{T}$, $A_k=\dfrac{1}{\pi k}\left\{\sin\left(2\pi\dfrac{k}{T}t_2\right)+\sin\left(2\pi\dfrac{k}{T}t_1\right)\right\}$

$B_k=\dfrac{1}{\pi k}\left\{\cos\left(2\pi\dfrac{k}{T}t_1\right)-\cos\left(2\pi\dfrac{k}{T}t_2\right)\right\}$

(d),(i),(j) は上の各係数から容易に求められる．

(e) $A_0=\dfrac{1}{\pi}\dfrac{\tau}{T}$,

$A_k=\dfrac{\tau}{\pi(T+k\tau)}\sin\left\{\dfrac{\pi}{2}\left(1+\dfrac{k\tau}{T}\right)\right\}+\dfrac{\tau}{\pi(T-k\tau)}\sin\left\{\dfrac{\pi}{2}\left(1-\dfrac{k\tau}{T}\right)\right\}$

(f) $A_k=\dfrac{\tau}{T}\dfrac{1}{\pi k\tau/T}\sin\left(\pi\dfrac{k\tau}{T}\right)+\dfrac{\tau/T}{2}\left[\dfrac{\sin\left\{\pi\left(1+\dfrac{k\tau}{T}\right)\right\}}{\pi(1+k\tau/T)}+\dfrac{\sin\left\{\pi\left(1-\dfrac{k\tau}{T}\right)\right\}}{\pi(1-k\tau/T)}\right]$

(g) $B_k=\tau\dfrac{\sin\left(\pi-\pi\dfrac{\tau}{T}k\right)}{\pi(T-k\tau)}-\tau\dfrac{\sin\left(\pi+\pi\dfrac{\tau}{T}k\right)}{\pi(T+k\tau)}=\dfrac{2T\tau}{\pi\{T^2-(k\tau)^2\}}\sin\left(\pi\dfrac{k\tau}{T}\right)$

【3 章】

1. できるだけ少ない数のサンプル値で，もとの波形が正しく再現できること．

2. スペクトルの実部が偶関数で虚部が奇関数であること。
3. サンプル間隔が $1/(2f_m)$ 秒以内であること。
4. サンプリング周波数を $2f_x$〔Hz〕, $f_x<f_m$ とすると, f_x〔Hz〕以上の周波数範囲のスペクトルがもとの連続波形のスペクトルから変わってしまうため。その理由は図 3.6 参照。
5. もとの波形よりもなだらかな変化をする波形
6. $f_c<f_m$ のときには, もとの波形のスペクトルの f_c 以上の周波数範囲が消失するので, もとの波形は再現できず, なだらかな変化をする波形になる。

$2f_x-f_m>f_c>f_m$ のときには, もとの波形のスペクトルが保存され, f_m 以上の周波数範囲に存在するスペクトルは消去されるので, もとの波形が再現される。

$f_c>2f_x-f_m$ のときには, 高周波数範囲に存在するスペクトルが残り, 波形に不要な高周波成分が加わるので, もとの波形は再現できない。
7. 低周波数ではあまり違わないが, f_m に近い周波数で折返しスペクトル成分による差異を生じる。図 3.6 参照。
8. (1) 3.8 節参照

$$x\left(\frac{n}{2pF_x}\right)=\frac{1}{T}\sum_{k=-\frac{N}{2}}^{\frac{N}{2}-1} X_k \exp\left(j2\pi\frac{kn}{pN}\right)$$

によってサンプル値を求めることができる。n の変域は $n=0\sim pN-1$。

(2) 3.9 節参照。p が整数ならば, 各サンプル間に $p-1$ 個の 0 データを入れてサンプル数を p 倍にして, 遮断周波数 F_x のディジタルフィルタを通す。

【4 章】

1. N 個の複素数。したがって $2N$ 個の実数。
2. $jX_n=-I_n+jR_n$
3. 実数のときは実部が偶関数, 虚部は奇関数になるが, 虚数のときは実部が奇関数, 虚部が偶関数になる。
4. 複素数列
5. できる。x_n, y_n, x_n+jy_n の DFT をそれぞれ $X_r(k)+jX_i(k), Y_r(k)+jY_i(k), Z_r(k)+jZ_i(k)$ とすると, $Z_r(k)=X_r(k)-Y_i(k), Z_i(k)=X_i(k)+Y_r(k)$ で, $X_r(k), Y_r(k)$ は k の偶関数, $X_i(k), Y_i(k)$ は k の奇関数であるから, $N/2>k>0$ の範囲の $X_r(k)=\{Z_r(k)+Z_r(N-k)\}/2, N/2>k>0$ の範囲の $X_i(k)=\{Z_i(k)-Z_i(N-k)\}/2$ となる。
6. 不必要
7. できる。X_k の実部と虚部をそれぞれ X_{Rk} および X_{Ik} とすると, X_{Rk} は偶関数,

X_{Ik} は奇関数であるから，$X_{R(N-k)}=X_{Rk}$, $X_{I(N-k)}=-X_{Ik}$ として $k=0$〜$N-1$ までのすべての X_{Rk} および X_{Ik} を決めて IDFT すれば，もとの数列 x_n になる。
8. 計算できない。
9. 一般にはできないが，最大周波数成分の周波数がわかれば，低周波に限って正しいスペクトルが求められる。
10. $0.8 F_x$ 〔Hz〕以下
11. 波形を周期的に並べたとき，（a）は1周期の終点と次の周期の始点がどちらも0になっているのに対して，（b）は負値から正の大きな値に不連続な変化をしており，この接続部を記述するために，（a）よりも（b）のほうが多くの高周波数成分を要する。
12. 付録5と同じように演算を進めればよい。
13., 14. 4.6 節参照。DCT-II を導いたと同じ方法で導かれる。
15. 略

【5 章】

1. $b=k$
2. 0〜$M-1$
3. $360=5\times 8\times 9$ であることから，5点DFT, 8点DFT, 9点DFT のそれぞれを効率よく計算するプログラムを書き，図5.2のような信号流れ図をつくって，360点DFTを少数点のDFTに分割して計算する。

【6 章】

1. $\cos(2\pi mn/N)$
2. $-\sin(2\pi mn/N)$
3. $-\cos(2\pi mn/N)+j0.5\sin(2\pi kn/N)$
4. N 点の間に非整数個のサイン波・コサイン波が入っている波形
5. N 点DFT は N 点のサンプル値を1周期として無限に繰り返す周期数列のフーリエ変換であるから，それを構成するサイン波・コサイン波の周期が N 点の整数分の一でなければ，周期ごとの波形の継ぎ目に不連続または折れ曲がりが生じる，そのような波形をフーリエ級数で表そうとすると多数の周波数成分が必要になる。そのために，入力サイン波・コサイン波の周波数以外にも多数の周波数成分が生じる。
6. 式（6.3）に関する説明参照
7. 波形が周期波形であり，かつ，その周期が N サンプル長の整数分の一のとき。

8. できない．
9. ほぼ $1/T$ 〔Hz〕
10. 6.2節参照
11. 厳密に知ることはできないが，11波のサイン波により正の離散周波数11に負，負の離散周波数$-11(N-11)$に正の線スペクトルができ，13.5波のコサイン波からは，離散周波数± 13.5を中心とする正の側の盛り上がりができるので，それら2周波数成分だけならば，おおよその見当をつけることができる．
12. 孤立したスペクトルができるのは分析区間のN点中に整数個のサイン波（コサイン波）が入っている場合で，非整数個の場合にはスペクトルが広がる．
13. N点の分析区間に入る波数が対称波形になるとき．
14. N点の分析区間に入る波数が整数でなく，対称波形にも反対称波形にもならないとき．

【7章】

1. 式(7.5)のサインをコサインに置き換えよ．
2. 波形の両端が有限の値から急に0にならないようにして，波形本来のスペクトルでない周波数成分を少なくする効果があるため．
3. 時間窓のスペクトルの主丘の周波数幅が，方形窓で窓長の逆数の2倍，ハニング窓では4倍になるので，窓内の波数が少なければ，スペクトルで高調波の分離ができなくなる．
4. 図7.2とそれに関する説明参照
5. 図7.7とそれに関する説明参照
6. 5本．図7.11を見て考えよ．

索引

〔い〕

位相　　　　　　　　13, 18, 102
　　——の遅れ　　　　　　　20
　　——の進み　　　　　　　20
位相角　　　　　　　　　　　18
インパルス　　　　　　　　1, 54

〔え〕

エーリアジングノイズ　　　　78

〔お〕

オイラー　　　　　　　　　　17
　　——の公式　　　　　　　14
重み付け　　　　　　　　　170
折返し　　　　　　　　　　　75
折返しスペクトル成分　　　　78
折返し歪み　　　　　　　78, 79
折返し窓　　　　　　　　　199

〔か〕

回転因子　　　　　　　　　122
回転ベクトル　　　　　　　　14
ガウス窓　　　　　　　　　204
角周波数　　　　　　　　14, 26
角速度　　　　　　　　　14, 26
重ねの理　　　　　　　　　108
カットオフ周波数　　　　　　71

〔き〕

幾何波形　　　　　　　　　　3
奇関数　　　　　　　　　　　13
奇関数波形　　　　　　　13, 44
基底周波数帯域　　　　　64, 71
基底スペクトル　　　　　65, 83
基本周波数　　　　　　　　　8

〔く〕

基本波　　　　　　　　　　5, 8
鋸歯状波　　　　　　　　　　7

偶関数　　　　　　　　　　　12
偶関数数列　　　　　　　　110
偶関数波形　　　　　　　13, 40

〔こ〕

合成ベクトル　　　　　　　　28
高速化　　　　　　　　　　143
高速フーリエ変換　　　　　121
高調波　　　　　　　　5, 8, 103
コサイン波　　　　　　1, 3, 101
コサインフーリエ級数　　　　42
コサイン変換対　　　　　　115

〔さ〕

サイン波　　　　　　3, 101, 165
サイン半波　　　　　　　　　6
サイン半波窓　　　　　　　196
サインフーリエ級数　　　　　45
サンプリング周期　　　　　　64
サンプリング周波数　　　　　64
サンプリング周波数調整
　　　　　　　　　　　　　166
サンプリング定理　　　　　　72
サンプル　　　　　　　　　　59
サンプル値　　　　　　　　　59

〔し〕

時間遅れ　　　　　　　　　　23
時間軸　　　　　　　　　　　11
時間分割 FFT　　　　　　　124
時間窓　　　　　　　　38, 175
時間窓関数　　　　　　　　175

時間間引き FFT　　　　　　124
時間領域関数　　　　　　　　48
時間領域分割　　　　　　　129
時間領域分割 FFT　　　121, 124
遮断周波数　　　　　　　　　71
シャノン　　　　　　　　　　73
周　期　　　　　　　　　　　4
周期化パワースペクトル
　　　　　　　　　147, 151, 159
周期関数　　　　　　　　　　37
周期波形　　　　　　　　　　8
周波数　　　　　　　　　15, 96
周波数スペクトル　　　　　　8
周波数成分　　　　　　　8, 41
周波数分解能　　　　　　　153
周波数分割 FFT　　　　　　129
周波数間引き FFT　　　　　129
周波数領域関数　　　　　　　48
周波数領域分割　　　　　　136
周波数領域分割 FFT
　　　　　　　　　　126, 129
主　丘　　　　　　　　　　187
純虚数　　　　　　　　　　　14
瞬時位相　　　　　　　　　　25
瞬時周波数　　　　　25, 26, 27
情報圧縮　　　　　　　　　119
信号流れ図　　　　　　　　123
振幅スペクトル　　　　　39, 153

〔す〕

数値化　　　　　　　　　　　58
数値波形　　　　　　　　　　59
スペクトル　　　　　　　4, 147

〔せ〕

正の方向　　　　　　　　　　15

224　索　引

線形系　108
線形変換　107
線スペクトル　4, 9, 39

〔そ〕

側丘　187
染谷-シャノンの標本化定理　73

〔た〕

対称形　12
対称な波形　4
対称波形　7, 13, 104
対数パワースペクトル　149
単位インパルス　54

〔ち〕

直流成分　10
直交　34
直交関数系　34

〔て〕

低域通過フィルタ　71
ディジタルLPF　84
データ番号　95

〔な〕

ナイキスト周波数　69, 149
並べ替え　141

〔は〕

波形歪み　71
パーセバルの等式　55

バタフライ演算　134, 140
ハニング窓　180, 188
ハミング窓　192
パワー減少率　188
パワースペクトル　39, 149, 151
パワースペクトル密度　151
反対称形　13
反対称な波形　4
反対称波形　7, 13, 104, 105

〔ひ〕

非整数周波数　106
ビット逆順　141
標本化　59
標本化定理　72
ピリオドグラム　147, 151

〔ふ〕

不確定性原理　153, 155
複素指数関数　14, 46
複素指数関数波　15, 47
複素振幅　47
複素スペクトル　48, 49
複素正弦波関数　15
複素フーリエ係数　49
複素平面　14
負の周波数　15
負の方向　15
ブラックマン-ハリス窓　194
フラットトップ窓　199
フーリエ　10
フーリエ逆変換　53

フーリエ級数　9, 47
フーリエ級数展開　9
フーリエ係数　9, 31, 34
フーリエ変換　50, 52
フーリエ変換対　53
分析時間長　153, 158

〔へ〕

並列計算　143
ベクトル　14
ベクトル図　130

〔ほ〕

方形波合成　3
方形窓　180, 186

〔ま, ゆ, ら〕

窓関数　175
有限フーリエ変換　92
ランダム　11

〔り〕

離散コサイン変換　109, 117
離散時間　92
離散周波数　92, 95
離散スペクトル　101
離散フーリエ逆変換　93
離散フーリエ変換　89, 92
離散フーリエ変換対　94
リース窓　197

〔れ〕

連続スペクトル　11, 52, 101

〔D〕

DCT　109
DCT-I　115
DCT-II　117
DCT-III　118
DCT-IV　118
decimation in frequency　129

decimation in time　124
DFT　89, 92, 147
DFTスペクトル　151

〔F〕

FFT　121

〔I, L〕

IDFT　93, 126

IFFT　126
LPF　71

〔N, S〕

N点DFT　92
sinc関数　74

―― 著者略歴 ――

城戸　健一（きど　けんいち）
1948 年　東北大学工学部電気工学科卒業
1962 年　工学博士（東北大学）
1963 年　東北大学電気通信研究所教授
1976 年　東北大学応用情報学研究センター教授・センター長
1990 年　東北大学名誉教授
1990 年　千葉工業大学教授（〜2002 年）
2015 年　逝去

ディジタルフーリエ解析（Ⅰ）―基礎編―
Digital Fourier Analysis (Ⅰ) ― Basic Course ―

© 一般社団法人　日本音響学会　2007

2007 年 4 月 6 日　初版第 1 刷発行
2021 年 1 月 25 日　初版第 4 刷発行

検印省略

著　　者　　一般社団法人　日本音響学会
発 行 者　　株式会社　コロナ社
　　　　　　代 表 者　　牛来真也
印 刷 所　　新日本印刷株式会社
製 本 所　　有限会社　愛千製本所

112-0011　東京都文京区千石 4-46-10
発 行 所　　株式会社　コロナ社
CORONA PUBLISHING CO., LTD.
Tokyo Japan
振替 00140-8-14844・電話(03)3941-3131(代)
ホームページ　https://www.coronasha.co.jp

ISBN 978-4-339-01305-4　C3355　Printed in Japan　（楠本）

本書のコピー，スキャン，デジタル化等の無断複製・転載は著作権法上での例外を除き禁じられています。
購入者以外の第三者による本書の電子データ化及び電子書籍化は，いかなる場合も認めていません。
落丁・乱丁はお取替えいたします。

音響学講座
(各巻A5判)

■日本音響学会編

	配本順			頁	本体
1.	(1回)	基礎音響学	安藤彰男編著	256	3500円
2.	(3回)	電気音響	苣木禎史編著	286	3800円
3.	(2回)	建築音響	阪上公博編著	222	3100円
4.	(4回)	騒音・振動	山本貢平編著	352	4800円
5.		聴覚	古川茂人編著	近刊	
6.		音声(上)	滝口哲也編著		
7.		音声(下)	岩野公司編著		
8.		超音波	渡辺好章編著		
9.		音楽音響	山田真司編著		
10.		音響学の展開	安藤彰男編著		

音響入門シリーズ
(各巻A5判, CD-ROM付)

■日本音響学会編

	配本順			頁	本体
A-1	(4回)	音響学入門	鈴木・赤木・伊藤・佐藤・苣木・中村共著	256	3200円
A-2	(3回)	音の物理	東山三樹夫著	208	2800円
A-3	(6回)	音と人間	平原・宮坂・蘆原・小澤共著	270	3500円
A-4	(7回)	音と生活	橘・田中・上野・横山・船場共著	192	2600円
A		音声・音楽とコンピュータ	誉田・足立・小林・小坂・後藤共著		
A		楽器の音	柳田益造編著		
B-1	(1回)	ディジタルフーリエ解析(I) ─基礎編─	城戸健一著	240	3400円
B-2	(2回)	ディジタルフーリエ解析(II) ─上級編─	城戸健一著	220	3200円
B-3	(5回)	電気の回路と音の回路	大賀寿郎・梶川嘉延共著	240	3400円

(注:Aは音響学にかかわる分野・事象解説の内容,Bは音響学的な方法にかかわる内容です)

定価は本体価格+税です。
定価は変更されることがありますのでご了承下さい。

図書目録進呈◆